JN234622

高分子材料化学

吉田泰彦
萩原時男
竹市　力
手塚育志
米澤宣行
長崎幸夫
石井　茂

三共出版

はじめに

　高分子材料は，金属材料・セラミックス材料と共に私たちの社会・生活を支えている。生命体においても，タンパク質・DNA・セルロース・デンプンなど天然高分子としてなくてはならないものである。合成高分子材料は安く大量生産でき，軽くて丈夫で腐らないという特徴のほかに，その化学構造を設計することにより様々な機能性を発現し，いろいろな分野において利用されている。これらの高分子材料なしには，現代の快適な生活を維持することはできなくなっている。しかし，最近その丈夫で腐らないことと大量生産・大量消費と相まって弊害が目立つようになってきた。これらの諸問題を解決していくことは，これからの人類社会において必要不可欠なことである。

　高分子材料化学は幅の広い分野であり，一人でそのすべてをカバーすることは困難である。本書は，それぞれの専門家が各章を分担・協力し，初学者にもわかりやすく，また，専門家にも読みごたえのあるようにまとめられている。とくに，高分子材料を基礎から眺め，その構造と機能性の関係をわかりやすく解説することにつとめ，社会における高分子材料の応用を中心にまとめている。実際の利用分野と高分子材料とを対比しながら高分子材料の化学を学び，理解しやすくなっている。本書により高分子材料に興味を持ち，高分子材料が抱えている問題に立ち向かっていただければ幸いである。

　最後に，本書の執筆にあたり数多くの書籍・論文を参考にさせていただいた。心より感謝の意を表したい。また，本書の編集業務にあたられた三共出版の秀島功氏に深く感謝する。

　2001年陽春

著者を代表して

吉田　泰彦

目　次

1　高分子材料化学の基礎

1.1　高分子材料の"どうして"と"なるほど" ・・・・・・・・・・・・・・・・・・・・ 2
　1.1.1　コンビニエンスな高分子 ・・・・・・・・・・・・・・・・・・・・・・・・・・・・・ 3
　1.1.2　コスメティックな高分子 ・・・・・・・・・・・・・・・・・・・・・・・・・・・・・ 6
1.2　高分子材料とは ・・ 9
　1.2.1　高分子の合成 ・・・・・・・・・・・・・・・・・・・・・・・・・・・・・・・・・・・・・・ 9
　1.2.2　分子量と分子量分布 ・・・・・・・・・・・・・・・・・・・・・・・・・・・・・・・ 19
　1.2.3　高分子の構造と性質 ・・・・・・・・・・・・・・・・・・・・・・・・・・・・・・・ 20
　1.2.4　成形方法 ・・・ 23

2　社会を支える高分子材料

2.1　身近な社会生活を支える高分子材料 ・・・・・・・・・・・・・・・・・・・・ 30
　2.1.1　汎用合成高分子構造材料の全般的性質 ・・・・・・・・・・・・・・・ 30
　2.1.2　社会生活を支える汎用合成高分子構造材料の分子構造的特徴 ・・・ 35
　2.1.3　汎用合成高分子構造材料の物性 ・・・・・・・・・・・・・・・・・・・・・ 40
　2.1.4　汎用合成高分子材料の区分・分類 ・・・・・・・・・・・・・・・・・・・ 50
　2.1.5　プラスチック，繊維，ゴム・エラストマーの生産量 ・・・・ 55
　2.1.6　汎用合成高分子構造材料の課題・問題点 ・・・・・・・・・・・・・ 57
　2.1.7　汎用合成高分子構造材料―各論― ・・・・・・・・・・・・・・・・・・ 58
2.2　情報社会を支える有機材料 ・・・・・・・・・・・・・・・・・・・・・・・・・・・・ 63
　2.2.1　情報伝達デバイス―光ファイバー ・・・・・・・・・・・・・・・・・・ 63
　2.2.2　情報記憶デバイス―光ディスク ・・・・・・・・・・・・・・・・・・・・ 67

3　金属に代わる高分子材料

3.1　軽くて強いエンジニアリングプラスチック ・・・・・・・・・・・・・ 75
　3.1.1　エンジニアリングプラスチック一般 ・・・・・・・・・・・・・・・・ 75
　3.1.2　エンジニアリングプラスチックの歴史と生産量 ・・・・・・・ 77
　3.1.3　エンジニアリングプラスチックの性質―形状安定性の役割 ・・・ 78
　3.1.4　エンジニアリングプラスチックの一次構造の特徴と合成法 ・・・ 79

		3.1.5 エンジニアリングプラスチックの開発手法 · · · · · · · · · · · · · · · · 80

      3.1.5　エンジニアリングプラスチックの開発手法 · · · · · · · · · · · · · · · 80
      3.1.6　エンジニアリングプラスチック（ポリマー）各論 · · · · · · · · · · 82
  3.2　有機高分子の枠を超えた耐熱性高分子・高強力繊維 · · · · · · · · · · · · · · · · · 93
      3.2.1　耐熱性高分子 · 93
      3.2.2　ポリイミド · 98
      3.2.3　高強力繊維 · 105

4　エレクトロニクス産業で活躍する高分子材料

  4.1　エレクトロニクスを支える高分子材料 · 111
      4.1.1　半導体の封止剤 · 111
      4.1.2　プリント配線基板 · 116
      4.1.3　ポリマーバッテリー · 117
  4.2　エレクトロニクスを設計する光学有機材料 · 122
      4.2.1　はじめに · 122
      4.2.2　リソグラフィーとレジスト · 122
      4.2.3　光化学の基礎 · 123
      4.2.4　レジストの基本原理 · 124
      4.2.5　レジストに要求される物性 · 126
      4.2.6　レジスト各論 · 127

5　環境に優しい高分子材料

  5.1　省エネルギー・省資源を実現する分離機能材料 · 135
      5.1.1　樹脂による分離 · 135
      5.1.2　膜による分離 · 142
  5.2　古くて新しい天然高分子・生体高分子 · 150
      5.2.1　天然高分子・生体高分子 · 150
      5.2.2　タンパク質 · 151
      5.2.3　糖　　質 · 158
      5.2.4　核　　酸 · 163
  5.3　21世紀の環境を考える生分解性高分子とリサイクル · · · · · · · · · · · · · · · · 167
      5.3.1　はじめに · 167
      5.3.2　生分解性プラスチック · 169
      5.3.3　高分子材料のリサイクル · 174

  索　　引 · 177

1 高分子材料化学の基礎

　高分子材料はプラスチック，繊維，ゴムとして便利で快適な現代生活を支え，いろいろな分野で活躍している。人間の衣・食・住はいうまでもなく，自動車産業，エレクトロニクス産業，土木・建築，医療，農業，水産業やレジャーなど，さまざまな分野で高分子材料が利用されている。

　衣服は綿・絹・羊毛などの天然繊維やナイロン・エステル・アクリルなどの合成繊維からつくられており，また炭水化物・食物繊維の多糖類やタンパク質のポリアミノ酸は天然高分子である。各種の食品包装材料・飲料用容器はポリエチレン，ポリプロピレン，PET，ポリ塩化ビニル，ポリ塩化ビニリデンなどの加工・成型品である。焦げつかないフライパンやアイロンの表面にはフッ素樹脂がコーティングされている。

　住宅では柱・梁や床に木材が使われているし，ビニル床タイルをはじめとして水道配管用パイプなどのパイプ，被覆電線や断熱材など合成高分子材料に囲まれており，これら高分子材料により現在の快適な生活が維持されているといっても過言ではない。合成高分子材料は全世界で1年間に約1億トンも製造されているが，日本ではそのうち約1,500万トンが生産されている。

　このように大量に生産・利用されて20世紀の物質文明の主役を演じてきた高分子材料であるが，最近はさまざまな問題を抱えていることが指摘されている。使用時において，高分子材料中に残存するモノマーの問題，例えば塩化ビニルモノマーなどは発がん性を示すことが報告されている。また，高分子材料中に含まれる極微量のスチレンダイマー・トリマー，ビスフェノールAや高分子添加剤としてのフタル酸エステルは環境ホルモン作用があると疑われ問題となっている。さらに，構造材や塗

料として利用されている高分子材料から揮発するホルムアルデヒドや有機溶媒（VOS）が化学物質過敏症を引き起こすといわれている。このほかに大量生産されている高分子材料は廃棄量も膨大であり，日本での年間総ゴミ処理量，約5,000万トンのうち，高分子材料は約600万トンをしめ，そのほとんどがゴミとして処理されている。高分子材料は重量に比べてその容積が大きく，ゴミとして廃棄され埋め立て処理された場合にその容積が膨大となり，埋立て処分地の寿命を短縮すると懸念されている。また，焼却処理を行った場合には，燃焼条件によりダイオキシンが生成するなど問題が山積している。

このように人工物の物質変換行為が地球環境に大きく影響を与えるようになり，材料においても「地球環境にやさしい」ことが強く求められている。従来の材料に対する評価はその材料の特性・機能と価格で決められていたが，環境保全や資源・エネルギーとのバランスに関する評価が大きく考慮されるようになりつつある。物質の利用時の環境負荷の極小化を達成しようとする Green-Sustainable Chemistry や，材料の原料から廃棄までの全環境負荷の最小化をめざした定量的管理方法であるライフサイクルアセスメント（LCA）の実践は人間社会の存続を左右しかねない重要な問題である。

また，このような運動が本来の目的とは離れて特定の集団や国への利益誘導にならないよう監視することが必要なことも歴史の教えるところである。

このような問題を解決するためには，高分子材料の種類，合成とその性質などについての知識が不可欠である。これが将来社会の指導的役割を担う人材にとって高分子を中心とした有機材料化学に関するしっかりとした理解力が求められる所以である。

これらについては後の章で詳しく述べる。

1.1 高分子材料の"どうして"と"なるほど"

高分子材料の基本的用途は，繊維（ファイバー），膜（フィルム），樹脂（プラスチック），ゴム，接着剤など多種・多様であり，一見ありふれた材料でありながら，実は最先端技術に基づいた高度機能を発揮しているものも多い。また，最終製品の見かけからはすぐには気がつかなくても，実はキーマテリアルとなっているものもある。ここでは，そのような意外性を持つ高分子材料として，i) コンビニエンスな高分子（コンビニエンスストアの食品包装に活躍する高分子）と，ii) コスメティッ

クな高分子（化粧品，美容品として活躍する高分子）をとりあげ，高分子材料の日常生活との関わりの大きさを紹介したい。

1.1.1　コンビニエンスな高分子

　コンビニエンスストアは，多種・多様な商品をあらかじめ売れる数だけ供給するための高度な販売管理・在庫管理技術が駆使され，従来の小規模な商店のイメージを一変させた小売店として大きな成功を収めている。例えば書籍・雑誌販売額では，大手のコンビニエンスストアは日本最大の本屋といわれ，また持ち帰り調理品や電子レンジ再加熱食品類の食品販売は，食堂・レストランなどのこれまでの外食店の脅威となっているばかりか，家庭での食習慣にも大きな影響を与えているといわれている。

　さて，コンビニエンスストアの代表的な商品が，菓子・スナック，おにぎり，弁当，サラダや総菜などの多岐にわたる食品類であることはすぐに気がつく。コンビニエンスストアの成功には，社会の変化に伴う食生活・食文化の変化・多様化に対応する（または助長する）商品開発が大きな役割を担っており，このために高分子材料がはたしている役割はたいへん大きい。これら食品類は，当たり前のように容器またはフィルムで包装されて販売される。包装には内容物を視覚的にアピールするデザインによる広告機能があることはもちろんだが，特にこの食品包装には，人間生活の最も基礎となる"食"の安全に係わる機能として，商品の品質保持という重要で本質的な要求があることを忘れてはならない。また最近，ゴミ焼却場で発生するダイオキシンに対する危機意識の高まりに対応して，従来は包装材料としての優れた特性から広く用いられていた塩素を含む高分子材料に替わる新しい高分子素材の開発，また電子レンジでの再加熱食品の容器として優れた特性をもつ高分子材料に関して，その基本分子構造が生理活性をもつ化合物と類似していることから"環境ホルモン"として微量でも生物の機能に長期的な影響を与える可能性のあることが懸念され，より安全なしかし利便性を損なわない高分子材料の開発が進められている。

　このように一見ありふれた材料だが，実は高度な技術に基づいた機能を発揮している，そのような意外性を持つ高分子材料である"コンビニエンスな高分子（コンビニエンスストアの食品包装に活躍する高分子）"をとりあげ，高分子材料の日常生活との関わりの大きさを紹介する。この食品包装高分子材料では，社会的・心理的・文化的な背景も視野に入れた商品開発が行われていることは興味深い。

(1) 加工食品包装フィルム

　食品包装高分子材料の基本性能は，内容物を密封し外部からのゴミやほこり，さらに食品では特に，虫，微生物などの生物による内容物の汚染を防止することである。高分子フィルムが食品包装の主役となっていることは，紙による包装で内容物の密封が困難なことと比較すると容易に理解できるだろう。ほとんどの高分子フィルムは，張り合わせて加熱し融着させることができる特性（ヒートシール性）をもっているが，そのうち実用的には次の二種類の高分子材料が用いられる。ひとつはポリエチレンである。ただしラジカル重合によって製造される低密度ポリエチレンおよび特別なチーグラー触媒によって製造された鎖状低密度ポリエチレン，またはエチレンを主成分とする共重合体である。もうひとつは，ポリプロピレンである。ただし高分子の配向・結晶化をおさえた無延伸ポリプロピレンといわれるものである。これらの高分子の特に優れた特性として，比較的低温でシール処理できること，剥離強度の調整が容易にできること，内容物の熱水殺菌やレトルト食品の加熱にも耐えること，冷蔵庫や冷凍庫で保存できること，さらに透明性や無臭性，シール部の美観などがあげられる。

　ただし，実際の食品包装高分子フィルムとしてこれらが単独で使用されることはほとんどなく，他の高分子材料フィルムと張り合わせた多層フィルム（ラミネート）として利用される。これは，これらヒートシールフィルムだけではフィルム強度が乏しいことに加えて，ガス（酸素）および水蒸気透過性が大きいためである。多くの食品の品質を低下させる主な原因は酸素による食品成分の変性や水蒸気の透過・吸湿であり，これらの性質をコントロールすることが食品包装高分子材料に要求される最重要の課題である。

　一般に使用される透明な食品包装フィルムは，基本的には図1.1に示す積層構造であり，2軸に延伸したポリエチレンテレフタレート（PET），ナイロンおよびポリプロピレンを表（外）側とし，これに印刷した後に先のヒートシールフィルムを裏（内）側にラミネートした構造となっている。ここで使用される2軸延伸フィルムは分子構造が配向して

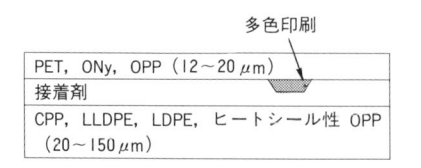

種々のパッケージ食品

多色印刷	
PET, ONy, OPP（12〜20μm）	PET：ポリエチレンテレフタレート
接着剤	ONy：2軸延伸ナイロン
CPP, LLDPE, LDPE, ヒートシール性 OPP（20〜150μm）	OPP：2軸延伸ポリプロピレン
	CPP：無延伸ポリプロピレン
	LLDPE：鎖状低密度ポリエチレン
	LDPE：低密度ポリエチレン

図1.1　包装フィルムの基本型

緻密になり機械的強度も増加する一方，ガス透過性や水蒸気透過性は低下する。多くの食品包装には，さらに脱酸素剤や吸湿剤を内容物と共に加えて品質の保持を図っている。

さらに厳しいガスおよび水蒸気透過性の抑制が求められる食品の包装材料として，アルミニウムの薄膜をヒートシールフィルムに蒸着させたラミネートフィルムが開発されている。ポテトチップスやラーメンの包装用フィルムとしてなじみ深いものであり，ほぼ完全に酸素や水蒸気を遮断することができる。しかしこのフィルムは，不透明で，内容物を見ることができない。一方，透明な高分子材料フィルムで，ガス透過性の小さい（ただし水蒸気はやや透過する）ものとして，エバール（エチレン・ビニルアルコール共重合体）フィルムが知られている。これは鰹の削り節パックの包装フィルムとして用いられ，鰹の風味を長期間保持することができる。

また，電子レンジやレトルトなどの現代的（良い意味でも悪い意味でも）調理方法に対応した耐熱性のガス遮断性高分子フィルムとして，先の延伸ポリエステル，ナイロンなどのフィルムの上にポリ塩化ビニリデンをラミネートした材料（K-コートフィルム）が利用されてきた。しかし塩素を含有する高分子材料に対しては廃棄物の焼却の際に発生するダイオキシンの発生源のひとつとなる懸念があり，その代替材料としてセラミックスを蒸着したポリエステルフィルムの開発が進められている。さまざまなフィルムの酸素および水蒸気透過性を図 1.2 にまとめた。

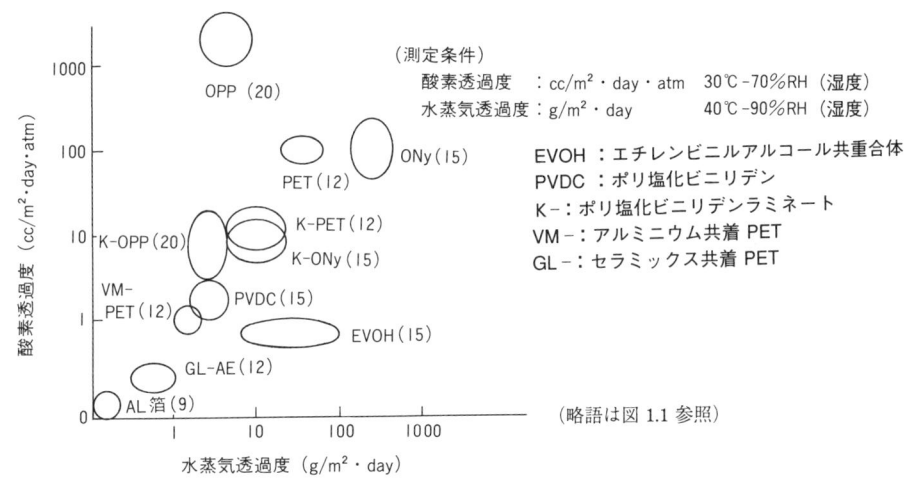

図 1.2 各種フィルムの酸素および水蒸気透過性

(2) 生鮮食品包装フィルム

ここまでに述べてきた包装材料が対応する食品が加工済みのものであるのに対して，野菜・果物およびサラダなどの生鮮食品類に対しては

まったく違った包装材料としての特性が求められている。野菜や果物は呼吸・代謝などの生命活動を行っており，鮮度を保持したまま供給することは商品価値を維持するためにきわめて重要である。実際，鮮度保持のための氷詰め（低温）保持技術は，ブロッコリーのアメリカからの空輸や国産野菜でもモヤシの流通に採用されている。これら生鮮野菜では，蒸散による水分の消失を防ぐための何らかの包装は不可欠となるが，一方先に示した加工食品用高分子フィルムで密閉してしまうと，容器内の酸素が植物細胞の呼吸によって急速に失われ植物は窒息してしまうことになる。これによって鮮度は完全に失われてしまう。さらに，植物細胞は植物ホルモンとしてエチレンガスを発生しているため，この微量のエチレンガスが植物の熟成・老化を著しく促進する。

そこでこれら生鮮食品の品質保持を図ることを目的として，高分子フィルムに数ミクロンの微小な孔を開け植物の呼吸作用による容器内の酸素濃度の低下を防ぐ微細孔フィルムが開発された。また，エチレンガスの吸収機能を持つ粘土鉱物を高分子フィルムに練りこんだ鮮度保持フィルムや包装容器内の水蒸気による曇りを防止し水蒸気濃度を一定に保つために，紙おむつ用の高吸水高分子樹脂をラミネートにより複合した包装フィルムも開発されている。

1.1.2 コスメティックな高分子

コスメティック商品（化粧品，美容品）には，口紅，パック剤，ファウンデーション，シャンプー，リンスなど数多くのバラエティーがあり，高分子材料はこれらの商品機能を実現するキーマテリアルとして用いられている。ここではその中から口紅と毛穴パックをとりあげ高分子材料の意外な役割を紹介する。

(1) つかない口紅

スティック型口紅は，紅花から抽出される色素などの赤色顔料と酸化チタンなどの無機顔料を，カカオ油やヒマシ油などの天然油やワセリン，流動パラフィンなどの炭化水素とスティック状に成形するために必要な常温で固形の天然ワックスを加えた媒体中に分散させることによって製造される。商品としての口紅には，その発色性に加え，質感（つや，うるおい），のびの軽さ，フィット感，安定性など多様な要求性能に対応することが求められる。

最近，"落ちない，つかない"口紅が人気商品となっている。この一見矛盾する機能を実現するためのキーマテリアルとして，シリコーン系高分子が大きな役割をはたしている。シリコーン樹脂は，図 1.3 に示す

成 分	構 造
シリコーン ポリマー	Trimethylsiloxysilicate $[(CH_3)_3SiO_{0.5}]_X[SiO_2]_Y$ 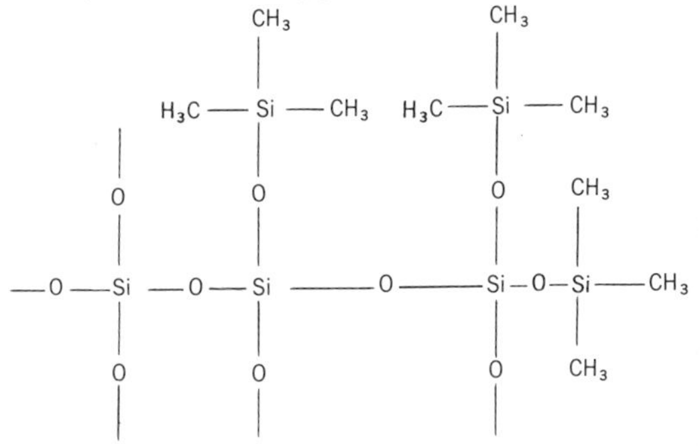
シリコーン オイル	Decamethylcyclopentasiloxane 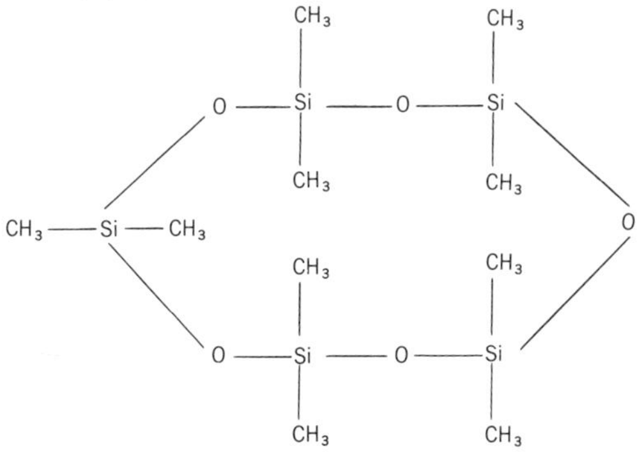
超微粒子 シリカ粉体	SiO_2

図 1.3

M（$(CH_3)_3SiO$），D（$(CH_3)_2SiO_2$），T（CH_3SiO_3）および Q（SiO_4）という基本構造の組み合わせによって構成されているが，そのうち特に M と Q を主成分とするシリコーン高分子が設計された。このシリコーン樹脂は，透明で柔軟な被膜を形成し，口紅に用いた場合の"落ちない，つかない"特性を発揮することができる。そこで，赤色顔料および無機顔料にこの樹脂を生成するプレポリマーおよび揮発性シリコーン成分を配合した口紅が開発された。この製品では，口紅を塗布すると揮発性のシリコーンが蒸発することによって樹脂生成・被膜形成が進行する。この際，図 1.4 に示すようにシリコーン樹脂が無機顔料（ケイ素化合物のひとつであるシリカ：二酸化ケイ素）と色素成分を包み込んだマイクロカプセルを生成する。このカプセルは通常の口紅で用いられる固形ワックスとは違い，室温以上（例えば熱いコーヒーカップに触れるとき）でも溶けないために，内部に保持された色素成分は外部に漏れない（色移りしない）ことになる。

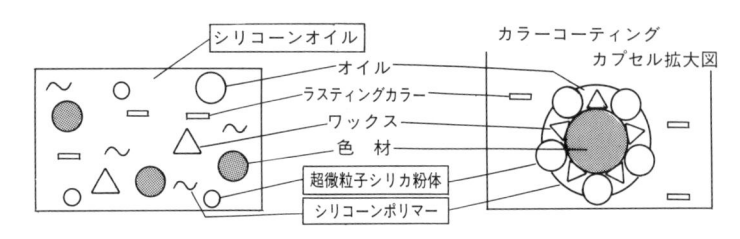

図 1.4 つかない口紅のメカニズム

(2) 毛穴パック

鼻の頭を鏡でよく見ると，表皮に黒ずんだ斑点がポツポツと見えるのに気がつく（ただし筆者はまったく気にならなかった）。この斑点は角栓とよばれる毛穴にたまった油汚れとケラチンを主成分とする老廃物である。この角栓をきれいに除去するという毛穴パックがヒット商品となったことは記憶に新しい。テレビ CM では，このパックを鼻からはがすと抜き取られた角栓が見えて驚きの声があがる。

このパックは，不織布シート（これも高分子材料のひとつ）に水溶性のカチオン性高分子を塗布したものである。このパックを濡らした鼻に貼り付けると，毛穴の開口部から水溶性カチオン高分子が濡れて浸透し角栓と接着する。しばらくパックを貼ったままにしておくと水分が蒸発するために角栓に接着した高分子は固化し，これによってパックを引き剥がす際に角栓を引き抜くほどの接着強度を発現することができる。ただしここで重要なことは，この高分子膜が角栓とだけ強く接着し周囲の皮膚には強く接着しないという選択性をもつことである。さもないとパックを引き剥がす際に周囲の皮膚も同時に剥がしてしまうことになりこれでは商品価値はまったくなくなってしまう。母体となる水溶性高分子への適当なカチオン性基の導入によってこの接着選択性を実現することができる（図 1.5）。このような生体組織への選択接着性は，毛穴パックだけでなく多くの医薬用高分子材料の基礎的な機能としても重要である。

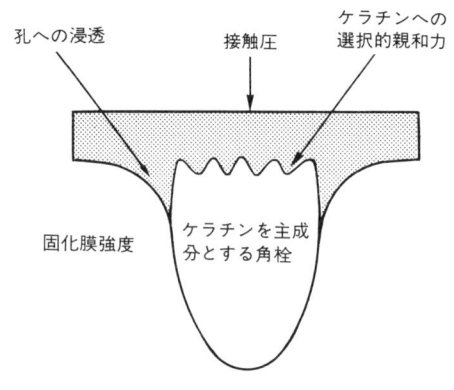

図 1.5 毛穴パックのメカニズム

1.2 高分子材料とは

1.2.1 高分子の合成

　高分子は，天然高分子，合成高分子，半合成高分子（天然高分子を化学修飾したもの）に分類される。天然高分子は，絹・羊毛・綿・麻で代表される衣服材料（天然繊維）や紙・木材として利用されている。半合成高分子は，セルロースの硝酸エステルであるセルロイドや，セルロースを酢酸エステル化した酢酸セルロース（アセテート）が代表的なものである。20世紀になってから，さまざまな合成高分子が利用されるようになった。高分子合成反応すなわち重合反応は大きく分けて次の5つに分類される。

1) 付加重合（addition polymerization）

$$CH_2=CHX \longrightarrow -(CH_2CHX)_n-$$

2) 重縮合（condensation polymerization）

ナイロン-6,6*　　　　　　　　　　　　　　　　　　　　　＊ 6,6-ナイロンと同義

ナイロン-6,6

PET

PET

3) 重付加（polyaddition）

ウレタン　　　　　　　　　　　　　　　ウレタン結合

線状ポリウレタン

加水分解

脱炭酸（発泡）　$-CO_2$

架橋反応　　アロファネート結合

尿素結合　　　　　　　　ビウレット結合

エポキシ樹脂

[エポキシ樹脂の合成反応式:ビスフェノールAとエピクロロヒドリンからエポキシ樹脂を生成し、XH (X = -OH, -COOH, -NHR) との反応によって硬化する様子を示す]

4) 開環重合 (ring-opening polymerization)

ナイロン-6

[ε-カプロラクタムからナイロン-6への開環重合反応式]

5) 付加縮合 (addition condensation)

フェノール樹脂

[フェノールとホルムアルデヒドから、OH⁻条件下でレゾール、H⁺条件下でノボラックを経て、H⁺ or Δ によりフェノール樹脂を生成する反応式。ヘキサメチレンテトラミンも使用]

(1) 付加重合

汎用の高分子構造用材料の大部分は付加重合―しばしばビニル重合とよばれる―で合成される。付加重合は大きく分けると、ラジカル重合とイオン重合の2つに分けられる。イオン重合はさらに、カチオン重合、

アニオン重合，配位アニオン重合に分類される。

$$CH_2=CHX \longrightarrow -(CH_2-CHX)_n-$$

ラジカル重合には，具体的には塊状重合・溶液重合・懸濁重合・乳化重合の4つの主な重合操作方法がある。

塊状重合[*1]　モノマーのみ，またはそれに開始剤を加えた系を加熱や光照射して重合させる方法で，生成高分子の純度や重合度は高い。一方，重合熱がこもりやすく，反応温度の制御，すなわちその冷却の制御が困難である。生成物は固体の塊となり，重合後の処理が面倒なこともある。

溶液重合[*2]　モノマーを適切な溶媒中で反応させる方法であり，重合熱の除去が容易である。生成物の重合度，溶媒除去して固体を取りだすプロセスやそのコストが工業化の問題点とされている。

懸濁重合[*3]　非水溶性モノマーの微粒子を水中に懸濁させ，モノマーに可溶の開始剤を加えて重合させる方法であり，重合温度の制御が容易，生成高分子の重合度が高い，生成物の回収が容易などの特長がある。溶液重合の利点を併せ持っていて，工業的に最も多用されている。

乳化重合[*4]　モノマーを乳化剤とともに水と混合して乳濁液とし，水溶性の開始剤を加えて重合する方法である。乳化剤のミセル中に溶け込んだモノマーが，水中からミセルに入り込んだラジカルにより付加反応が開始し，重合が進むとされている。重合速度は大きく，重合度も高く，重合熱は周囲の水が吸収・拡散するので，温度制御も容易という特長を持つ。生成する重合体は乳化状態で単離は面倒であることから，実用的には生成高分子を乳化液の状態で使用する用途に限られて用いられている。

このようにラジカル付加重合は工業的に重要な反応であり，ラジカル付加重合の素反応や速度論について充分に理解することが望ましい。

(a)　ラジカル重合の素反応

ラジカル重合の開始反応は，開始剤（I）からラジカル（R·）が生成し，モノマーと反応する段階である。

$$I \xrightarrow{k_d} 2R\cdot$$

$$R\cdot + CH_2=CHX \longrightarrow R-CH_2-CHX\cdot$$

代表的なラジカル重合の開始剤は，アゾビスイソブチロニトリル（AIBN）や過酸化ベンゾイル（BPO）である。これらの化合物は熱分解

[*1] bulk polymerization
[*2] solution polymerization
[*3] suspension polymerization
[*4] emulsion polymerization

してラジカル（遊離基）を生成する。

AIBN $(CH_3)_2C(CN)-N=NC(CN)(CH_3)_2 \longrightarrow 2(CH_3)_2C(CN)\cdot + N_2$

BPO $PhCOOOCOPh \longrightarrow 2PhCOO\cdot$

$PhCOO\cdot \longrightarrow Ph\cdot + CO_2$

これらのラジカルは反応性が高く，モノマーの二重結合に付加する。

$(CH_3)_2C(CN)\cdot + CH_2=CHX \longrightarrow (CH_3)_2C(CN)-CH_2-CHX\cdot$ (1-12)

付加した生成物もラジカルであり，モノマーとの反応がさらに進行し，ポリマーが生成する。この反応を成長反応という。

$(CH_3)_2CCN-CH_2-CHX\cdot + CH_2=CHX \longrightarrow (CH_3)_2CCN-CH_2-CHX-CH_2-CHX\cdot$

$R-CH_2-CHX\cdot + CH_2=CHX \xrightarrow{k_p} R-CH_2-CHX-CH_2-CHX\cdot$

反応が進み，ラジカル同士の反応が生じるとラジカルは消失し，重合は停止する。この停止反応には，再結合（k_{tr}）と不均化（k_{td}）の2通りの反応がある。

$RCH_2-CHX\cdot + RCH_2-CHX\cdot \xrightarrow{k_{tr}} RCH_2CHX-CHXCH_2R$

$RCH_2-CHX\cdot + RCH_2-CHX\cdot \xrightarrow{k_{td}} RCH_2CH_2X + RCH=CHX$

(b) ラジカル重合の速度論

ラジカル付加重合の反応速度（rate of polymerization：R_p）は，モノマーの消費速度と考えることができるので

$$R_p = -d[M]/dt = k_p[M\cdot][M]$$

と書くことができる。[M]はモノマー濃度，[M·]は成長ポリマーラジカルの濃度である。成長ポリマーラジカルの反応性はその重合度によらず一定で，その濃度[M·]は重合反応を通じて一定であると考えられる。この状態を定常状態（steady state）といい，ラジカルの生成速度と消失速度は等しい。

開始剤の濃度を[I]とすると，開始剤の分解速度は

$$v_d = k_d[I]$$

となる。AIBN や BPO を用いた場合，1分子の開始剤から2分子のラジカルが生成する。また，生成したラジカル同士の再結合や不均化などの副反応も生じる。そこで，開始反応速度はラジカル重合を開始する割合

(開始剤効率 f) を考えて,次式のように表わされる。
$$v_i = d[\text{M}\cdot]/dt = 2fk_d[\text{I}]$$

この開始反応で生成したラジカルが成長ラジカルの出発点となり,全成長ラジカルの生成速度でもある。成長ラジカルは,成長ラジカル2分子の反応(再結合と不均化)により消失するので,その消失速度 v_t は
$$v_t = -d[\text{M}\cdot]/dt = 2(k_{tc} + k_{td})[\text{M}\cdot]^2$$
で表される。重合反応の定常状態では,ラジカルの濃度は一定となる。それはラジカルの生成速度と消失速度が同じということを意味するので,次の式が成立する。
$$2fk_d[\text{I}] = 2(k_{tc} + k_{td})[\text{M}\cdot]^2$$

この式から,定常状態での重合反応中のラジカルの濃度は次式で示されることになる。
$$[\text{M}\cdot] = (fk_d/(k_{tc} + k_{td}))^{1/2}[\text{I}]^{1/2}$$
これより,重合速度は開始剤濃度の 1/2 乗とモノマー濃度の 1 乗に比例することがわかる。これを最初の式に代入して次の式が得られる。
$$R_p = -d[\text{M}]/dt = k_p(fk_d/(k_{tc} + k_{td}))^{1/2}[\text{I}]^{1/2}[\text{M}]$$
この式の妥当性は,実験により実証された(図 1.6)。

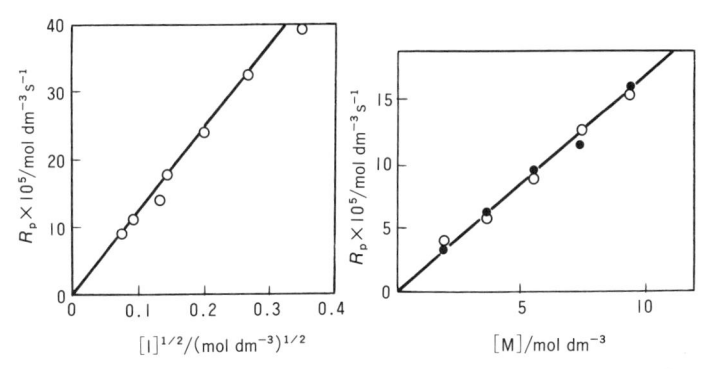

(A. Conix, G. Smets, *J. Polymer Sci.*, **10**, 525 (1953))

(G. V. Schulz, G. Harborth, *Makromol. Chem.*, **1**, 106 (1947); A.Conix, G. Smets, *J. Polymer Sci.*, **10**, 525 (1953))

図 1.6 ベンゼン中メタクリル酸メチルの重合における,重合速度の開始剤濃度依存性(左図 65℃),およびモノマー濃度依存性(右図 50℃)

(c) ラジカル共重合反応

実用化に必要な物性を有する高分子材料を一種類のモノマーから合成することには限界があり,実用的には複数のモノマーを用いて合成した高分子(共重合体)材料が利用されている。モノマーの反応性を明らかにするために,二種類のモノマー(M_1, M_2)を用いた重合反応について,そのモノマーの反応性と生成する高分子材料の構造・共重合体組成が詳しく検討されている。次に,二種類のモノマー(M_1, M_2)を用い

たラジカル付加反応の素反応を示す。

$$\sim M_1^\cdot + M_1 \xrightarrow{k_{11}} \sim M_1 M_1^\cdot$$

$$\sim M_1^\cdot + M_2 \xrightarrow{k_{12}} \sim M_1 M_2^\cdot$$

$$\sim M_2^\cdot + M_1 \xrightarrow{k_{21}} \sim M_2 M_1^\cdot$$

$$\sim M_2^\cdot + M_2 \xrightarrow{k_{22}} \sim M_2 M_2^\cdot$$

ラジカル活性種の反応性が成長ラジカル末端の構造にのみ規制されるとした場合に，M_1モノマーとM_2モノマーの減少速度は

$$-d[M_1]/dt = k_{11}[M_1^\cdot][M_1] + k_{21}[M_2\cdot][M_1]$$
$$-d[M_2]/dt = k_{12}[M_1^\cdot][M_2] + k_{22}[M_2\cdot][M_2]$$

である。これから生成した高分子中の共重合体組成（モノマー成分比）($d[M_1]/d[M_2]$) は

$$\frac{d[M_1]}{d[M_2]} = \frac{k_{11}[M_1^\cdot][M_1] + k_{21}[M_2\cdot][M_1]}{k_{12}[M_1^\cdot][M_2] + k_{22}[M_2\cdot][M_2]}$$

となる。定常状態では $[M_1^\cdot]$ と $[M_2\cdot]$ は一定と考えられるので，次式が成立する。

$$k_{12}[M_1^\cdot][M_2] = k_{21}[M_2\cdot][M_1]$$

この関係から

$$\frac{d[M_1]}{d[M_2]} = \left(\frac{[M_1]}{[M_2]}\right)\left(\frac{r_1[M_1] + [M_2]}{[M_1] + r_2[M_2]}\right)$$

となる。$r_1 = k_{11}/k_{12}$, $r_2 = k_{22}/k_{21}$ であり，それぞれ$M_1\cdot$ラジカル種と$M_2\cdot$ラジカル種へのM_1モノマーとM_2モノマーの相対的な反応性を表し，モノマー反応性比とよばれる。r_1, r_2の反応性比により，モノマー混合物のモル分率から生成する共重合体中のモノマー分率を推定することが

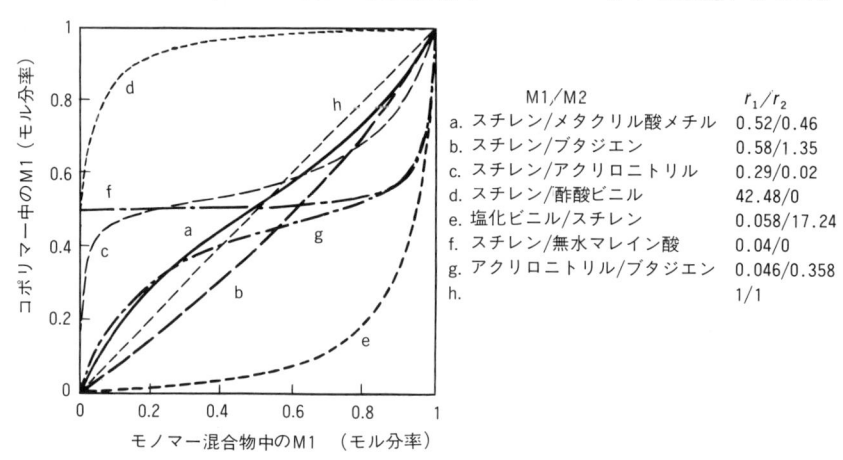

	M1/M2	r_1/r_2
a.	スチレン/メタクリル酸メチル	0.52/0.46
b.	スチレン/ブタジエン	0.58/1.35
c.	スチレン/アクリロニトリル	0.29/0.02
d.	スチレン/酢酸ビニル	42.48/0
e.	塩化ビニル/スチレン	0.058/17.24
f.	スチレン/無水マレイン酸	0.04/0
g.	アクリロニトリル/ブタジエン	0.046/0.358
h.		1/1

図1.7 モノマー反応性比に応ずる共重合組成曲線

できる。図 1.7 より r_1 と r_2 が小さいほど，交互共重合性がよいことがわかる。

共重合反応でのモノマーの反応性は，モノマーの共鳴安定性 Q 値と極性 e 値により規制されることから，Alfrey と Price により Q, e スキームが提案され

$$r_1 = k_{11}/k_{12} = (Q_1/Q_2)\exp[-e_1(e_1-e_2)]$$
$$r_2 = k_{22}/k_{21} = (Q_2/Q_1)\exp[-e_2(e_2-e_1)]$$

と定義されている。スチレンの Q 値を 1.0，e 値を -0.8 として，それを基準にいろいろなモノマーの Q, e 値が求められている（表 1.1）。

スチレンやメタクリル酸メチルなどの共役性モノマーは Q 値が大きく，酢酸ビニルなどの非共役性モノマーは Q 値が小さいことがわかる。また，極性が大きく異なるモノマー（e 値の差が大きいモノマーの組み合わせ）では，交互共重合反応が起きやすくなる。

表 1.1 種々のビニルモノマーの Q 値と e 値

モノマー	Q	e	モノマー	Q	e
エチルビニルエーテル	0.018	-1.80	塩化ビニリデン	0.31	0.34
プロピレン	0.009	-1.69	メタクリル酸メチル	0.78	0.40
酢酸ビニル	0.026	-0.88	アクリル酸メチル	0.45	0.64
スチレン	1.00	-0.80	α-シアノアクリル酸メチル	4.91	0.91
ブタジエン	1.70	-0.50	アクリロニトリル	0.48	1.23
エチレン	0.016	0.05	テトラフルオロエチレン	0.032	1.63
塩化ビニル	0.056	0.16	無水マレイン酸	0.86	3.69

(J.Brandrup et. al. ed., "Polymer Handbook (4 th)", Interscience (1999) より)

(2) イオン付加重合

イオン重合（ionic polymerization）は，ビニル化合物の付加重合のうち，高分子鎖の成長活性種がイオンであるものをいう。アニオン重合，配位アニオン重合，カチオン重合に分類される。

その特徴は以下のようにまとめられる。

① 成長鎖末端（活性種）の対イオンが重合挙動に大きく影響する。
② 活性化エネルギーが小さい〜低温で重合する。
③ 活性種イオンの安定性・反応性〜溶媒の極性の影響を大きく受ける。
④ モノマーが成長末端と対イオンとの間に入り込み付加重合が進行する。
⑤ 停止反応はラジカル重合のように成長ポリマー末端同士では起こらない。

(a) アニオン重合（anionic polymerization）

炭素アニオンを与えることのできる求核性試薬（有機金属化合物，金属アルコラート，アルカリやアミンなど）が開始剤となる。瞬間接着剤の α-シアノアクリル酸エステルは，水のように弱い塩基によっても速やかにアニオン重合する。生成するアニオンが共鳴安定化される構造のモノマー（電子求引性置換基：シアノ基，ニトロ基，カルボニル基，芳香環などの置換基を持つモノマーや共役二重結合のモノマーなど）がアニオン重合を起こす。これらの開始剤やモノマーの活性については多くの研究がなされている。

アニオン重合の実用面として重要なことはブロック共重合体の合成に応用されることである。これはリビングポリマーを生成することができることに由来する。成長活性種である炭素アニオンは転位反応を起こしにくく，移動反応が起きにくい性質を持っている。活性水素やハロゲンを持つ化合物が存在すると反応して活性がなくなるが，そうでなければ停止反応を受けることなく，モノマーが全部消費されてもまだ重合活性を保持している。これが，リビングポリマーとよばれるポリマーである。このポリマーは重合度（分子量の）分布が非常に狭いなどの特徴を持っている。この重合系でモノマーが全部消費された後に別のアニオン重合可能なモノマーを加えると新たな重合が起こり，その結果ブロック共重合体を作ることができる。

$$C_4H_9Li + x\,CH_2=CHPh \longrightarrow C_4H_9\text{-}(CH_2\text{-}CHPh)_x Li$$

$$\xrightarrow{CH_2=CH\text{-}CH=CH_2} C_4H_9\text{-}(CH_2\text{-}CHPh)_x\text{-}(CH_2\text{-}CH=CH\text{-}CH_2)_y Li$$

(b) カチオン重合（cationic polymerization）

開始剤または触媒にプロトン酸やルイス酸が用いられるビニル化合物の重合である。電子供与性置換基を持つオレフィン，ジエン，スチレン誘導体，ビニルエーテルなどが対象となる。成長活性種がカルボカチオンで，脱離や転位などが起こりやすく連鎖移動などの副反応を起こしやすい。高分子量体を得るには低温での反応が必要である。工業的見地からは低温での重合は経済的に不利であり，ブチルゴムの製造を除くとほとんど使われていない。

$$CH_2=C(CH_3)_2 \xrightarrow{AlCl_3} \text{-}(CH_2\text{-}C(CH_3)_2)_n\text{-}$$

(c) 配位アニオン重合（coordination anionic polymerization）

遷移金属化合物と有機金属化合物の組み合わせである Ziegler-Natta 触媒による重合で立体規則性に特長がある。オレフィンモノマーが触媒中の遷移金属原子に配位することにより反応性が向上し，また，立体選択性が発現するとされている。低圧法ポリエチレン，イソタクチックポリプロピレンの合成，ブタジエン，イソプレンの cis-オレフィン構造の重合体の合成などに使われている。

この重合方法の大きな特徴としては，高い重合反応触媒活性と立体規則性重合の実現があげられる。配位アニオン重合は工業的には単純な構造のオレフィン（エチレン，プロピレン，1-ブテンなど）やジエンモノマーの重合などに用いられている。単純な構造のオレフィンはラジカル開始剤やアニオン・カチオン重合開始剤では重合しにくい一方，高温高圧などの激しい条件下では枝分かれや連鎖移動などで高重合体は生成しにくいのが一般的である。それに対し，Ziegler 系触媒はエチレンやプロピレンなどの"重合しにくい"モノマーを常温常圧下で重合させ高分子量体を与える。その際，側鎖アルキル基は立体規則性のもととなる（通常はイソタクチック）。ブタジエンやイソプレンの重合では cis-1,4-高分子構造の高分子量体が得られる。

この反応はアニオン機構で進むとされている。遷移金属化合物と有機金属化合物の作る錯体の遷移金属に，一つの配位子として高分子鎖のアルキル基（R）が結合した状態を考えてみよう。この錯体の遷移金属は触媒形成過程で還元されていて空の配位座を持っている。そこにオレフィンの二重結合が配位すると，それはすぐに遷移金属とアルキル基（高分子鎖）の間に挿入される。これが配位によってオレフィンが活性化されるイメージである。さて，この配位はたくさんの配位子がついた遷移金属に対して起こるので，オレフィン分子（モノマー）の接近のしかたはかなり制約を受けることになる。つまり，オレフィンモノマーは決まった向き（空間的配置）でしか配位–結合生成ができない。この過程が重なって立体的に決まった向きの結合が繰り返されるのが配位アニオン重合の立体制御のイメージである。

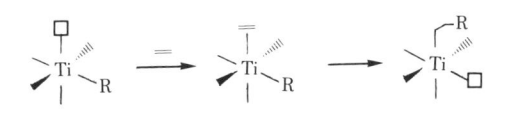

（□：空の配位座　＝：モノマー）

(3) 重縮合

6,6-ナイロンやポリエステルなど重縮合により合成される高分子材料は多い。この重縮合反応を理解するために，ポリエステルを生成するジオールとジカルボン酸の反応について考えてみよう。アルコールとカルボン酸からのエステル生成反応は，エステルの加水分解との平衡反応である。

$$\text{ROH} + \text{R'COOH} \underset{}{\overset{H^+}{\rightleftarrows}} \text{R'COOR} + \text{H}_2\text{O}$$

酸触媒を添加しなくともカルボン酸自身でも触媒作用を示す。このため，ポリエステルを生成するジオールとジカルボン酸の反応では，その反応速度は次のようになる。

$$-d[\text{R'COOH}]/dt = k[\text{R'COOH}]^2[\text{ROH}]$$

ジオールとジカルボン酸を等モル量（濃度 c）を用いた場合，上式は

$$-dc/dt = kc^3$$

となり，積分して

$$2kt = 1/c^2 + \text{const.}$$

となる。反応度 p（反応の進行の度合い）は

$$p = (c_0 - c)/c_0$$

と定義されるので，$1/(1-p)^2$ と t の間に直線関係が成り立つ（c_0 はジオールやジカルボン酸の初濃度）。

$$2c_0^2 kt = 1/(1-p)^2 + \text{const.}$$

図1.8によりこの関係は明らかである。

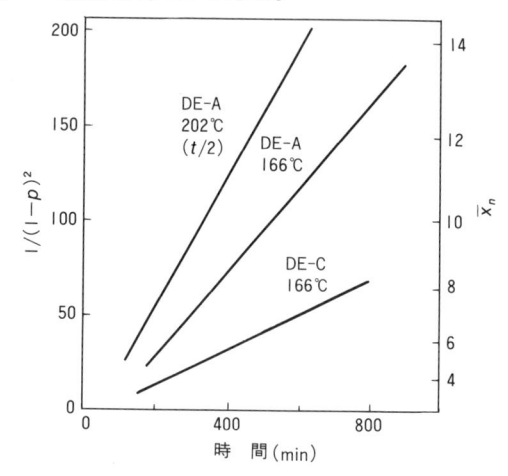

図1.8　ジエチレングリコールとアジピン酸（DE-A）およびジエチレングリコールとカプロン酸（DE-C）の反応
（井上祥平，宮田清蔵，『高分子材料の化学』，丸善）

等モル量のジオールとジカルボン酸の反応系において，初めの水酸基やカルボキシル基の数を N_0 個とすると，反応度 p は数平均重合度 DP_n と次の関係にある。

$$DP_n = N_0/N = c_0/c = 1/(1-p)$$

表 1.2 に具体的な関係を示す。実際に利用されているポリエステルでは，100 前後の平均重合度が要求される。これは反応が 99％ 近くまで進まなければならないことを意味している。このように重縮合反応において，高重合度の高分子を合成するためには高い反応率が要求される。また，一般に，ジオールとジカルボン酸のモル数が異なる場合には，平均重合度は高くならない。

表1.2　重縮合における反応度 p と数平均重合度 DP_n の関係

反応度 p	0	0.5	0.75	0.8	0.9	0.95	0.99	0.999
反応の進行度(%)	0	50	75	80	90	95	99	99.9
数平均重合度 DP_n	1	2	4	5	10	20	100	1000

1.2.2　分子量と分子量分布

高分子化合物は，いろいろな分子量の混合物であり，その分子量は一義的には決められず，いろいろな「平均分子量」で表される。

数平均分子量 M_n（number-average molecular weight）は，高分子の全重量（$\Sigma n_i M_i$）を高分子となったモノマー全分子数（Σn_i）で割ったものとして定義される。数平均分子量 M_n は，末端基定量法，浸透法や蒸気圧法などを用いて求められる。

$$M_n = \Sigma n_i M_i / \Sigma n_i$$

高分子材料は大きな分子量から小さな分子量まで広く分散した高分子の混合物であるが，高分子の物性の多くは大きな分子量を持つ高分子成分により決定されている。このため大きな分子量部分を重視した**重量平均分子量** M_w（weight-average molecular weight）は，次のように定義される。w_i は重量分率である。

$$M_w = \Sigma w_i M_i / \Sigma w_i = \Sigma n_i M_i^2 / \Sigma n_i M_i$$

重量平均分子量 M_w は，沈降法，光散乱法により求められる。

普通，高分子の数平均分子量 M_n と重量平均分子量 M_w は異なっており，その比 M_w/M_n は分子量の分布の尺度として用いられる。M_w/M_n はラジカル付加重合生成物では 1.5 から 2.0，縮合重合系では 2.0 から 5.0，リビング重合ではほぼ 1 となる。天然高分子においても，分子量分布はいろいろであり，酵素などは $M_w/M_n = 1$ であるが，セルロースやコ

ラーゲンなどの分子量分布は広い。

このように分子量および分子量分布は高分子材料の物性に大きく影響を与えるものであるが，その測定は煩雑であり，最近ではゲルパーミエーションクロマトグラフィー（GPC）を用いて分子量と分子量分布の測定を行うのが一般的である。

1.2.3 高分子の構造と性質

いろいろな方法により合成した高分子は，その構造により性質が大きく異なる。モノマーが同じでもその合成条件により化学構造が異なる高分子が生成する。ビニル化合物 $CH_2=CHX$ の付加重合において，置換基 X の結合している炭素原子を頭（head）とし，もう一方の炭素を尾（tail）とすると，次のような結合様式が考えられる。

```
-CH₂-CH-CH₂-CH-CH₂-CH-        (head-to-tail / tail-to-head)
     |       |       |         頭―尾（尾―頭）結合
     X       X       X

-CH₂-CH-CH-CH₂-CH₂-CH-        (head-to-head / tail-to-tail)
     |   |           |         頭―頭（尾―尾）結合
     X   X           X
```

これらの構造は，置換基 X や重合触媒の立体障害や電気的な性質により影響される。また，この頭-尾結合では，炭素が正四面体構造であることから，置換基 X がその平面の上下どちらかの方向から結合することになる。置換基 X がすべて同一方向で結合している場合にイソタクチック（isotactic, *it*），交互に結合しているときにシンジオタクチック（syndiotactic, *st*），ランダムに結合している場合にアタクチック（atactic, *at*）という。

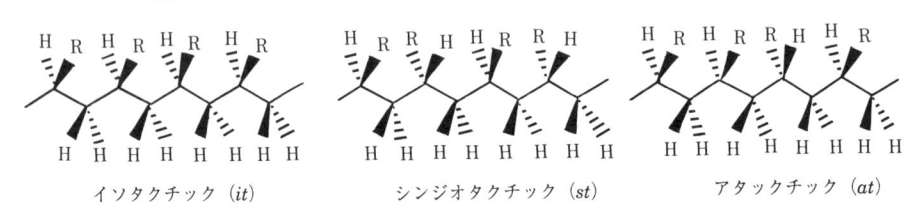

イソタクチック（*it*）　　　シンジオタクチック（*st*）　　　アタックチック（*at*）

この立体規則性は高分子の物性に大きく影響を与える。高分子のこのような立体規則性（タクチシチー）は，Natta により置換基 X がメチル（CH_3）基であるプロピレンの重合で提唱された。タクチシチーの異なるポリプロピレンなどの高分子の例を表 1.3 に示す。現在，利用されているポリプロピレンはイソタクチックが多い構造である。

また，ブタジエンに代表される共役ジエン系化合物の重合では，1,2-位で重合する場合と 1,4-位で重合する場合がある。1,2-重合では頭尾，頭頭結合と，*it*, *st*, *at* の 3 種類の立体規則性が可能である。1,4-位での

重合の場合でも，2,3-位の炭素間に移動した二重結合について，シス体とトランス体の2種類が生成する。

シス体　　トランス体

表1.3　代表的な高分子材料の融点，ガラス転移温度と密度

高分子材料	ポリエチレン			ポリプロピレン			ポリスチレン		ポリ塩化ビニル	PET	ナイロン-6	ナイロン-6,6
	HDPE	LLDPE	LDPE	st	it	at		st				
融点(K)	419	371~398	378~388	433~459	-459	—	513	543	485~583	538	493	534~574
ガラス転移温度(K)	150	—	140~170	—	276~284	267~271	373	373	371	342~388	320~330	320~330
密度(g/cm³)	0.92~0.99	0.912~0.930	0.910~0.935	0.93	0.94	0.85~0.86	1.04~1.13	1.03~1.11	1.33~1.35	1.41	1.13	0.989~1.25

高分子材料	PAN	ビニロン	ケブラー	セルロース	ポリブタジエン					ポリ酢酸ビニル	ポリジメチルシロキサン
					cis-1,4-	trans-1,4-	1,2-				
							st	it	at		
融点(K)	593	500(軟化点)	827	523(熱分解)	274~285	370~418	429	399	—	448	226~236
ガラス転移温度(K)	370	—	698	493~518	167~178	166~171	245	—	269	301~304	150
密度(g/cm³)	1.07~1.27	1.26~1.30	1.44	1.54~1.61	0.915~1.01	0.93~0.97	0.902	0.902	0.902	1.11~1.89	0.97

HDPE：高密度ポリエチレン，LDPE：低密度ポリエチレン，LLDPE：直鎖型低密度ポリエチレン，ケブラー：500℃以上で分解
J.E.Mark, "Polymer Data Handbook", Oxford University Press (1999)

ポリ（シス-1,4-ブタジエン）はゴムとしての特性を示すが，ポリ（トランス-1,4-ブタジエン）はゴム的性質を示さず，プラスチックとして利用されている（表1.3）。

このように，高分子材料はそのモノマーが同じであってもその立体的な配置が異なると物性にも大きな違いが現れるので，さまざまな工夫によりいろいろな物性の高分子材料が設計・合成され，実用化されている。

低分子化合物や，ある種の高分子材料（立体規則性の高い高分子）は融点を示すが，ほとんどの高分子材料において，はっきりした融点は見られない。高分子材料によってはいくら加熱しても溶融もせずに分解するものもある。しかし，私たちの周りで利用されている高分子材料の多くは熱可塑性高分子材料であり，加熱・溶融して成形されている。図1.9に，高分子の比容積の温度変化を示す。温度が下がると比容積も小さくなるが，結晶性高分子の場合には，融点 T_m (b) で不連続に変化す

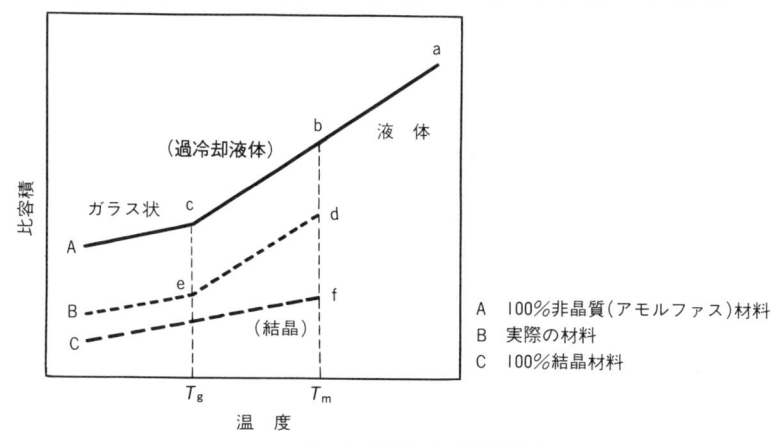

図1.9 温度による高分子の
比容積変化

A 100%非晶質（アモルファス）材料
B 実際の材料
C 100%結晶材料

る。しかし，ほとんどの高分子材料では，冷却していくと融点 T_m を越えても比容積は連続的に低下し，ガラス転移温度 T_g（c）で比容積の変化の仕方が変わってガラス状の固体となる。ガラス転移温度 T_g においては，比容積以外に粘性，膨張係数，比熱などいろいろな物性の変化の仕方が不連続となる。高分子材料はガラス転移温度 T_g より高い温度領域では強靱であるが，ガラス転移温度 T_g より低い温度領域ではガラスのように硬くてもろくなる。ポリスチレンのガラス転移温度 T_g は 100℃ であり，室温条件下では割れやすいことが理解される。

高分子材料の固体構造を考えると，分子鎖長が異なる莫大な数の分子が，文字通り一糸乱れずに配列して結晶を作るということは考えられない。実際の高分子材料は図 1.10 に示すように，非晶質の部分に多数の結晶構造が分散している微細構造をとっている。ほとんどが非晶質部分からなる高分子材料（a）はガラス転移温度以上でゴム的性質を示す。プラスチックは（a）のタイプの高分子材料でも使用温度がガラス転移温度以

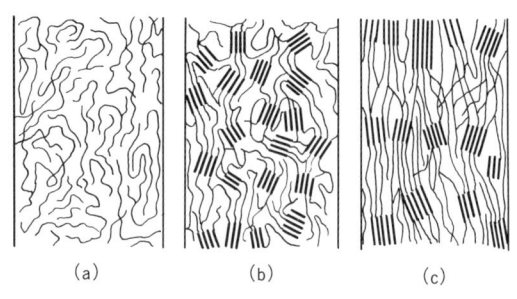

図1.10 高分子の固体構造
（a）は 100％非結晶高分子（ゴム：ガラス転移温度以上，非晶質プラスチック：ガラス転移温度以下）
（b）はクリスタリットが無秩序に配列した高分子（プラスチック）
（c）は延伸によりクリスタリットが配列した高分子（繊維）
（大津隆行，『（改訂）高分子合成の化学』，化学同人）

下であったり，微細結晶が非晶質部分に無秩序に分散しているもの（b）である。繊維は結晶構造が一定方向に配列している場合（c）である。

このように高分子材料の物性には，生成した高分子の立体構造，分子量と分子量分布，ガラス転移温度 T_g やその結晶状態などが大きく影響を与えることがわかる。

1.2.4 成形方法

高分子構造用材料は一般に固体の硬構造物体として使用される。ある形が形成されるということは，形が固定される前のどこかの段階で流動状態を経ていることになる。したがって，その成形過程をおおまかに分けて考えると次のようになる。

1) 材料の流動化——融解，ガラス転移
2) 賦形——型への流し込み，引っ張り，押しつけ
3) 形状の固定（冷却や硬化［熱，heat set］）

ただし，これらの過程には素材の化学的性質によりいろいろなバリエーションがある。

熱をかけることによって融解する熱可塑性樹脂（thermoplastic resin）では加熱成形後，冷却中に変形を起こしたり，歪みを残したりしないように工夫する必要がある。それに対して，加熱により網目構造を構築して不融化する熱硬化性樹脂（thermo setting resin）では硬化反応が物質全体で均一に起きて，成形物の場所により物性のむらが生じないようにしなければならない。

以下汎用高分子構造材料の成形過程の概略をまとめる。

(1) プラスチックの成形（型）

熱可塑性樹脂の場合　通常，熱可塑性樹脂素材はペレットとして出荷される。ペレットとは金太郎飴のように細長い円柱状の塊を切断した直径と高さが数ミリメートルの「粒」である。これを加熱融解し，顔料，添加剤を混ぜて流動化させる。一般にはホッパーというペレット供給ロートを付けたスクリュー型押し出し機の中を通すことで混合・流動化する。

成形方法として，i) 射出成形，ii) 押し出し成形，iii)ブロー（圧空）成形，iv) 真空成形，v) 高圧押し出し成形，vi) トランスファー成形などがある。

i) 射出成形は，加熱した金型の中に融解した樹脂を流し込み，適切な速度で冷却して成形物を取りだし，次の加熱を始めるというサイクルで成形する方法で，プラモデルの部品が枠棒についたような製品ができる

（図 1.11）。高分子材料の流動性と形状安定性により，成形温度と冷却温度（速度）が決まる。物体全体に均一な物性がでるような十分な流動性（低粘度）が実現でき，歪みを残さない範囲でできるだけ速やかに冷却することが生産性の向上に求められる。

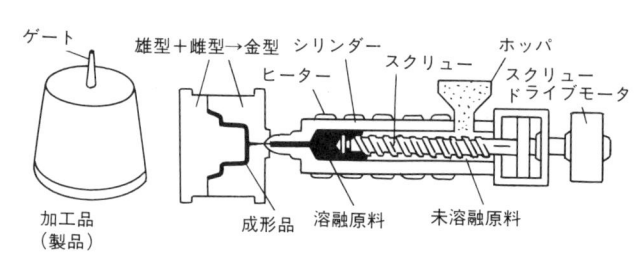

図 1.11　射出成形
（『モノづくり解体新書（二の巻）』，日刊工業新聞社）

ii）押し出し成形は，融解した高分子材料（素材）を押し出し機の先端のダイスから押し出す成形法である（図 1.12）。この方法では成形物は出口の形に対応した断面が同じ形の連続構造になり，フィルム，袋，パイプ，棒などが対象となる。

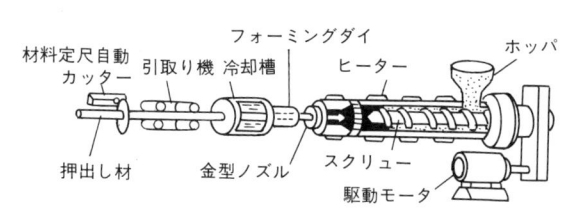

図 1.12　押し出し成形
（『モノづくり解体新書（二の巻）』，日刊工業新聞社）

iii）ブロー成形は，中空の容器，びんを大量に作るのに適した方法である（図 1.13）。融解した高分子材料がダイスから円筒状に押し出され（このチューブをパリソンという），それが2つに分割した金型に入ると金型が閉まる。このときパリソンの一端が閉じるので，そこに空気が吹き付けられると膨らみ，金型の形の薄い壁の容器ができる。ポリびん，ポリタンクなどがこの方法で作られる。この成形方法では複数の材料を一

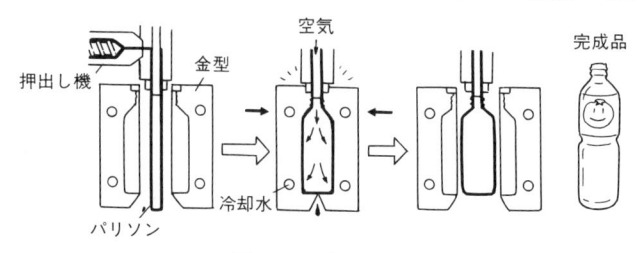

図 1.13　ブロー成形
（『モノづくり解体新書（二の巻）』，日刊工業新聞社）

体化して成形することも可能である。いくつかの押し出し機を組み合わせてダイスで一体化し多層構造のパリソンとして押し出すと，強度を受け持つポリオレフィンと機能（ガス非透過性など）を受け持つ他のポリマーの多層構造の容器ができる。厚肉部を持つ容器の成形には射出ブロー成形が用いられ，化粧品容器，清涼飲料水のPET（ペット）ボトルなどが成形される。

ⅳ) 真空成形は，ブロー成形の反対で，加熱軟化した板状高分子素材を減圧にした金型に吸いつけて成形するもので，冷蔵庫の内張り，卵や野菜の販売用容器などがこの方法で作られている。

ⅴ) 高圧固体押し出しは，融点以下の固体状態の高分子素材を高圧で押し出して成形する方法である。固体での塑性変形による成形で，高分子素材が固体状態で持っている高い配向性を残しながら成形を行う方法である。

ⅵ) トランスファー成形は，ガラス転移点以上の温度に温めた固体材料を型に入れて高圧で押し固めて成形する方法で，ある種の熱硬化性樹脂にも適用できる。

熱硬化性樹脂　熱硬化性樹脂の場合，加熱後は原則として変形できない。したがって，成形時に硬化反応を起こさせてしまう圧縮成形がよく用いられている。原料のプレポリマーと硬化剤などの添加剤を混ぜ，型に入れて圧力をかける。成形してから硬化反応を行うことも可能ではあるが，その場合には寸法安定性が悪くなる。

(2) ゴム製造方法（加硫化ゴム）

架橋していない原料ゴム素材を練ってせん断応力で低分子量化する（素練り過程）。ここに酸化防止剤などの各種配合剤を加えてさらに練り続け（混練り），橋かけ剤を加え混合して成形し加熱する。ゴムの物性上，加硫は最後になる。

図1.14　ゴムを2本ロールで練るときの様子
(井上祥平，宮田清蔵，『高分子材料の化学』，丸善)

(3) 糸の作り方——紡糸（spinning）

紡糸は線状高分子を繊維状に賦形する方法であり，これにより分子鎖はランダムな並び方から繊維の方向に配向し，異方性材料（紡糸原糸）が得られる。通常は紡糸工程だけでは配向も結晶化も不充分なので延伸により配向度を高め，熱処理の工程をへて，結晶性を制御して強い繊維を作ることができる。

具体的に紡糸は液体状態の高分子素材を繊維の断面の形のノズルから押し出す（引っ張りだす）過程であり，高分子の液体の種類に応じて次の4つの方法がある。

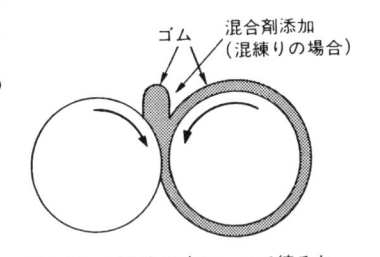

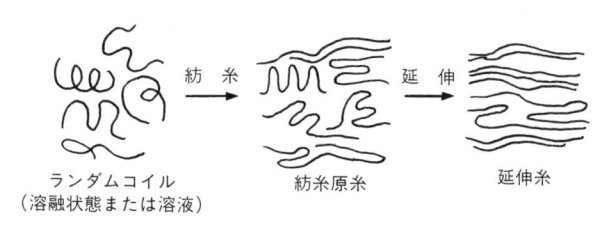

ランダムコイル　　　　　紡糸原糸　　　　　延伸糸
（溶融状態または溶液）

図1.15　熱可塑高分子の紡糸と延伸のイメージ

溶融紡糸　高分子を加熱溶融させてノズルから空気や水中に押し出して冷却固体化させ繊維化する方法である。これらの紡糸方法にいろいろなバリエーションをつけることで中空や特殊な繊維断面などの微細な加工が行われている。

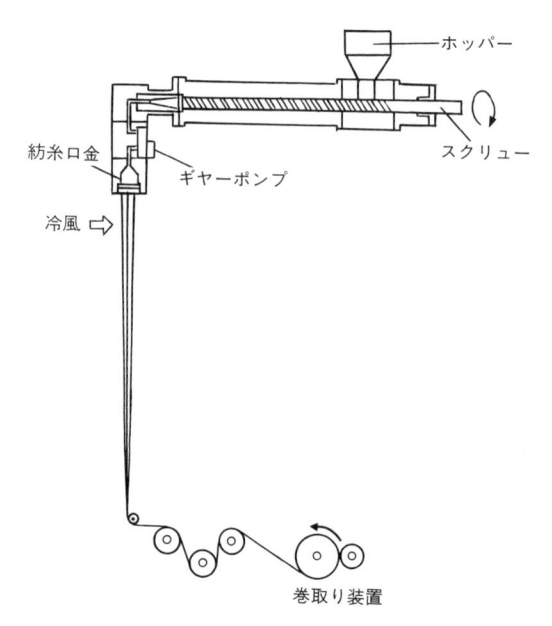

図1.16　スクリュー押出し機による溶融紡糸例
（荻野一善ほか編（藤重昇永），『高分子化学―基礎と応用―』，東京化学同人）

湿式紡糸　高分子濃厚溶液をノズルから溶媒中に押し出し，高分子溶液から溶媒だけがこの溶媒中へ拡散して除去され，繊維状固体が得られる方法である。

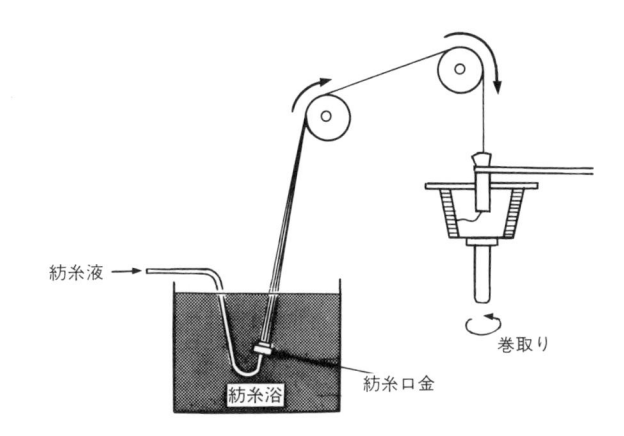

図 1.17　ビスコースレーヨンの湿式紡糸例
（荻野一善ほか編（藤重昇永），『高分子化学―基礎と応用―』，東京化学同人）

乾式紡糸　揮発性の溶媒に溶かした高分子溶液を，ノズルから高温の不活性ガスや空気中に押し出し，溶媒を蒸発させて繊維状固体を得る方法である。紡糸速度が大きいという特長がある。

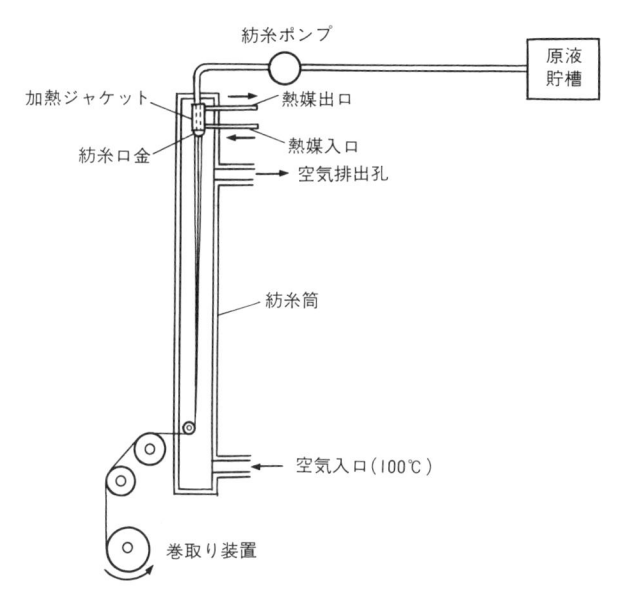

図 1.18　酢酸セルロース乾式紡糸例
（荻野一善ほか編（藤重昇永），『高分子化学―基礎と応用―』，東京化学同人）

液晶紡糸　高分子を液晶状態（多くは異方性濃厚溶液）で凝固用媒体中に押し出し繊維化する方法である。ポリ(p-フェニレンテレフタルアミド)-硫酸系が典型的な例といえる。

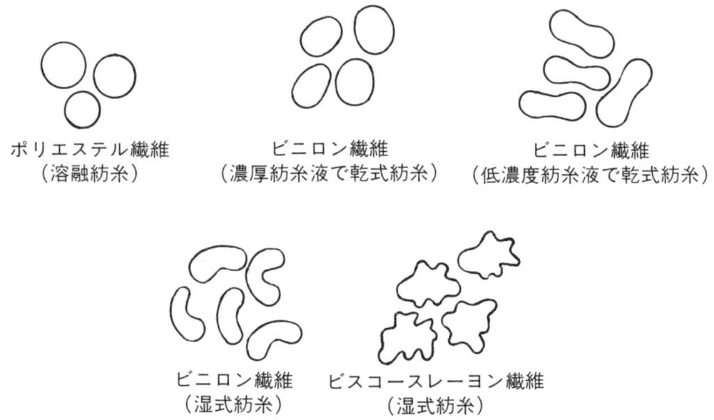

ポリエステル繊維　　ビニロン繊維　　　　ビニロン繊維
（溶融紡糸）　　（濃厚紡糸液で乾式紡糸）（低濃度紡糸液で乾式紡糸）

ビニロン繊維　　ビスコースレーヨン繊維
（湿式紡糸）　　　（湿式紡糸）

図1.19　各種繊維の断面（だいたいの直径は10μ程度）
（岡村誠三ほか，『高分子化学序論』，化学同人）

冷延伸と熱処理　　延伸はガラス転移温度よりも少し高い温度で行われるのが一般的である。このような温度域では分子間相互作用がまだ大きく，外からかけた力に対する応力が分子間を伝わり分子配向が制御される（冷延伸）。これによって弾性率や強度が増加するが，延ばされた非晶質部分がゴム弾性による収縮力を示すので，熱的に不安定な状態となる。この収縮を避けるために熱固定（heat set）を行う。

(4)　フィルム

基本的には固体成形物の成形と繊維の成形の変形（応用）である。押し出し成形，真空成形，キャストなどによって得られたフィルム，シートを延伸，熱処理する。延伸には一方向のみへの延伸の一軸延伸から，二方向の二軸延伸，多方向の多軸延伸がある。

(5)　添　加　剤

高分子構造材には顔料，染料，可塑剤，酸化防止剤，表面改質剤，帯電防止剤，剥離剤などの多くの添加剤が含まれている。これらの低分子化合物は物質のいろいろなサイズのレベルで高分子素材と相互作用し，高分子材料の外観調整，成形性や物性の向上，耐久性向上，取り扱い性など，材料としての性質を引き出すためにきわめて重要な働きをしている。しかしながら，これらの低分子物質は高分子材料の使用中時間の経過とともに外界・環境に流出していくものであり，近年，内分泌攪乱物質として疑われているものもある。

参考・引用文献
1) 井上祥平，宮田清蔵，『高分子材料の化学』，丸善（1993）．
2) 鶴田禎二，川上雄資，『高分子設計』，日刊工業新聞社（1992）．
3) 大津隆行，『改訂高分子合成の化学』，化学同人（1999）．
4) 荻野一善，中條利一郎，井上祥平編，『高分子化学－基礎と応用－（第2版）』，東京化学同人（1987）．
5) 『モノづくり解体新書』，日刊工業新聞社（1999）．
6) 岡村誠三ほか，『高分子化学序論』，化学同人（1981）．

2 社会を支える高分子材料

2.1 身近な社会生活を支える高分子材料

2.1.1 汎用合成高分子構造材料の全般的性質

　汎用合成高分子構造材料は私たちの生活に密着した材料である。もちろん，私たちの周りには高分子材料以外に金属材料や無機材料もたくさん利用されている。金属材料の代表である鉄鋼を考えてみよう。スチール家具には塗料が塗布されている。やかんや鍋には木製やプラスチック製の把手がついている。ガラスびんの蓋やいろいろな製品のつぎ目にはコルクやゴムのパッキングが使われている。ガラス器や陶器は壊れないように発泡スチロールシートで包んで運んでいる。つまり金属材料の熱伝導性や電気伝導性を高分子材料が補っており，また，柔らかな高分子材料が硬い材料同士の接合を補っている。逆の見方をすると，これらの高分子材料は，電気を通しにくい，熱を伝えにくい，柔らかいなどの特性を生かして，私たちの身近なところで使われているともいえる。このように高分子構造材料は私たちの身近なところで，私たちの身体と無機的な材料の世界とのインターフェイスとして機能している。

　私たちの身の周りの生活で大きな役割をしている汎用合成高分子構造材料，特に汎用プラスチックは，金属材料，無機材料の代替から始まり，そこから独自に発展したケースが多い。

　私たちの身の周りで使われるいろいろな材料は，金属材料，無機材料，有機材料の3つに分類できる（表2.1）。

表2.1 三大材料

分類	材料の例	由来
有機材料（高分子材料）	プラスチック，繊維，ゴム	天然/人工
金属材料	鉄鋼，アルミニウム，銅，合金	人工（精製）
無機材料	ガラス，陶磁器，セラミックス	人工

　また，これらの境界にある材料として複合材料がある。各種材料の混合物である。この場合，表 2.1 の分類で同じ分類に入るものでも，そうでないものでも混合物の状態であれば複合材料とよぶ。もちろん，化合物の状態にあるものは複合材料とは言わない。また，あるサイズより小さい大きさ（例えば $0.1\mu m$ 以下など）で混合されている材料は特別にハイブリッド材料と言うこともある。複合材料の代表的な例としては，FRP（fiber reinforced plastics：繊維強化プラスチックス）がある。

　材料の分類にはほかにもいろいろあるが，結晶性の程度による区別もよく行われている方法である（結晶性と非晶性）。クリスタル（クリスタリン）とアモルファスという言葉も日常聞かれるようになってきている。結晶性といっても金属材料，無機材料，有機材料（有機高分子材料）でかなりイメージが異なる。

　金属材料の代表として，鉄橋を構成する鉄鋼，無機材料の窓のガラスはそのイメージを容易に思い浮かべられる。金属材料の強靱性と電気/熱の伝導性，無機材料の硬さに対して，日常目にしたり，体に触れる部分で使用される有機材料，特にその大部分を占める有機高分子材料は，やはり柔らかいインターフェイス材料という側面が強いことがわかるだろう。

　ところで，英語では同じ "Material" になる「物質」と「材料」であるが，「材料」という言葉を「ある形状を保ち何らかの "機能" を果たす「物質」を意味する」と定義して，区別（限定）することができる。この "機能" には，「重さを支える」，「液体を貯める」，「光や電子的信号を伝えたり，それに応じて形や性質が変わる」，さらに「反応して別の物質に変わることで働く」など，実にさまざまな機能がある。この "機能" の発現にはまずその材料が区切った空間についてその中と外をしっかり区分することが必要であり，それには材料がふさわしい硬さを持つことが要求され，これも「材料」と「物質」を区別して考える際の基準となろう。

　しかし，「材料」と「物質」をはっきりと区別して使うことが困難な場合も多く，都合のよいように使われている面も否めない。私たちが常識的に知っている三大材料の性質を表2.2 に示す。

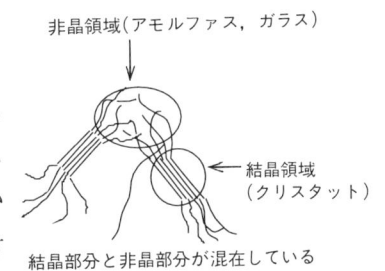

図2.1 高分子のイメージ
(宮下徳治，『コンパクト高分子化学』，三共出版)

結晶部分と非晶部分が混在している
非晶領域(アモルファス，ガラス)
結晶領域(クリスタット)

また，高分子構造材料の性質を化学的側面，特に一般的な化学構造からみると表2.3のように示される。

表2.2 金属材料，無機材料，有機材料の物性の比較

	力学特性	熱伝導性	電気伝導性
有機材料（高分子材料）	柔軟	小さい	小さい
金属材料	（硬い）～強靭～（柔軟）	大きい	大きい
無機材料	硬い	大きい	小さい

表2.3 三大材料の化学構造

	構成元素の特徴と結合の性質
有機材料（高分子材料）	電気的に陰性の元素間の結合で構成されている
金属材料	電気的に陽性の原子間の結合力が材料としての構造を形成している
無機材料	一般に電気的に陽性の元素と電気的に陰性の元素の結合で構成され，それらの結合が構造を形成している

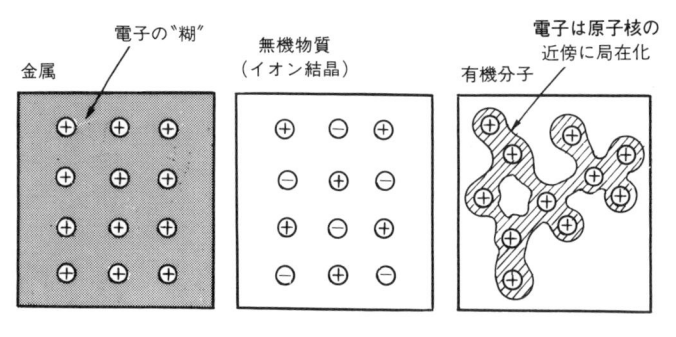

図2.2 三種の材料の構造モデル

金属材料，特に金属単体の材料では陽性の核が一定の位置に配置されて電子の運動の場をつくり，そこを電子が自由に動き回っている。いわば電子が陽性の核の糊のように振るまっている。一般的には，「電子が核の周りに局在化しない」というのが金属材料の特徴である。この理由から，結合に関して方向性はほとんどない。そのため，原子（原子核）の配置として球状のモデルで予測されるような，「最も合理的なつまり方＝並び方」が決まる。したがって，特定の原子と原子との間の結合が特に強いわけではなく，外からの物理的刺激（外力）によって隣の原子との間の空間的関係のずれが起こる。これが金属の示す延性・展性である（図2.3）。引っ張ったり，押しつけたりすることで，細く長く伸びたり，薄く広がったりする性質である。また，比較的規制の少ない立体的な並び方をしているから，熱振動も容易に起こり，熱の伝わり方も大きいという性質が説明できる。当然，自由電子が多いことから，電気伝導度が大きいことも説明できる。

コラム　鉄と鋼

「鉄腕アトム」，「鉄人28号」，「鉄人レース」など，鉄というと非常に硬くて強いイメージがある。しかし，純粋な鉄は柔らかいし，すぐ酸化されてしまう。私たちが持っている"強い"イメージは，鉄をベースにした材料（素材）の鉄鋼についてのものである。鉄はアイロンで，鋼はスチールである。フットボールチームのピッツバーグスチーラーズのニックネームは理解できるが，アイアンマンレースはおかしなことになる。

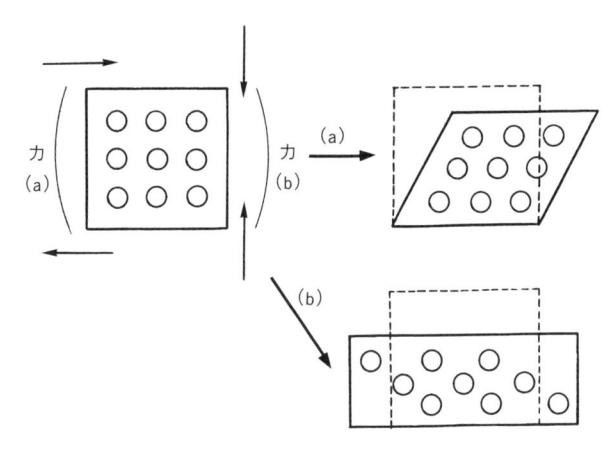

図 2.3 金属の延性・展性のモデル

このように一般に単体の金属は柔らかである．柔らかさが特に求められる場合や特定の用途を除けば，金属はいろいろな混合物として使われる．金属材料はいろいろな種類の金属や主に金属酸化物が集まったもので，一般的にはいろいろな結晶の粒が集まった構造になっている．いろいろな種類の金属の混合物を合金と言う．合金ではいろいろな原子の立体配置が可能である．そのため結合に方向性がでてきたり，逆にまったくバラバラになったりして，形状記憶合金，アモルファス合金としての特性を示すものもある．

無機材料というとセラミックス，陶磁器などの結晶性の構造が思い浮かぶ．このようなイオン性の結晶では電気陰性度の異なる原子（団）が組み合わさって空間を占めており，電気陰性度の大きい原子団の周りに電子が局在化し，逆に電気陰性度の小さい原子団の周りには電子が不在の状態となっている．したがってこれらの材料の強度を構築している結合は，空間的に方向性を強く持っている．また，その方向性は原子や原子団の占有空間のサイズとその原子や原子団で支配的な軌道の形によって決まる．特定の原子団に電子が局在化し，軌道の重なりがなければ電気の伝導度が小さくなることは理解される．非常によい形で軌道が重なると，よい伝導度が発現することも期待できる．また，各原子団が強い結晶格子の中に固定されているので，熱の伝わり方はその環境によって大きく異なる．

無機材料の中でもアモルファス構造と分類される一群の材料は，原子や原子団の配列が無秩序な固体で，ガラスに代表される．そのほかにも，アモルファス半導体（アモルファスシリコンなど），ゲル（コロイド溶液の固化物；溶媒を内包したゼラチンや，空隙のある網目構造のシリカ

ゲルなど）など，本来幾何学的に規則正しく並ぶはずの原子が乱雑に配列したものである。

ここで，有機材料の代表としてポリエチレンの構造の変化の概念図を図 2.4 に示す。無機材料や金属との違いがわかるであろう。

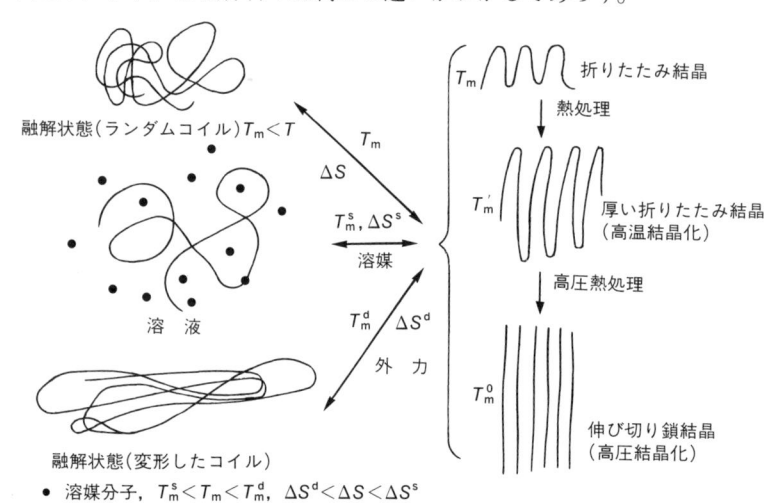

- 溶媒分子，$T_m^s < T_m < T_m^d$，$\Delta S^d < \Delta S < \Delta S^s$

図 2.4 ポリエチレンの結晶化および融解条件と融点および融解エントロピー
（井上祥平，宮田清蔵，『高分子材料の化学』，丸善）

また，ガラス転移温度付近での物性の変化の概念図も示す。

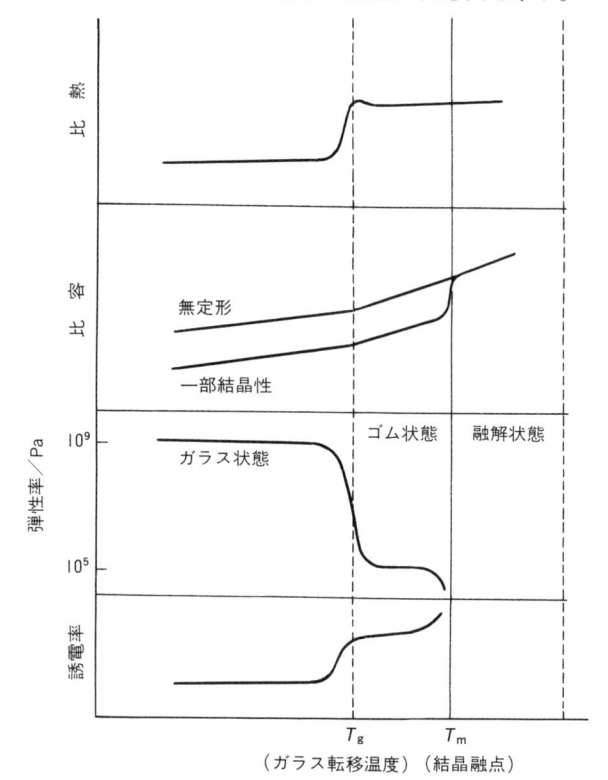

図 2.5 各種物理的性質のガラス転移温度付近における変化
（井上祥平，宮田清蔵，『高分子材料の化学』，丸善）

2.1.2 社会生活を支える汎用合成高分子構造材料の分子構造的特徴

高分子材料の性質は、それを由来から考えてみると、「S：Static」、「D：Dynamic」、「Sh：Shape」の三大要素に分類できる。「S」は静的な性質で、物質変換を伴わない物理的な性質、「D」は物質変化を伴う性質、すなわち結合の切断・生成を伴う化学的性質、「Sh」は形状的性質である。形状的性質はいろいろなスケールでの材料の形状に由来する性質である。もちろん、これらの性質がすべて単独で現れているわけではない。

高分子材料は一般に有機分子でできている。したがって、炭素−炭素結合に基づいた材料としての化学的性質もある程度予想することができる。しかし分子レベルで考えると、高分子構造材料の素材はきわめて高集積度の凝縮系となっている。そのため、希薄溶液中での化学的挙動を考えることの多い有機反応化学から予想される性質とは異なる挙動もしばしばみられる。このようにして生ずる特殊な性質は、分子の集まり方に支配されることになる。一般的に考えると高分子材料はそれを引っ張って伸ばしたとすると細長い分子材料であるので、剛直な構造の分子は細長く伸びた形状を、また柔らかな分子はまるまった構造をとっているとみなせるだろう。これらの分子の集まり方は当然分子の形そのものに支配されることになる。したがって、間接的であるが、物理的性質は分子内の化学結合を反映した分子の形に大きく左右されることになる。また、高分子材料を構成する有機分子は生物の活動にいろいろなレベルで相互作用する。たとえば、ホルモンのようなまったくの分子サイズや微生物の大きさと作用するようなサイズなど広い範囲で関わる。さらに高分子材料は高分子以外の成分も多く含んでいて、それらの作用も大きく関与する。したがってその化学的相互作用は極めて複雑である。

表 2.4 に分子材料の構造性をまとめる。高分子材料は高アスペクト比[*1]（high aspect ratio）の分子構造を持った分子性材料で、この原子・分子サイズの形状があらゆるサイズで効いている。サイズのレベルと分子材料的な構造単位との相関は次のようになり、これらのサイズに応じた次元の構造性を持っている。

　　ミクロスコピック　→　原子サイズ

　　メゾスコピック　　→　分子の集まりのサイズ

　　マクロスコピック　→　肉眼でわかるサイズ

[*1] ある形状の物体の2つの方向（縦と横）の長さの比

*1 ここでは高分子材料の"次元性"を強調するためにあえて一次，二次，…という言葉を用いた。通常用いられる一次構造，二次構造，…とはニュアンスが違っていることを了承いただきたい。

表2.4 高分子構造材料の構造性

構造の次数[*1]	対応する概念
一次的構造	シークエンス（定序性），立体配置，タクチシチー
二次的構造	立体配座
三次的構造	配向性，準周期構造
高次の構造	（生体組織などの）組織化

　また，高分子物質は分子量の異なる同族体分子の混合物である。したがって，その塊としての性質，すなわちマクロスコピックな性質は統計的に扱われる必要がある。これらの背景のため，同じ「結晶」という言葉を使ってはいても，金属や無機物の「結晶」とは異なった概念のものと考えなければならない。このように高分子構造材料は，形状材料，統計的材料，次元材料といった多様な側面を兼ね備えた分子性材料といえる。

　汎用高分子構造材料では，一次的な構造が異なるものは別の素材とみなすことができる。シークエンスが異なるものは構造異性体であり，立体配置が異なるものは立体異性体，一般にはジアステレオマーになる。三次構造までのどこかの段階で構造制御を行うことにより，特定の機能の発現を達成しようというのが高分子材料開発の基本的な方法論といえる。

　高分子構造材料の次元性は，分子の並び方と非晶性，ミセル，液晶性（ネマチック，スメチック），結晶などの構造と関連づけて表 2.5 のように整理できる。

表2.5 高分子構造材料の次元性と制御レベル，特徴

次元性	制御レベル	特　徴
無次元	不定形，無秩序	三次元的に等方的，素材
0次元	球状微粒子	球面的に等方的，微粒子材料（球状ゲルなど）
一次元	微細線	一次元的に異方的，二次元的に等方的，超微細線（繊維）
二次元	薄　膜	二次元的に異方的，超薄膜（フィルム）
三次元	複　合	三次元的に異方的で準周期性の空間構造（コンポジット）
多次元	組織化	三次元的に異方的で非周期的，材料界面近傍（傾斜機能材料）

　汎用高分子構造材料の強さの由来は配向と絡み合いである。原理的にいえば，金属材料は原子レベルできれいに磨いた面を作って合わせればきれいに接着できる。イオン性の無機材料は分子レベルできれいに並んだ面を作って合わせれば接着できる。それに対して高分子材料はきれいな面を作っても決して接着しない。高分子化合物は細長い分子が絡み

合っていろいろな方向への強度が発現しているので，いくらきれいな面を作って接合しても絡み合いができずに接着はしない。例えば，綱引きの「綱」は綱全体の長さよりずっと短い繊維をよって作ってあるが，あれだけの大きな力に耐えられる強度を示している。木材，金属材料，陶磁器などに比べて適切といえるプラスチック用の万能接着剤が少ないのはこの理由による。

熱可塑性と熱硬化性　高分子構造材料には加熱により柔らかくなり融解・液化するものと，加熱しても柔らかくならず，融解する前に分解が始まってしまうものがある。一般に三次元的な絡み合いができると，融解流動化はしなくなる。新しく分子鎖間に結合ができなくても，分子鎖をつなぐことができるようなモノマーをいれると，架橋ポリマーができて融けなくなる。また，高分子鎖の間に直接結合ができなくても，糸が互いに絡まるようになっている場合も流動化はしなくなる。

特に，加熱によって高分子鎖間に新たな結合ができ，三次元的な絡み合い構造ができて不融化する素材の性質を熱硬化性という。一般には，熱架橋が起こるような部位を持ったプレポリマーで形状を作り，その後加熱によって二段目の重合を起こさせて架橋高分子にする（フェノール樹脂など）。この反応が熱によるものではなく，紫外線や酸，酸素によって起こり，同じような原理で架橋する例は多い。これらも化学的には同じ範疇にはいる。したがって，熱をかけたときの高分子材料の物質区分的な分類として，熱可塑性と熱硬化性を対語として用いるのは必ずしも妥当とはいえない。高分子構造材料は，「熱可塑性」か「熱可塑性ではない」のどちらかが熱的性質としてあてはまる。熱可塑性は固体状態と加熱による流動状態の間を可逆的に変化する性質であり，熱硬化性は熱により開始され，高分子材料を不融化させる化学的性質と考えるべきである。

熱可塑性高分子構造材料は，線状高分子素材が成形後も特に化学的な変化を受けずに形状だけ変化したものとみなすことができる。それに対して熱可塑性でない高分子構造材料は，成形後あるいは形を固定させた後（または同時）に化学変化を受けたものと考えられる。熱可塑性ではない高分子構造材料が受けうる分子構造の変化としては大きく分けて次の3つがあげられる。

　① 高分子鎖間の架橋反応
　② 高分子の分子内反応による分子構造そのものに由来する不融化
　③ オリゴマーの重合反応

① と ③ の場合は，高分子鎖が分子鎖伸長結合生成反応を維持できる程度の反応性官能基を持っている場合であり，反応前の高分子はプレポリマーということになる。① の場合では，架橋剤が加えられることが多く，③ のケースは重合度を低分子量体で抑制したオリゴマーの後重合ということになる。3 つのケースいずれにおいても，基本的には最後の高分子構造のどこかを構成する成分（繰り返し単位，あるいはモノマー）が 3 つ以上の官能性を持っていることになる（図 2.6, 2.7）。

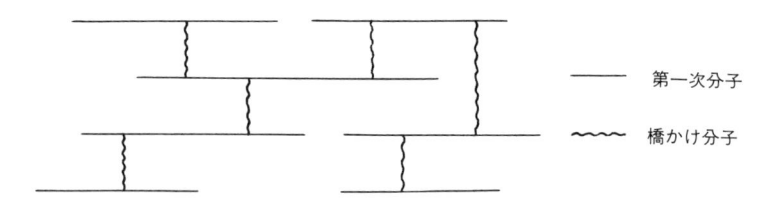

図 2.6　プレポリマーの串刺し橋かけのモデル

図 2.7　2 および 3 官能基反応のモデル

② のケースとしてはポリアミック酸（ポリアミド酸）がポリイミド

図 2.8　ポリアミック酸（ポリアミド酸）のポリイミドへの変換反応
（水が脱離してカルボキシル基が分子鎖から消失し，さらに高分子骨格が剛直となって不溶・不融化する）

に変わる反応があげられる。これらは可溶化官能基がポリマー鎖上から消失するという化学反応に由来し，ネガ型のレジストにも利用されているものがある（図2.8）。

また，相互侵入ポリマー網状体（IPN）という，2つの三次元網状ポリマーが絡みあったものもある（図2.9）。

このような分子の構造変化を引き起こす要因としては次のようなものが考えられる。

(1) 熱により引き起こされる反応
 (a) 熱による脱水縮合反応
  1) レゾールの硬化反応
  2) ポリアミック酸（ポリアミド酸）の分子内脱水環化反応によるポリイミド生成反応

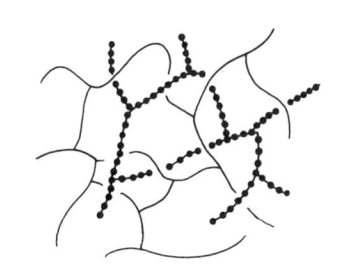

図2.9 相互侵入ポリマー網状体（IPN）
（荒井健一郎ほか，『わかりやすい高分子化学』，三共出版）

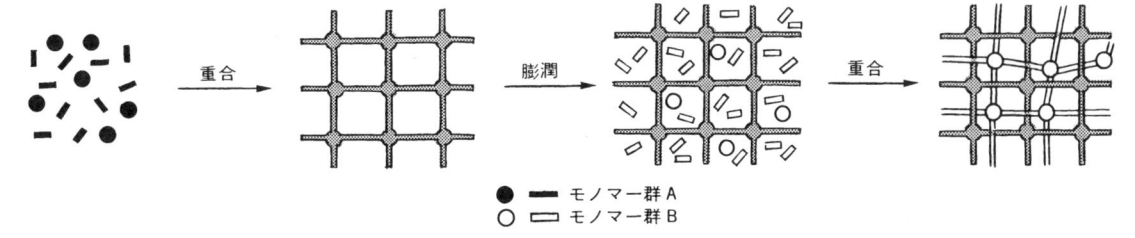

図2.10 相互侵入網目の生成ルート

 (b) 熱開始の付加重合反応（熱による開始剤前駆体の分解も含む）
  ・不飽和ポリエステル
(2) 酸　化（空気酸化）　漆の硬化反応，塗料の硬化反応など
(3) 光　光反応（光環付加反応，光分解，光脱離反応）や光酸化反応などによる架橋や分子構造変換反応がある。光照射によりその部分が不溶・不融化するような材料は光に当たった部分がそのまま残るネガ型の光レジストに応用可能である。机板の塗料の硬化反応などがある。
(4) 放射線　高エネルギーの放射線を照射すると，主鎖の解裂も起きるが高分子の構造によっては，側鎖や置換基の脱離とそれが開始点となる架橋化が優先することもある。

汎用高分子構造材料の成形物を利用する際には変形などが起こらない限り，その材質が熱可塑性であるかないかはあまり気にしないであろう。

| コラム | γ線の起こす重合反応 |

放射線というとそれだけで拒否反応を起こす人も多いかもしれない。そうは言うものの，身近な商品の製造過程で使われているγ線についてはある程度認知されているのではないだろうか。

γ線を照射して行なわれるモノマーの重合や高分子の反応の最大の利点は，生成ポリマー中に開始剤や触媒の残存がないということであろう。低分子物質の製造と異なり，高分子材料の製造では分離精製に使える方法が大きく制限される。これは高分子が大きな分子のため，「気化しない」，「溶媒に溶けにくい」，などの性質を持っていることに加えて経済的要素も大きい。材料を作るとき，特に精製がいらずに反応混合物がそのまま製品となれば都合がいいことは間違いない。その点から高分子材料の製造にとって開始剤や触媒が残らないγ線の利用は非常に望ましいものである。例えばある種の水溶性ポリアクリルアミド誘導体の水溶液にγ線を照射するとまず水が反応してラジカルを発生し，それがポリマー鎖からメチン水素を引き抜いてラジカルを発生させ架橋が起こりヒドロゲルが得られる。この場合生成物はポリマーゲルのみで後は水だけであり，高分子材料を得るという点ではきわめて合理的である。

しかし，「これらの材料を使わなくなったときにどうするか，どう処理するか」はそれを作る人・使用する人の責任である。特に分解や再利用が困難な材料を用いるときには，それを使う合理的理由を示すことができることと，処理コストを負担することは製造者・使用者の義務になっていくであろう。

2.1.3 汎用合成高分子構造材料の物性

高分子構造材料が20世紀に大飛躍をとげたのは，結局その物性が優れていたためである。汎用高分子構造材料として要求される物性には実にさまざまなものがある（表2.6）。人工材料はもともと天然物あるいは天然物由来の材料の代替品として発展してきたことから，総合的にそれらの材料より優れたものでなければならない。

材料の性質には，機械的性質，熱的性質，物理的性質，電気的性質，化学的性質がある。

また，実用性からみたときの性質として，成形性，燃焼特性，自己消火性，摺動性，耐摩耗性，耐疲労性，表面特性，外観がある。

それぞれの性質はいろいろな「物性値」の集まりであり，それらを総合的に判断して「○○的性質に特長がある」という評価を受けることになる。

機械的性質は，力学的強度に関する性質群ということになり，外力（引っ張り，圧縮，曲げなど）に対しての応力や短期的変形の程度などの抵抗性，硬さ，衝撃に対する強さなどがある。

熱的性質は，材料としての使用の観点からは主に熱による変形への抵抗性（耐熱性）ということになる。力学的性質が短期的変形に対応するのに対し，熱的性質は長期的（持続的）変形に対応するものである。熱相転移に対応する材料固有の温度（ガラス転移点，結晶融点），化学変化に対応する物理量（分解温度，重量減），分子鎖の滑りに対応する温度（荷重たわみ温度），材料としての使用上の実用的指標となる温度などがある。

物理的性質は，高分子材料の物質としての一般的な固有物理量の集まったものである。

電気的性質としては，絶縁性（体積固有抵抗，絶縁破壊強度，耐アーク性），伝導性，誘電性を示す物性値が使われる。一般に電気を通しにくい有機高分子物質にとっては誘電性が大きな意味を持っている。日常生活では直流交流の両方が用いられるが，交流に対する性質の把握は特に重要である。

化学的性質は，主に液体との反応性を示す指標で，とくに食品の貯蔵用途には重要な指標である。塩水に対する安定性は，海水に触れる場所での使用を考慮したものである。燃焼特性も材料の化学的な性質の1つといえる。主に気体との反応性ということになるが，これは実用上きわめて重要な性質であり，別に多くの実用的指標で評価される。

実用的指標には，加工上の指標とその他一般使用上の指標や社会的指標などがある。

表 2.6 汎用合成高分子構造材料の物性

材料の性質・指標	具体的な特性
機械的性質	引っ張り強度（降伏点），引っ張り弾性率，引っ張り破断伸び，曲げ強度，曲げ弾性率/曲げ初期弾性率，圧縮強度，圧縮弾性率，せん断強さ，耐衝撃性（アイゾット衝撃強度（ノッチ付き，なし）），硬度（ロックウエル硬度），動的粘弾性
熱的性質	融点，ガラス転移点（温度），分解温度，熱重量減，荷重たわみ温度～耐クリープ性，熱変形温度（力学的耐熱性），軟化点（ビカット），流れ温度，連続使用温度（化学的耐熱性），線膨張係数，熱伝導率
物理的性質	比重，屈折率，透光率，吸水率，濡れ性，気体透過性
電気的性質	体積固有抵抗，絶縁破壊強度，耐アーク性，帯電性，伝導度，誘電率，誘電正接（tan δ），帯電性
化学的性質	耐薬品性（酸，アルカリ，有機溶媒），耐加水分解性，塩水耐性
燃焼特性	難燃性（燃えにくさの段階評価），耐火性，耐炎性，限界酸素指数
加工上の指標	結晶化度，加工性，成形温度，成形圧力，金型温度，成形収縮率（寸法安定性～流れ方向収縮率），成形サイクル（結晶化時間），ハンダ耐性
一般使用上の機械的特性	表面特性～潤滑性，耐摩耗性，経時変化による結晶化，引っ張りによる結晶化と濁り
一般使用上の指標	耐光性，耐候性，表面物性（表面張力，色度，汚れ性，硬度），毒性，衛生安全性，危険性
社会的指標	リサイクル性，使用後の処理の合理性

高分子材料の物性についての記述を見ると，ASTM D×××とか JIS K△△△とか UL V-0 などという表現がよくでてくる。JIS K△△△は日本工業規格に定められた K△△△番の試験法に従った方法で行った試験結果に基づく数値という意味である。また，ASTM D×××は American Standard for Testing Materials(合衆国標準材料試験法)の D×××の試験法に従った試験に基づくという意味であり，UL V-0 の "UL" は Underwriters Laboratories Inc.という米国の認証機関による検査を受けてその性質が保証されているということを意味する。この認証を受けると黄色の保証カードを交付され，材料供給者はユーザーにそれを示すことで品質の保証をすることができる（図 2.11）。"V-0" は燃焼性が最も低いレベルという意味であり，Underwriters Laboratories Inc.の

> **コラム　クロスカットテープテスト**
>
> 材料の検査の標準的な方法を定めたものとして材料表面の塗膜の接着力を評価する方法の1つを紹介しよう。
>
> これは ASTM D 3359 で手元で参考にしているのは ASTM D 3359-76 で最後の-76 はバージョンを示している。1976年に改訂された版という意味である。
>
> ここにはカッターナイフで1mm間隔に11本の切り込み線を入れ，さらにその直角方向に同じように切り込みを入れる。そうすると一辺1mmの正方形が縦横10個ずつ並ぶ。この形から通称碁盤目試験と呼ばれる。この「碁盤」にテープを貼って剥がしたときに塗膜がどのくらい残っているかで接着力を評価する。日本工業規格の JIS-5540 に示されている手順もほとんど同じである。はっきりとしている違いは用いるテープがある日本企業の製品と指定されている点くらいのものである。

認証は現在最も有力な高分子材料の物性の認証機関で，現時点の国際標準である。国際基準，国際水準は今後きわめて重要な意味を持ち，おそらく UL は ISO と整合性をとって発展していくものと思われる。

次に高分子構造材料に特徴的ないくつかの性質を考えてみよう。ここで取り扱う性質を始め高分子材料の性質は次のキーワード（要素）の組み合わせで考えることができる。

- 有機分子である

    電気的に陰性の原子の集団である

    電子が分子の近くに固まっている

    化学的な結合開裂が起きやすい

- 伸ばすと細長い形状の有機分子の比較的弱い分子間力での集合状態

    ガラス状態と結晶状態の組み合わせで存在している

    本質的に流動性であるが絡み合って簡単には動かない

OBNT2　　　　　　　　　　July 22, 1992
Component – Magnet Wire Coatings

TOTOKU TORYO CO LTD　　　　　　　　　　E117159 (S)
5-6 KAMEZAWA 4-CHOME SUMIDA-KU, TOKYO　　(A card)
130 JAPAN

Mtl Dsg	BC Coat Typ	OC	ANSI Type	TI
TPU 61XX	Polyurethane	—	MW75	130
TPU F2-XXNC	Polyurethane	—	—	130
TPU F1-XX	Polyurethane	—	MW75	130
TPU 51XX	Polyurethane	—	MW75	130
TPU 57XX	Polyurethane	—	MW75	130
TPU 71XX	Polyurethane	—	MW75	155
TPU 61XXQ	Polyurethane	—	MW2	105
TPU F1XXQ	Polyurethane	—	MW2	105
TPU 51XXQ	Polyurethane	—	MW2	105
TSF 1XX#	Modified Polyester	—	MW26	155
TSF 18-1XX#	Modified Polyester	—	MW26	155
TSF 2XX#	Modified Polyester	—	—	180

Report: **June 8, 1989.**

Replaces E117159A dated February 13, 1992.　　　(Cont. on B card)
349093001　　H6203　　Underwriters Laboratories Inc.®　　D1I/0181874

OBNT2　　　　　　　　　　June 2, 1994
Component – Magnet Wire Coatings

TOTOKU TORYO CO LTD　　　　　　　　　　E117159 (S)
　　　　　　　　　　　　　　　　　　　　(B-cont. from A card)

			MW77	180
TSF 5XX#	Polyester-imide	—	MW77	180
BC: Liton 33XX/ OC: TOV S2XXL	Polyester-imide	Polyamide	MW24	155
TPU 62XX#	Polyurethane	—	—	130
TPUF2-XXNCA#	Polyurethane	—	—	130
TSF 3XX#	Modified Polyester	—	MW26	155
NEOHEAT 86XX/ NEOHEAT AI-XX	Polyester-imide	Polyamide-imide	—	200
LITON 32XX	Polyester	—	—	155
NEOHEAT 86XX	Polyester-imide	—	—	200
LITON 33XX	Polyester	—	—	155
LITON 21XX	Polyester	—	—	155

Reports: **June 8, 1989; June 8, 1989; August 10, 1993; August 10, 1993; August 10, 1993; August 10, 1993; August 10, 1993; August 10, 1993; August 10, 1993; August 10, 1993.**

Replaces E117159B dated December 17, 1993.　　　(Cont. on C card)
349093001　　N6203　　Underwriters Laboratories Inc.®　　D1I/0181875

図2.11　UL カードの例

(1) 応力-歪み曲線（S-S曲線, stress-strain curve）

力学性質の測定は，まず応力-歪み曲線の測定が基本になる。この曲線は縦軸に応力，横軸に材料の伸びをとったものである（図 2.12）。高強度・高弾性の材料は大きな勾配を持つことになり，外部からの引っ張り力に応じた力（＝応力）が発生して変形が起こりにくくなる。それに対して，エラストマーはずっと小さい勾配を持つことになる。高強度・高弾性の材料に比べてより小さい力で大きく変形する（伸びる）ということがこのプロットで示される。この勾配の初期値を「引っ張り弾性率」= modulus, Young（ヤング）率といい，これは応力を変化量（長さ）で割って得られる物理量であるから，引っ張りの初期において単位長さの伸びを起こさせるにはどのくらい張力が必要かを現している。当然変化しにくいものほど大きな数値になり，弾性が大きいものほど小さなヤング率になる。

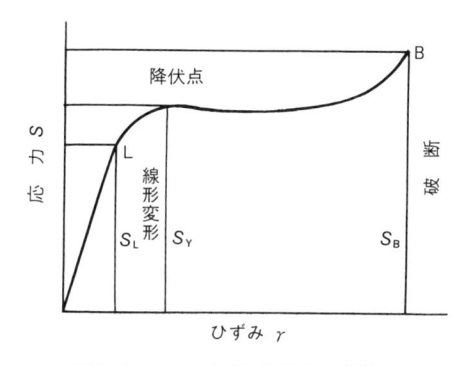

図中のごく初期の勾配（応力をひずみで割った値）が引っ張り弾性率（ヤング率）となる。降伏応力は S_Y，S_B は引っ張り強度（強度，試料が破断する時の強度）である。

図 2.12 応力-ひずみ曲線の一般例

ところでこのような現象は，力をかけてだんだん引っ張っていく際のごく初期の話と考えなければならない。実際の材料はいろいろ複雑な要因が絡んで物性が現れている。図 2.12 のような，延伸などの処理をしていない高分子材料の典型的な応力-歪み曲線は次のように解釈することができる。応力と歪みが比例する最初の時期を過ぎると，徐々に傾きが小さくなってある値を頂点にすこし応力が小さくなる。この頂点の応力を降伏値（降伏応力）という。応力はほぼ一定で歪みだけが大きくなる時期が続き，その終わりにまた応力が上昇し材料は破断することになる。破断が起きるときの単位断面積あたりの張力を引っ張り強度（tensile strength）とよぶ。図 2.13 にはいろいろな性質の高分子材料の S-S 曲線の典型的なパターンを示す。また，代表的な高分子材料の S-S 曲線を図 2.14 に示す。

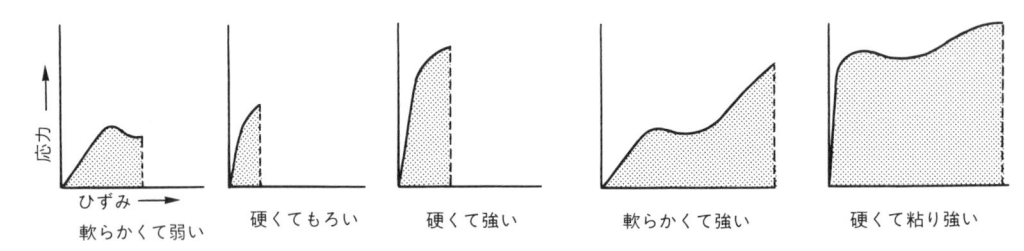

図2.13 応力-ひずみ曲線の型

（軟らかくて弱い／硬くてもろい／硬くて強い／軟らかくて強い／硬くて粘り強い）

図2.14 代表的な高分子固体の応力-歪み曲線

（D（denier, デニール）：繊維やフィラメントの線密度単位の1つで，絹や合成繊維の太さ（細さ）を表すのによく用いられる。9000 m の長さの繊維の重さ（g）で示す。この図の右の縦軸は試験片が引っ張り荷重によって破断する時の最大応力で，1デニールあたりの最大荷重を意味している）

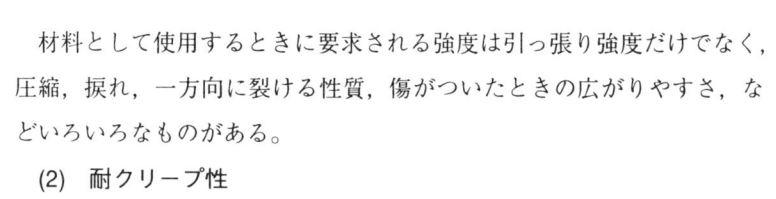

材料として使用するときに要求される強度は引っ張り強度だけでなく，圧縮，捩れ，一方向に裂ける性質，傷がついたときの広がりやすさ，などいろいろなものがある。

(2) 耐クリープ性

高分子材料では，電子的に独立した原子団である分子が互いに重なり合うことが塊をつくる原動力である。分子間力は比較的弱い相互作用であり，金属材料や無機材料に比べると粒子間の結合力は弱い。そのため高分子材料では，それに由来する力学的な挙動として粘弾性が示されることになる。粘弾性とは，応力緩和現象（外力に応じて発生した応力（＝歪）を小さくするように変形して安定な形に変わっていく物質の振る舞い）の結果として弾性変形と粘性流動が重なって現れる現象をいう。ほとんどの固体の場合，応力は歪の大きさに比例していて，その変化速度には無関係である。一方，粘性流体では応力は歪みの変化速度に比例し，歪みの大きさそのものには依存しない。これらの性質を理解するために，弾性的な性質はバネで，粘性流体としての挙動はダッシュポットで概念化して表すことがよく行われる。高分子材料の力学的挙動はこれらの組み合わせでモデル化することができる（図2.15）。

(a) 弾性体（バネ）　(b) 粘性体（ダッシュポット）　(c) マクスウェルモデル　(d) フォークトモデル

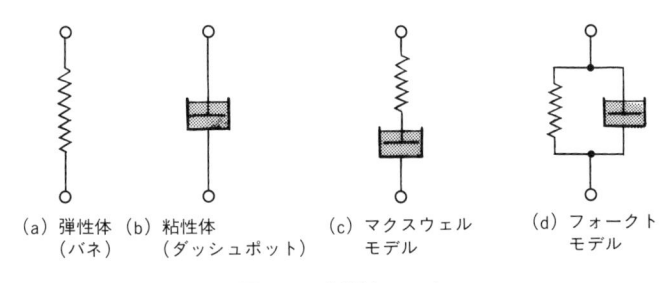

図2.15 粘弾性のモデル

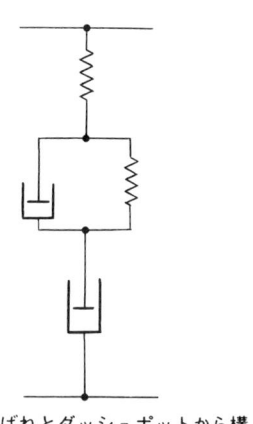

図2.16 ばねとダッシュポットから構成された四要素模型

高分子材料の変形の特徴として，歪みが時間とともに増大する現象があり，これをクリープ性という。クリープ挙動は4要素モデルでよく説明することができる（図2.16）。4要素モデルとは，バネとダッシュポットが並列になったフォークトモデルの前後にバネとダッシュポット

がそれぞれ直列につながったモデルである。また，バネとダッシュポットが直列に並んだモデルはマックスウェルモデルという。他にもいろいろな組合せモデルが用いられている（図2.17）。

　高分子構造材料に荷重をかけると，その変形は単純ではなく，まず，バネに対応する弾性変形が初期に起こる。そしてこの弾性変形自体は比較的短い時間で定常状態に達する。また，流体としての性質である粘性はずっと小さい速度でゆっくりと起こり，その変形分は荷重を取り去っても元に戻らない塑性変形部分である。分子サイズで考えると分子同士が隣り合った分子からの弱い束縛を切ってずれていくことに対応している（図2.18，2.19）。

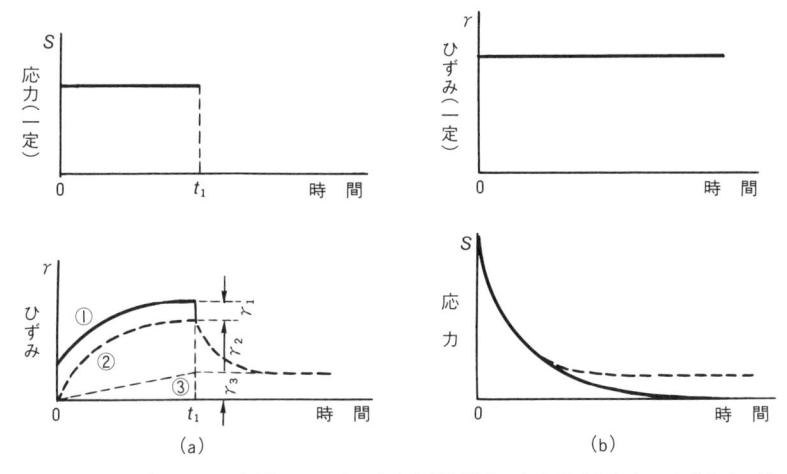

図2.17　粘弾性の組み合せモデル

(a) クリープとクリープ回復　　一定の応力を粘弾性体に与え続けたときのひずみは，① 瞬間的に発生する弾性成分（γ_1），② 遅延して変形し，ゆっくりと一定値に近づく粘弾性成分（γ_2），③ 時間に比例して変形を続ける粘性成分（γ_3），の3つに区別できる。太い点線は，応力を取り去った後の変形の様子で，粘性成分のひずみは残留することを示している。

(b) 応力緩和　　一定のひずみを与え続けた場合に，試料にかかる応力が時間とともに減少していくことを示している。非架橋の無定型高分子の場合，応力は0になる（実線）が，架橋した無定型高分子や結晶性高分子では，弾性成分のため応力（点線）は有限の平衡値になる。

図2.18　粘弾性体の変形

ガラス状態での引張り緩和弾性率：$E(t)$ は一般的な高分子で 10^3 MPa（メガパスカル），ゴム（流動）状態での $E(t)$ は 10^{-1} MPa 程度である。非架橋の無定型高分子では流動が時間をかけて起こり，$E(t)$ は最終的に0になる（点線）。図中の t'_g は，転移時間とよばれ，この付近で最もはっきりした弾性率の変化が起こる。

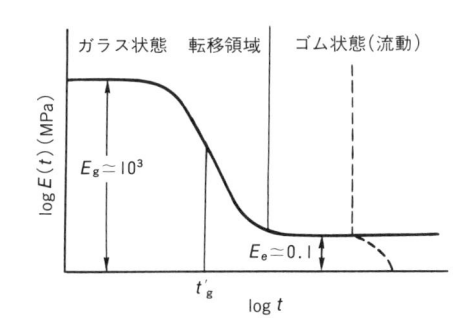

図2.19　無定型高分子の緩和弾性率の時間依存性

(3) 誘電性

有機高分子は一般に絶縁体であり，これは分子性材料の本質的な特徴ともいえる。もともと共有結合に基づいて原子が空間に配置されている分子では，電子は原子と原子の間に局在化していて，一つの分子の中で電気的にはバランスがとれて中性の状態になっている。このような状況では，分子集合体全体を貫いた電子の流れは起きにくい。しかし，このような分子を外部電界の中に置いたとき分子内の電荷の配置は影響を受ける。分子内の電荷の配置はそれをどのようなスケールで考えるかによって電子，核(原子)，官能基(原子団)，分子そのものなどの単位で考えることができる。つまり，外部電界の中に分子を置いたときに，これらの単位がある範囲内で，ある速さで移動や回転をしている状況を想定し，それによってそれらの単位の集合体である分子・物質としてなんらかの電気的な物性の変化が観察される，と考えて説明することができる。

分子を外部電場の中に置いたときを想像しよう。分子内の電子は電場がかかっていなければ平均的にはある平衡位置に存在していると考えられる。ところが，電場の中では電子は正極側に引き寄せられ，負極からは遠ざかろうとする。そうすると新しい電子分布の偏りが生じ，双極子ができる。これを電子分極という。同様に電場の中で分子内の原子や原子団が変位（平衡位置からずれること）するケースがある。電気陰性度が大きく部分負電荷を持つような原子や原子団は，電子と同じように正極側に移動しようとすることで分極を生じる。これを原子分極という。分子内に永久双極子が形成されている場合に電場がかかると，双極子は電場方向に分子の動きやすさに応じて再配向することになり，新しい分極を生じる（双極子配向分極）。図 2.20 に誘電現象の概念図を示す。

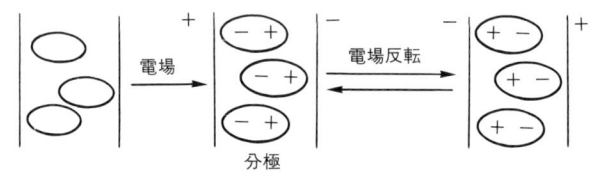

図 2.20 誘電体の分極

いずれの分極の場合も外部電場によって電荷が新しい平衡状態に変位するものである。その変位の仕方は電荷を担う要素（単位）の物質内での動きやすさに応じた形で起こり，その動きやすさは分子軌道の性質，原子間結合の強さ，分子の配列の仕方や集合密度など，それぞれのサイズに対応して異なり，分子特有の状況により決められている。物質の一次構造，二次構造，高次構造によりそれぞれのスケールでの移動しやすさの制約が異なっているということになる（静的な要因）。同時にそれ

は，外部電場の性質にも大きく依存し，これはどちらかというと動的なものになる。例えば外部電場が静電場の場合，そこに入れられた分子集合体は速やかに平衡に達する。しかし，交流電圧をかけた場合は少し複雑になる。交流電圧ということは分子・物質にかかる電場が常に変化している状況である。この場合電場の変化の速さ（周波数）と物質内の総合的な電荷の動きやすさにより，電圧の変化に応じた分極の変化の仕方が変わることになる。したがって，電場のかかったときの分極の平衡位置を考えるのではなく，分極が電場の変化に応じてどのように変化していくかという動的な変位が重要になる（図2.21）。

このように，電場によって物質に誘電分極（電気分極）が誘導される現象が誘電現象であり，それを示す性質を誘電性（dielectricity）という。また，電気分極が起こるということは，その状態で電気エネルギーが蓄積されていることを意味する。交流電場内では電気の蓄積放出が繰り返すことで電流が観測されることになる。

誘電率（ε: dielectric constant）は誘導される電気分極の量の目安となる物質特有の値である。誘電率を示す際にはその絶対値よりも比誘電率（ε_r: specific dielectric constant）を使うことが多くなっている。これはその物質の誘電率を真空の誘電率（ε_0）で割ったもので（$\varepsilon_r = \varepsilon/\varepsilon_0$），コンデンサーの電極間に挟んだときに真空に比べて比誘電率の大きさ倍の電気が蓄積されることを意味する。このように，絶縁体は内部の誘起分極により真空中より大きな誘電率を示すことになるので，この性質に着目したとき絶縁物質（insulator）を誘電体（dielectrics）とよぶ。（表2.7）

ε' 次の方法で決めた誘電率：2枚の電極の間に誘電体試験片を置いて交流電圧を印加するときに示されるコンデンサー容量 C と，この電極の間が真空または空気であるときのコンデンサーの容量 C_0 の比で，$\varepsilon' = C/C_0$ となる。電極間に置かれた誘電体に蓄えられる電荷の増加分の尺度で本書で用いている比誘電率と同じものと考えていただきたい。
P_I：界面分極，P_P：双極子分極，P_A：原子分極，P_E：電子分極

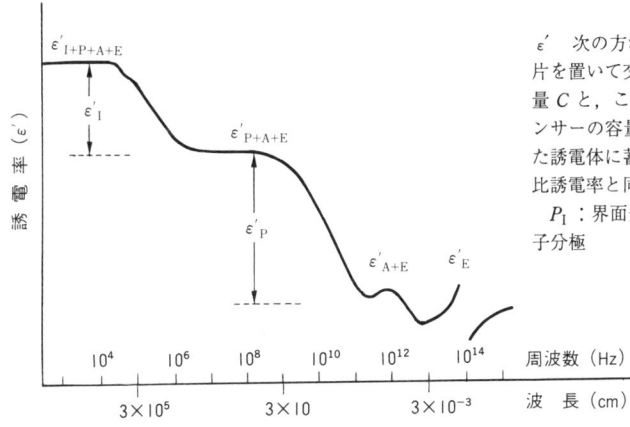

図2.21 周波数の広い範囲にわたってみられる誘電率の周波数依存性
（ε_I, ε_P, ε_A, ε_E はそれぞれ P_I, P_P, P_A, P_E による誘電率）
（荻野一善，中條利一郎，井上祥平編，『高分子化学 基礎と応用（第2版）』，東京化学同人）

(4) tan δ（損失正接）

動的粘弾性とは，動的な外力の刺激に対する応力緩和の挙動（粘弾性挙動）をさす。高分子材料は外力の刺激に対し歪みを生じるが，これは高分子材料内にエネルギーが蓄積されたと解釈できる。蓄えられたエネルギーはその緩和過程において外部に仕事という形で移動されるが，高分子材料の粘弾性的な性質により，外力の変化に対してその応答は遅れることになる。その場合，周期的に変化する外力がかかるとその応力の間に時間的なずれが生じ，それが摩擦となってエネルギーの損失になる。離陸しようとしてエンジン全開にした飛行機が突然逆噴射してブレーキをかけた状態になるわけで，実質的に何の仕事もせずエネルギーは内部で消費されて熱だけ発生させることになる。具体的には高分子材料に対し周期的な外力がかかったときを想定してみよう。マックスウェル模型やフォークト模型を数学的に解いて歪みと弾性率の関係を複素数表示とすることができる。それは歪みにより蓄えられるエネルギーの尺度である実数部（貯蔵弾性率または動的弾性率）とエネルギー散逸の尺度である虚数部（損失弾性率：loss modulus，動的損失率：dynamic loss factor）からなるが，両部の比を tan δ（損失正接）という（図 2.22）。tan δ は高分子材料を交流電場の中に置いた際の誘電現象にも使われる物性値である。この場合も外部電場に対応して蓄えられる静電エネルギーの尺度である誘電率（dielectric constant）とその遅れに基づき熱となって消費される損失エネルギーの尺度（誘電損率：dielectric loss factor）の比をとって誘電正接（tan δ：dielectric loss tangent）という（表 2.7 参照）。

表 2.7　高分子の誘電率と誘電正接（1 kHz の値）

物質名	誘電率（ε）	誘電正接（tan δ）
ポリテトラフルオロエチレン	<2.1	<0.0002
ポリエチレン	2.25〜2.35	0.0003〜0.0005
ポリプロピレン	2.26〜2.6	0.0002〜0.0005
ポリスチレン	2.4〜3.5	0.0002〜0.0005
ナイロン66	3.5〜4.5	0.016〜0.04
エポキシ樹脂	3.5〜5.0	0.002〜0.05
フェノール樹脂	4.5〜9.0	0.08〜0.2
硬質ポリ塩化ビニル	3.0〜3.3	0.009〜0.02
軟質ポリ塩化ビニル	4〜8	0.07〜0.16
ポリカーボネート	3.02	0.07
空気（真空）	1.00	0.00
セラミックス	5.7〜6.7	0.0007〜0.0008

（荻野一善，中條利一郎，井上祥平編，『高分子化学（第2版）』，東京化学同人）

どちらの tan δ も周波数のオーダーが違うだけで原理的にはまったく同じ物性値である（図 2.23）。外部の環境が周期的に変化するような状況での高分子材料の使用を考えたとき，その周波数に対応した tan δ が

大きいと使用中に熱が蓄積されて使用に耐えなくなる事態が生じることが考えられる。

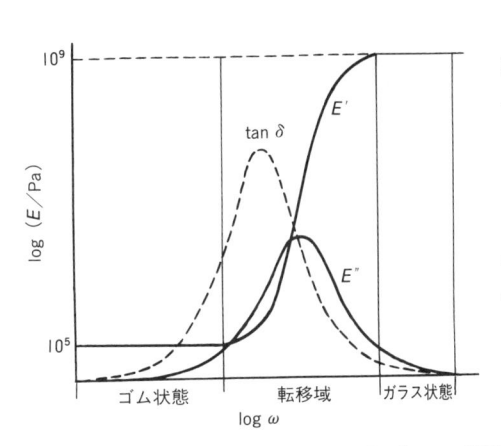

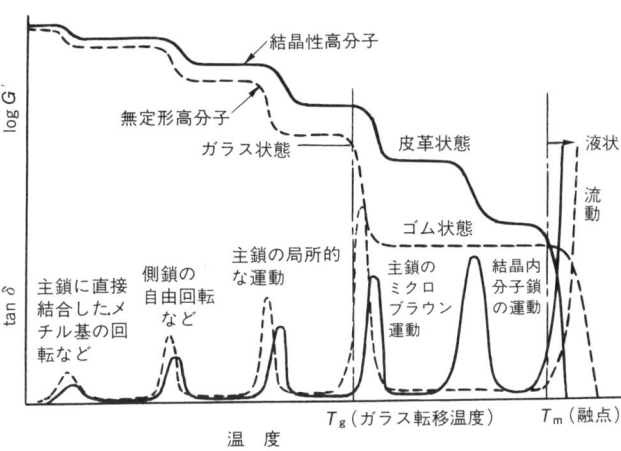

図2.22 動的弾性率 E'，損失弾性率 E'' および損失正接 $\tan\delta$ の周波数ωによる変化

図2.23 結晶性高分子および無定形高分子の G'-T 曲線と $\tan\delta$-T 曲線の典型例

(井上祥平，宮田清蔵，『高分子材料の化学』，丸善)

(5) 光透過性

高分子構造材料の大きな用途は容器と包装である。現在の私たちは特に意識することがないものの，硬くて重くて透明なガラスに対して軽くて透明で硬いものと柔らかいものが選べる高分子材料の登場は画期的なものだったはずである。光透過性はこの意味で高分子構造材料にとって非常に重要な要素である。一般に結晶性の高分子材料は透明度が低く，非晶性の高分子材料は透明度が高い。また，透明度には高分子物質そのものの色も影響している。

同時に有機化合物の超高密度集積体である高分子材料は光反応を起こしやすい環境にあり，特に酸素の存在下では光酸化反応が問題となる。そのため，耐光性，耐光酸化性が重要な要素となっている。

(6) 濡れ性

汎用高分子構造材料は，人間と非生物物体とのインターフェイスを務める材料ともいえるのでその表面の特質はきわめて重要である。そのなかでも，風合い，滑らかさなどとともに濡れ性は大切な要素の1つである。ポリエチレンテレフタレートは三大繊維の1つで天然繊維の木綿に対応する化学繊維であるが，吸水性が低いという難点がある。現在その欠点は混紡，すなわちポリエチレンテレフタレートの繊維と木綿の繊維を撚り合わせて糸を作ることによって克服している。また濡れ性は吸水重量などで計ることもあるが，接触角を測定するのが一般的である。これは材料の表面に液滴を落とし，その滴と面が作る角度を測定するものである。濡れ性とは，液状分子同士の親和性と液状分子と固体表面分子

コラム　鮫肌水着

　水着を着て水の中を泳ぐときに受ける水の抵抗には，水着と水の摩擦によるものと，皮膚と水着の間への水の流入によるものとがある。従来競泳選手の水着は面積をできるだけ小さくして水の抵抗を減らすようにすると同時に，水着の中への流入による抵抗を減少させる設計がなされてきた。水着と水の摩擦は界面での乱流によるものであろうから水着の素材に表面の濡れ性が悪くて（撥水性で）平滑なものを用いれば，水との抵抗が小さく乱流の発生が抑制できるような水着表面の状態が作り出せるのではないかという考え方であろう。

　これらの方法論に対して画期的といえるアプローチがこの鮫肌水着である。

　鮫の体表面の凹凸は適切な水流を作り全体として泳ぐときの抵抗を減らす。鮫型水着は流体力学に適った配置でそのような凹凸を持つものである。したがって鮫型水着では従来の水着と違って覆う皮膚表面が大きいほど競泳では有利になる。ところが今度はその流れに耐えて形状を保つことのできる水着の強度が必要となりそれにあった素材の開発が進められた。また，この水着は選手のサイズを正確に計って30以上のパーツを特殊技術で縫い合わせるということで，そこには最先端の繊維技術が活用されているということである。おそらく，筋肉疲労抑制など人間工学的な効果も計算されているのだろう。

　鮫肌水着はこのような特殊な状況で使われることで実績を重ね，一般用途に展開されるチャンスを伺っているのだろう。新しい材料技術が世に出るための1つのステップである。

間の親和性の相対的な大小関係を示すものである。前者が表面張力，後者が付着力であり，表面張力が付着力より大きいと濡れ性は悪くなる。濡れ性が悪いと液滴は盛り上がり，濡れ性がよいと低くきれいに広がる。

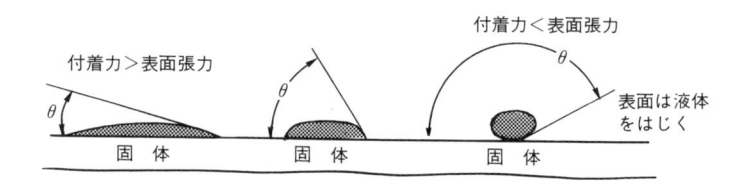

図2.24　固体表面における液滴の形成と接触角（θ：接触角）

2.1.4　汎用合成高分子材料の区分・分類

　身近な社会生活を支える高分子材料としてはどのようなものがあるのだろうか？　いままで述べた知識を基に私たちの生活で日常目にしている汎用の高分子材料を見直してみよう。これらの仲間には，プラスチック，繊維，フィルム，ゴム・エラストマー，接着剤，塗料などがある。また，エンジニアリングプラスチック，スーパーエンジニアリングプラスチック，高性能高分子，機能性高分子などのことばと汎用高分子材料の関係はどうなっているのだろうか？

(1)　プラスチック

　エラストマー（ゴム）や繊維のはっきりとしたイメージと比べると，プラスチックとは何をさすのか，明確な解答はすぐには出てこないのではないだろうか。

　大まかに言うと，「プラスチック」とは以下の要件を満たすものと定義できる。

① 有機高分子を主成分とする固体材料
② 一般に高分子が固体状態で凝集して形状を保つ役割をする構造材料
③ 一般にその凝集力が繊維とエラストマー（ゴム）の間にある（中程度の結晶化度—これは例外も多い）
④ 人工的に合成されたものであること

　最後の項目は条件というよりも天然物にはこの範疇（はんちゅう＝カテゴリー）に入るものがなかったと考えるほうが妥当である。一般に材料をその由来の観点から分類すると表2.8のようになる。

　プラスチックの要件の3番目の項目は結晶性ということで置き換えることができる。つまり，有機高分子材料の中で，繊維は結晶性の非常に高いもの，エラストマー（ゴム）は非結晶性のもの，そしてプラスチッ

表 2.8 材料の由来からの分類

分 類	由 来	
合成物	石油，石炭	重合
天然物	生物由来	植物性
		動物性
		微生物
	非生物由来	鉱物
半合成物	天然物を原料にして何らかの化学的処理を行ったもの	

クとよばれる材料は，完全な非晶性のものから結晶性の高いものまである，ということができる（図 2.25）。もちろん例外やどちらに分類してよいかわからないケースもあるが，大まかにこのように分類される。

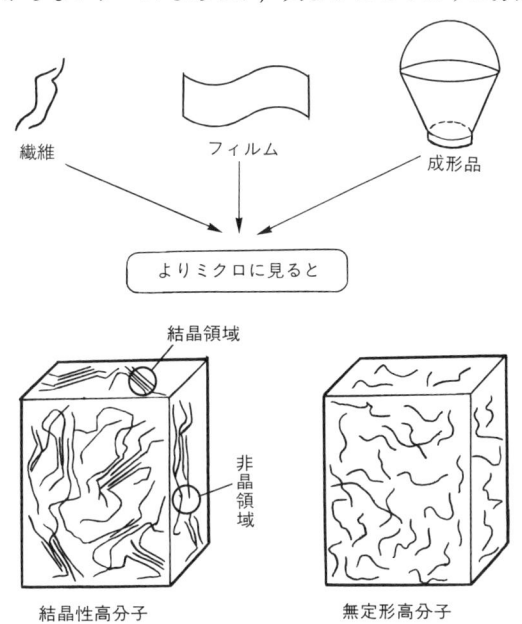

図 2.25 繊維，フィルム，プラスチックの概念図
（荒井健一郎ほか，『わかりやすい高分子化学』，三共出版）

　プラスチックは合成樹脂ともよばれ，また，モノマーの名前に「樹脂」をつけてフェノール樹脂・メラミン樹脂，高分子の特定の機能に「樹脂」をつけて感光性樹脂・吸水性樹脂とも言われ，「プラスチック＝合成樹脂」として使われている。これは，木の幹から分泌される松脂（まつやに）などの樹液が固まったものが人工的に作られた，というイメージからきている。実際，プラスチック自身，天然樹脂の代替として使われ始めたと思われる。

　プラスチックの分類に入るものとしてきわめて重要なものにフィルムがある。高分子構造材料としてのフィルムは，一般に透明で中身が見えるという特性がある。柔軟でいろいろなものを包め，しかも中が見える

コラム　ラップフィルム

20世紀の文明を変えてきた新しい材料のうち、食生活を変えたラップフィルムとアルミホイルの役割は非常に大きい。これがなかったとしたら食品の加熱調理や保存の手段が著しく制限されることは容易に想像できる。ラップフィルムに限らず透明で中身がしっかり見えて且つしっかりと気体の出入りを遮断し、また構造を維持するという軽い材料の登場は真に革命的であったはずである。それまで透明な構造材料といえばガラスしかなかったのだから、フィルム、プラスチック容器はこの点から確かに現代の物質文明の主役の一つである。一方これらの材料は食品用途に使われることが多く、衛生上の理由で直接廃棄されることが多く社会問題ともなっている。これの問題は叡知を集めて解決すべき文明の課題の一つともいえる。

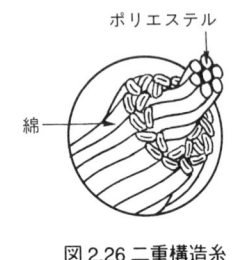

というのは画期的な特性であり、フィルム材料が手軽に入手できるようになったことが人類の文明にきわめて大きな影響を与えたことは言うまでもない。またフィルムとアルミホイルが食生活に与えた革命的ともいえる影響の大きさを考えてもすごいことだとわかるだろう。ちなみにフィルムの成形技術は繊維の成形技術をベースにしたもので、繊維では一方向に強度を持たせているのに対し、フィルムではそれが一次元から二次元に展開されたという意味を持つ。

プラスチックの中で、汎用プラスチックより固さや靱性、耐熱性、耐久性などの機械的強度がすぐれたものをエンジニアリングプラスチックという。エンジニアリングプラスチックの中でも耐熱性を中心に物性の優れた全芳香族ポリエステル（ポリアリレート）、全芳香族ポリアミド（アラミド）、ポリスルホン、全芳香ポリイミド、芳香族ポリケトンなどがスーパーエンジニアリングプラスチックとよばれている。耐熱性は熱変形温度（力学的耐熱性）と連続使用温度（化学的耐熱性）の両方で評価されることが一般的である。

耐熱温度が100℃までの固体成形材料が汎用プラスチックである。五大汎用プラスチック（低密度・高密度ポリエチレン、ポリプロピレン、ポリスチレン、ポリ塩化ビニル）とその類縁化合物、さらにいくつかの熱硬化性樹脂がこれに該当する。

(2) 合成繊維

繊維は高分子の細長い構造が一方向に特化して強い強度を持つようになったものと考えられる。合成繊維の原料の高分子材料は本質的にはプラスチックと同じであるが、繊維の原料となる高分子では分子間相互作用が強く、そのため分子が規則正しく配列して結晶化する性質を持つ（図2.25参照）。

ポリアミド、ポリエステル、アクリル系が三大合成繊維とよばれている。ポリアミド系合成繊維（ナイロン）は天然繊維の絹に、ポリエステル繊維は木綿に、アクリル系繊維は羊毛にそれぞれ対応している。ポリエステルは吸湿性に難点があり、木綿との混紡として使用されることも多い（図2.26）。

これらとは別にポリウレタン繊維は弾性に特長があり、水着などに用いられている。ポリビニルアルコールのアセタールであるビニロンは吸湿性、保温力、強度（特に耐摩耗性）に特長があり、雨がっぱや作業服に用いられる。

合成繊維は高分子構造材料の形状材料特性を示す最たるものであり、繊維の表面の化学的改質、表面微細加工、断面の精密加工、多層構造化

図2.26 二重構造糸

などによってきわめて多彩な機能を発現できる．三大合成繊維に関していえば，素材はポリエステルに集約化される傾向にある．これは素材そのものの性質を精密形状制御でコントロールする技術が高度に進展したことで，素材の集約化が可能となって物質サイクル上の観点からポリエステルが選ばれたと考えてもよいだろう．

(3) エラストマー・ゴム

分子鎖が柔らかくコンフォーメーション変化が起こりやすく，分子間の相互作用の弱い高分子素材に多少の橋架けを施すと，弱い力にも応じて大きな変形が起こり，力を取り去ると元に戻る性質を示すようになる．このような性質をゴム弾性といい，それを示す物質がゴム（エラストマー）である．このような（元に戻ろうとする）変形は高分子物質ができるだけ多様な形をとろうとすることに基づいており，そのためゴム弾性はエントロピー弾性ともよばれる（図2.27）．

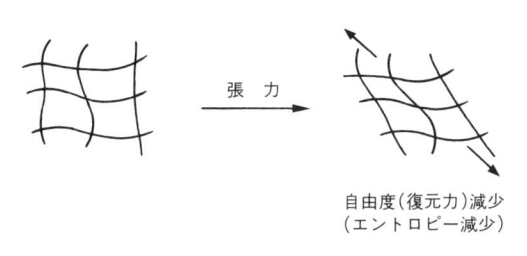

図2.27 ゴム弾性の概念図

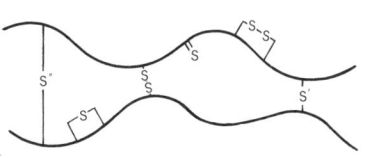

図2.28 硫黄橋かけゴムの橋かけ形態の模式図

天然ゴムはシス-1,4-ポリイソプレンの化学構造を持つ生ゴムに硫黄を加えて加熱（加硫）したものであり（図2.28），合成ゴムの多くもジエンの重合体の構造を持つ．

イソプレンの重合による天然ゴムと同じ構造のポリマーは，有機金属系触媒を用いた立体選択的な重合で合成される．ブタジエンゴムも同様に合成される．

最近，ゴム弾性を担う部分と物理的架橋を担う部分を持った熱可塑性エラストマーの使用が大きく伸びている．物理的架橋とは，加硫などによる化学構造的な架橋とは異なる原理で変形が元に戻る機能を持たせたものである．これは物理的架橋をするブロック部分にガラス転移点が常温より高いポリマーを使い，柔らかいポリマーの海の中に島をちりばめた構造をしている．この構造により，常温ではエラストマーとして働き，さらに熱可塑性樹脂として成形ができるという利点を持つことになる．

エラストマーは日常生活から工業用途までまさにあらゆるところで使用されており，エントロピー弾性の発現，架橋機能の付与，特殊機能の付与などのため共重合体の分子設計が行われている．代表的なものとし

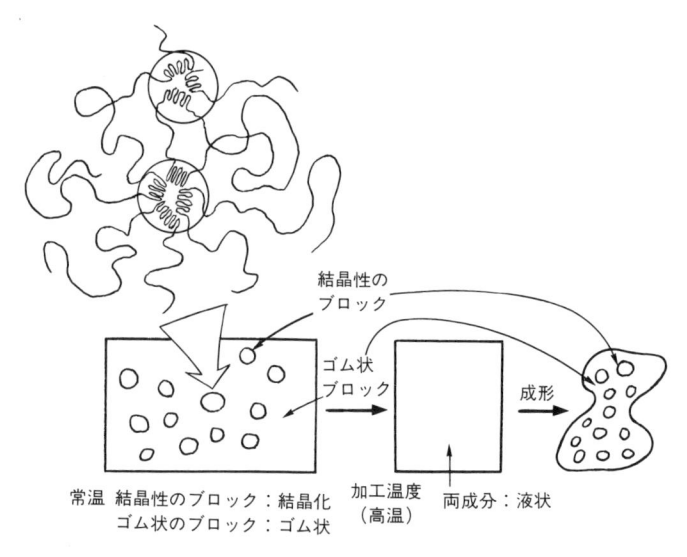

図 2.29

て，スチレンブタジエンゴム（SBR），ブタジエンゴム，イソプレンゴム，クロロプレンゴム，ブチルゴム（イソブチレンと少量のイソプレンの共重合体），エチレン-プロピレンゴム（共重合体），アクリロニトリル-ブタジエンゴム（共重合体），アクリルゴム（アクリル酸ブチルなど），フッ素ゴム，シリコンゴムなどがある。

(4) 接着剤・塗料・シーラント材

接着剤，塗料は一般には液体状態で使わ（塗ら）れ，面の形状が決まった後に溶媒が蒸発したり，モノマーやプレポリマーの高分子生成反応が起きたりして固体状態となって作業後は通常の高分子固体材料となる。有機溶媒の使用とその弊害を防ぐため，水溶媒（分散媒）や液状モノマー（プレポリマー）が多く使用されている。最近はホットメルト型の接着剤，熱可塑性樹脂粉末を使った塗膜なども利用されており，これらは使用の前後において化学的な変化は受けておらず，作業時以外は，プラスチックあるいはエラストマーとして働くものである。またシーラント材は隙間を埋め，物質や信号の侵入を防ぐものである。

接着剤としては

　水性のポリ酢酸ビニルのエマルジョン系（木工，紙，布用）

　アクリル樹脂の溶液系

　ポリクロロプレン系（ゴム，皮，布，木工用）

　ニトリルゴム系（軟質ビニル，ゴム用など）

　エポキシ樹脂系（金属，ガラス，陶磁器，コンクリート用）

　シアノアクリレート樹脂系（瞬間接着剤）

　塩化ビニル系（塩化ビニルと金属，木など）

などが使われている。

　塗料はいろいろな硬化性ポリマー，熱可塑性ポリマー，骨材などの混合物になっていることが多く，液体の場合には作業性の確保のため流動性が高くなっているため，固化前の流動による不均化などが技術上の問題の1つでもある。よく用いられる高分子素材としては，アルキド樹脂，不飽和ポリエステル樹脂，アクリル樹脂，エポキシ樹脂がある。

　シーラント材用途には幅広くいろいろな素材や材料形態が利用されている。

2.1.5　プラスチック，繊維，ゴム・エラストマーの生産量

　わが国のプラスチックの生産量の推移を表2.9に示す。1995～97年にはその生産量が初めて1500万tを越えたものと考えられる（統計によって数字に差がある）。鉄鋼の生産量が9000万tから1億t程度であるので，密度が鉄鋼の1/6～1/7であるプラスチック生産量は体積で鉄鋼とほぼ同じかあるいはそれを上回っていることになる。1500万tのプラスチック生産量はアメリカの約2/5で世界2位，国別ではドイツが1000万tを越す生産量，韓国，フランスが500万t以上の生産量で，以下オランダ，台湾，ベルギー，イタリア，中国，英国と続いている。極東地域では日本，韓国，台湾が同格の規模の生産を行っている関係にある。

　石油化学製品は1995年に7兆3000億円の製品生産があり，そのうち61％が合成樹脂，12％が合成ゴム，11％が合成繊維であり，高分子構造材料が重要な部分となっている。

　熱可塑性樹脂，熱硬化性樹脂それぞれの20年間の生産量の変化をみると，熱可塑性樹脂が2.9倍になったのに対し熱硬化性樹脂は1.4倍に留まっている。プラスチック全体の生産量は20年間で2.5倍の生産量になり，その増加分920万tの94％が熱可塑性樹脂の伸びによっている。

　次に，五大汎用プラスチックの生産量を調べると，ポリ塩化ビニルの緩やかな伸びはあるものの，ポリプロピレンが12.3倍になるなど熱可塑性汎用樹脂の重要度は変化していないことがわかる（表2.10）。全プラスチックでは熱可塑性樹脂が比重を増しているから，熱可塑性汎用樹脂は20年間で相対的に比重を増したことになる。

＊　2000年におけるわが国のプラスチックの生産量は1,445万t，2001年では1,360万tで対2000年比5.6％減であった。
　2000年には世界全体で約1億7,200万tのプラスチックが生産されていて，日本の生産量は世界全体の8.5％に相当する。これはアメリカの1/3強となっている。また国別生産量の点ではアメリカ，ドイツに次いで3番目となっている。ドイツには1999年に逆転されている。
（日本プラスチック工業連盟ホームページ
プラスチックス，53(1)，2002）

＊　1999～2001年の熱硬化性樹脂の生産量は順に，167.8万t（143.2万t），174.7万t（144.7万t），128.8万tであり，それぞれ1978～1979年と1984～1986年，1987年，1978年当時の生産量に相当すると見なせる。熱硬化樹脂については統計の取り方が2001年分から変更され，ケイ素樹脂の生産量が算入されなくなった。1999年と2000年の生産量で（　）内に示した値は2001年の基準で計算した値である。この変更はプラスチック全体の生産量の値にも影響している。ちなみに1999年と2000年のケイ素樹脂の生産量は24.6万tと30.0万tでプラスチック全体の2％程度に相当する。
（日本プラスチック工業連盟ホームページ）

* 1999〜2000年までの生産量は以下の通り。前ページで述べたように，2001年分から統計上でケイ素樹脂の生産量を算入しないことになった。そこでケイ素樹脂を含んだ値を（ ）内に示した。表2.9の1976〜1996年の値と直接比較できるのは（ ）内の値ということになる。

表　わが国の1999年〜2001年のプラスチック生産量

（単位は千t）

年	熱硬化性樹脂	熱可塑性樹脂	合計
1999	1,678(1,432)	12,704	14,321(14,076)
2000	1,746(1,447)	12,792	14,446(14,146)
2001	1,288(—)	12,149	13,127(—)

（日本プラスチック工業連盟ホームページ）

表2.9　わが国プラスチック20年の変遷

年	熱硬化性樹脂 (千t)	(%)	熱可塑性樹脂 (千t)	(%)	合計 (千t)	前年比 (%)
1976	1,390	(24)	4,413	(76)	5,803	112
1977	1,395	(24)	4,454	(76)	5,849	101
1978	1,526	(23)	5,222	(77)	6,748	115
1979	1,660	(20)	6,550	(80)	8,210	122
1980	1,634	(22)	5,884	(78)	7,518	91.6
1981	1,558	(22)	5,480	(78)	7,038	93.6
1982	1,539	(22)	5,595	(78)	7,134	101.0
1983	1,622	(21)	6,189	(79)	7,811	109
1984	1,670	(19)	7,244	(81)	8,914	114
1985	1,653	(18)	7,579	(82)	9,232	104
1986	1,656	(18)	7,718	(82)	9,374	102
1987	1,766	(18)	8,265	(82)	10,031	107
1988	1,887	(17)	9,129	(83)	11,016	110
1989	1,964	(16)	9,990	(84)	11,954	109
1990	2,048	(16)	10,582	(84)	12,630	106
1991	2,029	(16)	10,766	(84)	12,795	101
1992	1,922	(15)	10,657	(85)	12,579	98
1993	1,821	(15)	10,427	(85)	12,248	97
1994	1,869	(14)	11,167	(86)	13,036	106
1995	1,898	(14)	12,137	(86)	14,035	108
1996	1,892	(13)	12,768	(87)	14,660	104
1997	1,925	(13)	13,195	(87)	15,120	103
増加率						
1997/96	1.02倍		1.03倍		1.03倍	
1997/87	1.09倍		1.60倍		1.50倍	
1997/77	1.38倍		2.96倍		2.59倍	
増加量						
1997/77	530	(6%)	8,741	(94%)	9,271	(100%)

（プラスチックス, **49** (1), 1998より）

* 表2.10に相当する1999〜2001年のデータは以下の通り。

表　わが国の1999〜2001年の汎用樹脂の生産量と熱可塑性樹脂全体に対する比率　　（生産量の単位は千t）

	1999年	2000年	2001年
ポリエチレン (高密度,低密度)	3,369 (26%)	3,342 (26%)	3,294 (27%)
ポリプロピレン	2,626 (21%)	2,721 (21%)	2,696 (22%)
塩化ビニル樹脂	2,460 (19%)	2,410 (19%)	2,195 (18%)
ポリスチレンとAS/ABS樹脂	2,038 (16%)	2,024 (16%)	1,810 (15%)
熱可塑性樹脂計	12,704 (100%)	12,793 (100%)	12,149 (100%)

（日本プラスチック工業連盟ホームページ）

表2.10　汎用樹脂20年の変化

	生産量/千t 1977年	(比率) 1997年	増加量 (比率) (1997年/1977年の比率)	倍率
ポリエチレン (高密度 低密度)	1,466 (33%)	3,332 (25%)	1,866 (21%)	2.27倍
ポリプロピレン	229 (5%)	2,825 (21%)	2,596 (30%)	12.33倍
塩化ビニル樹脂	1,030 (23%)	1,939 (15%)	909 (10%)	1.88倍
ポリスチレンとAS/ABS樹脂	900 (20%)	2,187 (17%)	1,287 (15%)	2.43倍
熱可塑性樹脂計	4,454 (100%)	13,195 (100%)	8,741 (100%)	2.96倍

（プラスチックス, **49** (1), 1998より）

ポリプロピレンの伸びは製造設備の拡張が他の樹脂に対して遅れ，それがこの20年間になされたこともあるだろうが，特に製造コスト，リサイクル性などで工業的に使用される高分子材料の種類が統合化されて

きたことも影響していることが予想される。

また，ポリエチレンテレフタレート（PET）の伸長はきわめて大きく，1995年現在プラスチック全生産量の約9％で五大汎用プラスチックに次ぐ量となっている。

プラスチック製品の内訳は表2.11の通りである。

フィルム，シートの割合が高く，機械機具や部品も多い。発泡製品や容器などの保存用途，日用品雑貨が続いているが，日本では建材用途はあまり大きくない。

* 本文における1995年のPETの比率が約9％という記述は繊維用途も含めた値である。

非繊維用途のPET生産量は，69.9万t（2000年），66.2万t（2001年）で，繊維を除いてプラスチック全体量と比較するとそれぞれ4.9％，4.8％となる。1996年の相当する値は62.1万t（4.2％）である。
（日本プラスチック工業連盟ホームページ）

表2.11 プラスチック製品の生産量割合

品目	フィルム	機械器具部品	パイプ・継ぎ手	発泡製品	シート	日用品・雑貨	容器	建材	合成皮革	板	強化製品	その他
割合(%)	31	13	11	8	6	6	6	5	3	3	2	6

（プラスチック，**49**（1），1998）

2.1.6 汎用合成高分子構造材料の課題・問題点

汎用高分子材料は体積で鉄鋼に匹敵する（あるいは凌駕する）量が使われているが，物質循環上では袋小路となっている面もある。もともと有機物質自身がどちらかというと不安定な物質で，有機材料は分解・劣化することを前提に使われており，金属材料とは異なりすべてのケースでリサイクルすることが物質科学的に合理的なものとは限らない。しかしながら，プラスチックは多くの有害物の主要な発生源とされ，その焼却処理が困難になってきている。日本は「ゴミの処理を焼却に依存する」世界でもまれな国だが，その中で汎用高分子構造材料が大量に消費される図式は確かに危険性をはらんでいる。

一方，添加剤や未反応モノマーなど低分子量化合物が自然界に流出し，生物の種の継続を危うくするような働きをしていると指摘されている面もある。いわゆる環境ホルモン（内分泌攪乱物質）問題であり，これは人類を始め地球上の生き物すべてに関わる問題である。

このような社会情勢の下，特に塩ビ系ポリマー，塩化ビニリデン系ポリマーについて流通業が使用自粛（＝排除）したり，日常生活で触れる製品からポリ塩化ビニルの使用を取りやめるという報道が数多くなされている。しかしながら，ポリ塩化ビニルは塩素の固定化製品としての性格もあり，その生産量の削減には塩素と同時に生産されるナトリウムの代替品や使用量削減方法の開発も要求されるような，いろいろな面への波及効果が大きいことも確かである。

このような状況は現代社会の物質的側面を化学的（根本的）に見直す

* 表2.11に相当する1999～2001年のわが国のプラスチック製品の生産割合を以下に示す。各品目の割合は1999年，2000年，2001年の順で並べてある。数値は％で表示してある。

フィルム：31.0, 33.3, 33.7；機械器具部品：12.9, 12.9, 12.4；パイプ・継ぎ手：12.5, 12.1, 12.1；発泡製品：6.2, 6.2, 6.4；シート：5.6, 5.2, 4.5；日用品・雑貨：5.8, 5.7, 5.8；容器：7.3, 7.7, 8.8；建材：5.2, 5.3, 5.2；合成皮革：1.3, 1.2, 1.1；板：2.5, 2.5, 2.4；強化製品：1.4, 1.3, 1.2；その他：6.4, 6.5, 6.5。
（日本プラスチック工業連盟ホームページ）

必要を示しており，汎用高分子構造材料が生産から使用，廃棄，再利用/処分の物質サイクルを通して総合的な合理性を持つように洗練された（進化した）材料になっていくべきことを示している。このような考え方（LCA＝ライフサイクルアセスメント）については後にもう一度述べる。

金属，無機両材料と並ぶ有機材料の中で最も体積が大きく，地球資源的負荷も大きい汎用高分子構造材料においては，社会的物質循環システムの整備とともに素材そのものを物質科学的に検討していくこともまだまだ必要である。

2.1.7 汎用合成高分子構造材料—各論—

ここでは汎用高分子構造材料（素材）について，構造，特徴，用途などを具体的にまとめる。実際に使用される高分子構造材料ではポリマーアロイ化されたりポリマーコンポジット化されたものが多数を占める。ポリマーアロイとポリマーコンポジットの間にポリマーブレンドを加えて，高分子材料の製品化の ABC とよばれることもある。ポリマーアロイとはいくつかの高分子物質が一体化した素材となることと捉えられるが，本来は別の物質で混じり合わない高分子同士がそれぞれが互いを溶媒和するようなイメージ（相溶化）で考えればよいだろう。広い意味で考えるポリマーアロイの中には共重合体も入ることになる。ポリマーブレンドは物理的・化学的なポリマー鎖の混合による準安定状態の混合物あるいはその生成方法である。それらに対してポリマーコンポジットとは異なる種類の素材の混合物という点で区別できる。現実には高分子構造材料として用いられる高分子素材の大半は共重合体であるが，ここではいわゆるホモポリマーを中心に述べることにする。

汎用高分子構造材料とエンジニアリングプラスチックの区別は必ずしもはっきりしたものではなく，エンジニアリングプラスチックにいれられているものと錯綜しているケースもある。

(1) ポリオレフィン

(a) ポリエチレン（PE）

用途：ポリ袋，フィルム，ポリバケツ，パイプ，緩衝材料。透明〜半透明の固体。酸，アルカリ，溶剤に耐性がある。電気絶縁性，耐水性，防湿性，耐寒性に優れる。

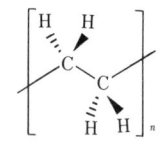

① 低密度ポリエチレン（LDPE）

比重 0.91〜0.93。用途：フィルム，シート，ポリ袋，電線被覆など。高圧下でのエチレンのラジカル重合体で，枝分かれ構造が多く結晶化度は低い。

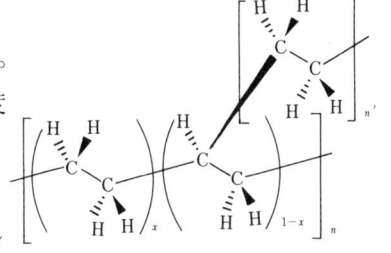

② 高密度ポリエチレン（HDPE）

比重 0.94〜0.96。硬いフィルム，繊維，パイプ，成形品。エチレンの低圧でのチーグラーナッタ重合体。

③ 線状（直鎖状）低密度ポリエチレン（LLDPE）

チーグラー触媒によるエチレンの重合において少量の 1-ブテンなどの α-オレフィンを加えて得られた共重合体高分子で，分枝はほとんどないが，介在する α-オレフィン由来の側鎖アルキル基のためポリエチレン鎖の結晶性が乱れ密度は低い。同じ低密度の高圧法ポリエチレンに比べて衝撃強度などが向上している。

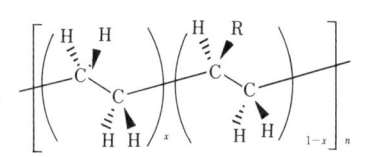

④ メタロセン（触媒）系線状（直鎖状）低密度ポリエチレン（メタロセン（触媒）系LLDPE）

メタロセン触媒による LLDPE で分子量分布，組成分布が狭い。衝撃強度，透明性，柔軟性，耐ブロッキング性に優れる。米袋など重量がかさむ袋などに普及している。引っ張り強度が従来の 3 倍程度なのでフィルムへの成形加工速度を 3 倍に，また，従来に比べ袋の厚さを 20% 減らすことができゴミ減量への期待もある。現在，農業用ビニールハウス用シートには主にポリ塩化ビニルが使われているがその代替の可能性もある。

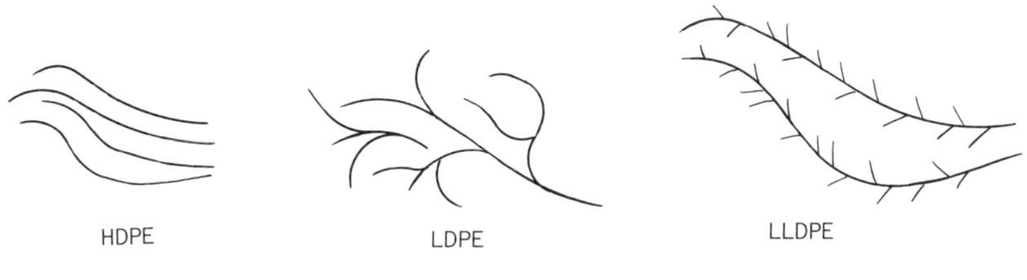

低密度ポリエチレン

直鎖状低密度ポリエチレン

HDPE　　　LDPE　　　LLDPE

図 2.30　高密度ポリエチレン、低密度ポリエチレン、直鎖状低密度ポリエチレンの分子の形態

(b) ポリプロピレン（PP）

① イソタクチックポリプロピレン

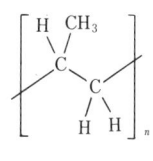

立体規則性重合によって得られた高結晶性高分子量高分子で，引っ張り強度，衝撃強度，耐熱性，耐屈曲疲労性などの力学特性に優れるほか，電気的特性もよい。加工性もきわめてよく，射出成形，フィルム，繊維など幅広く用いられる万能的な汎用樹脂である。

主な用途には，パイプ，カートン，コンテナ，食器，各種容器，カーペット，自動車用プラスチック（バンパーなど），と広範囲に利用され

ポリプロピレン

コラム　油取り紙

油取り紙はもともと金箔の製造過程から副成する短繊維化した和紙を利用するという生活の知恵の産物だったようだ。金を延ばして金箔にする時に和紙に挟んで叩くが，和紙は何度も叩かれおそらく繊維は短く切れて，なめされた状態になるのだろう。この状態の和紙が顔の脂分を吸収するのに適しているということで，ちょっとしたブームになっているらしい。これをポリプロピレンで代替してさらにその表面張力を変えて脂取り＋汗取りの機能材が実現した。加工性がよくプラスチック素材の集約の代表のポリプロピレンの面目躍如の一例である。

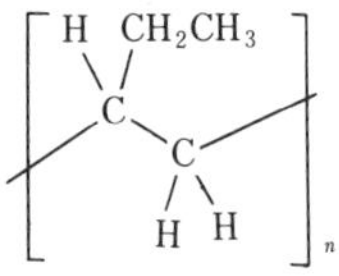

ている。自動車用プラスチックはPPに集約化が進んでいる。

② シンジオタクチックポリプロピレン

メタロセン系触媒により合成される立体規則性ポリプロピレンでメチル基がポリマー鎖上交互に配置している。低融点，狭い分子量分布，低い結晶化速度，低密度，透明性などの特徴がある。また，種々のコモノマーとの共重合が可能で，これまでとは違った特性の高分子材料となる可能性がある。

③ アタクチックポリプロピレン

非立体規則性重合で得られる無定形ポリマーで油回収材などに用いられる。

(c) その他のポリオレフィン

① ポリ（ブテン-1）

耐薬品性，機械特性，誘電的性質，加工性の点ですぐれた立体規則性ポリオレフィン（イソタクチック）である。主な用途はガス管，温水パイプである。

② ポリ（4-メチルペンテン-1）

ポリブテン-1と同様の特性を持つが，融点が235〜240℃とさらに高く調理分野でよく用いられる。主な用途は理化学機器，耐熱食器，電子レンジ用食器，ラップフィルム，剥離フィルムである。

③ ポリスチレン

五大汎用樹脂の1つで生産金額は最も大きい。無色透明で，低誘電率，低吸水性，成形加工性もよく日用品によく使われる。発泡スチロール，透明ケースなど幅広い分野で用いられる。単独ポリマーのほかに共重合体やブレンドの使われることも多い最重要ポリマーの1つである。

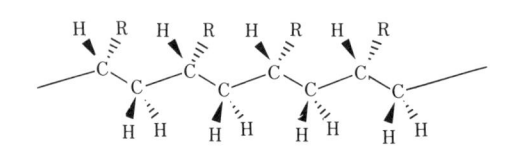

ポリ（ブテン-1）

ポリ（4-メチルペンテン-1）

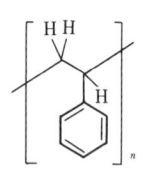

ポリスチレン

イソタクチックポリオレフィン-1

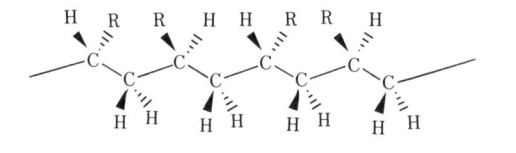

シンジオタクチックポリオレフィン-1

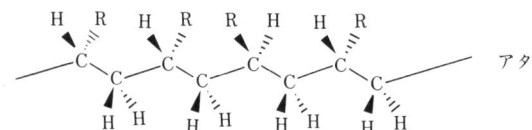

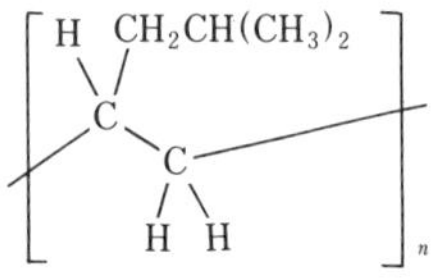

アタクチックポリオレフィン-1

(d) 塩素含有ポリオレフィン

① ポリ塩化ビニル（PVC）

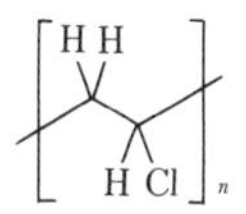

五大汎用樹脂の 1 つ。耐水性，耐酸性，耐アルカリ性，電気絶縁特性にすぐれ難燃性材料である。耐熱性，耐光性に難点があり，可塑剤，安定剤，充填剤などを加えて成形加工される。可塑剤の量により軟質と硬質に分けられる。主な用途はパイプ，フィルム，シート，電線被覆材，ホース，鞄（人造皮革），建材，農業用ビニール，繊維などである。

② ポリ塩化ビニリデン（PVDC）

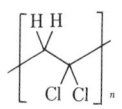

食品用ラップフィルム，シート，網などに用いられる。塩化ビニルとの共重合体が多い。

(e) ポリビニルアルコール誘導体

① ポリビニルアルコール（PVA）

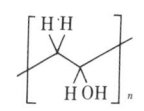

酢酸ビニルの重合体の加水分解物で，分解の程度によりアセチル基を含む量が異なる。立体構造はアタクチックとされているが結晶性である。これは側鎖の OH 基が小さく，さらに水素結合を形成するためと説明されている。水溶性高分子で，接着剤，糊，フィルム，包装材などに用いられる。

② ポリ酢酸ビニル（PVAc）

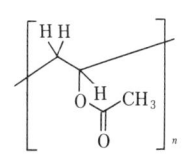

無定形高分子の代表で，接着剤，テープ，塗料などに用いられる。

③ ポリビニルホルマール――ビニロン

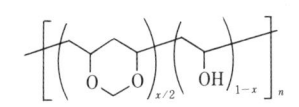

ポリビニルアルコールをホルムアルデヒドでアセタール化したものであり，主に繊維用途に用いられる。

④ エチレン-酢酸ビニル樹脂（EVA）

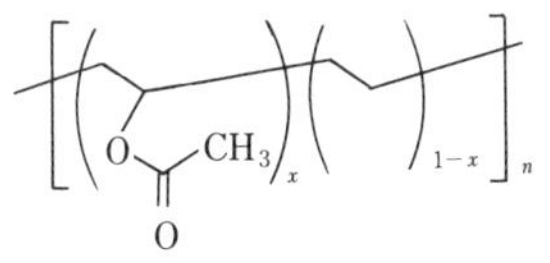

エチレンと酢酸ビニルのランダム共重合体で，ポリエチレンに柔軟性，弾力性，耐寒性が付与されている。低温脆化性，耐衝撃性，加工性，印刷性，接着性改質のためいろいろなポリマーとブレンドされている。熱溶融接着剤としても使われている。

⑤ エチレン-ビニルアルコール樹脂（EVOH）

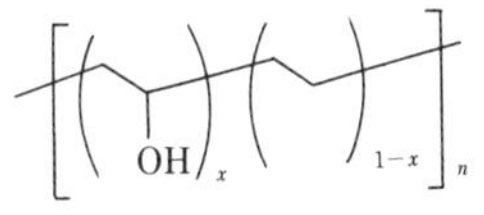

エチレンと酢酸ビニルのランダム共重合体（EVA）の加水分解物で，ガスバリア性，保香性，耐油性，耐薬品性，透明性などに優れた樹脂である。食品フィルム，チューブなどに用いられる。

(f) アクリル樹脂

① ポリアクリル酸メチル

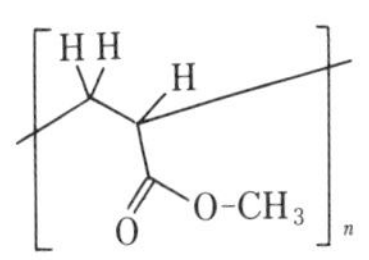

軟化点 75℃，T_g 3℃の無色，非晶性でやや粘着性のある弾性固体。主な用途は接着剤，塗料，繊維・紙・皮革の加工用や，誘導体合成の原料である。

② ポリメタクリル酸メチル（PMMA）

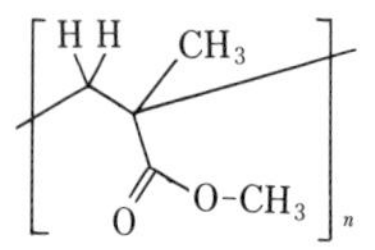

装飾品，看板，透明ケース，光ファイバー，ラッカーなどに用いられる。ポリマー（有機）ガラスの代表である。

③ ポリアクリルアミド（PAAm）

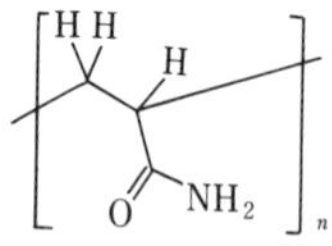

水溶性ポリマーで，乾燥時には非常に硬い。主な用途は吸水材，糊などである。

④ ポリアクリロニトリル（PAN）

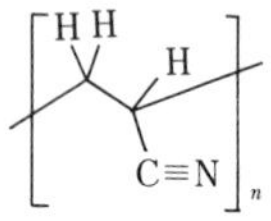

アクリル繊維ともよばれ，炭素繊維の原料に用いられる。共重合体の重要成分でもある。

(2) ポリジエン

(a) ポリ-1,4-イソプレン

① ポリ(*cis*-1,4-イソプレン)

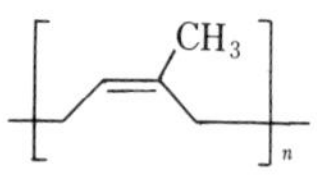

天然生ゴムの主成分と同一物で，合成天然ゴムともよばれる。

② ポリ(*trans*-1,4-イソプレン)

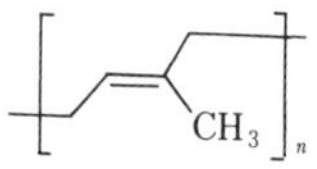

天然物のグッタペルカと同一物で，ゴム表面の被覆材などに用いられる。

(b) ポリクロロプレン

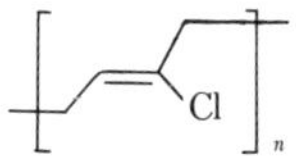

クロロプレンの高重合体で主にトランス-1,4-結合構造をとっている。特殊用途ゴムとして電線ケーブル被覆材，ゴムベルト，ゴムライニング，接着剤などに用いられる。ネオプレンはポリクロロプレンやクロロプレンを主成分とする共重合体に対するデュポン社の商標名である。

(c) ポリブタジエン

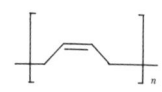

シス-1,4-，トランス-1,4-，アイソタクチック-1,2-，シンジオタクチック-1,2- の異性体が存在する。この中でチーグラー型立体特異性触媒で合成されるシス-1,4-ポリマーは弾性に富み，高い耐摩耗性，天然ゴムを凌ぐ耐熱性の合成ゴムの原料として用いられる。

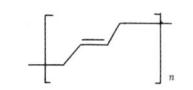

(3) ポリエーテル

(a) ポリエチレンオキシド/ポリエチレングリコール（PEG）

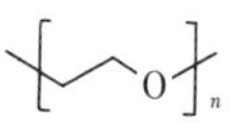

エチレンオキシドの開環重合により合成される水溶性ポリマーで，さまざまな分子量のものが用いられる。分子量により形状，用途が大きく異なる。ゴムや繊維，接着剤の原料ポリマー，オリゴマーとして使われる。

(b) ポリプロピレンオキシド

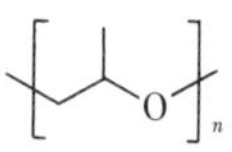

プロピレンオキシド単独あるいはエチレンオキシドとの共開環重合体として，イソシアナートとの反応によるポリウレタン合成のグリコール成分に使われる。

(4) 生分解性プラスチック/グリーンプラ

使用量が多く全量を回収するのが困難であったり，農業・土木といった自然環境中での使用で回収が非効率であるケースに対応して開発されているポリマー群。微生物産生系，化学合成系，天然物利用系がある。脂肪族ポリエステル，多糖類が主体。前者はヒドロキシ酸のポリエステルとコハク酸とジオールのポリエステルに大別される。分解プロセスとして自然環境下での分解を想定した開発（農林水産業・土木建設資材）とコンポスト化を想定した開発（食品包装/容器，紙オムツ，生理用品，ゴミ袋，カップ，水切り袋など）がある。

2.2 情報社会を支える有機材料

1990年代に入り，大量の情報の高速処理を可能にしたコンピュータを中心とした高度な情報化社会が地球規模で形成されてきている。情報システムは，情報の処理，伝達および記憶（貯蔵）によって構成されており，それぞれを担う素子によってそれらは支えられている。情報処理は，リソグラフィーなどでは有機系材料が用いられているものの，実際のところは無機のシリコンチップ上で行われており，人間の脳をイメージして提唱されているニューロコンピュータは基礎的研究の域を出ておらず実用にはなっていない。それに対し，情報の記憶素子であるメモリーの材料はシリコンチップ（RAM，ROM）と共に磁気，光ディスクの基体に高分子材料が用いられている。また従来金属によって担われていた情報伝達材料においても，近年，光ケーブルが情報ハイウエーと言う言葉と共に種々の場面で用いられるようになって来ている。

レジストおよびその他のエレクトロニクス関連の材料に関しては4章に詳しく述べる。ここでは近年情報の伝送の高密度化にともない従来の「電線」に代わり有線での情報伝達の主役とも成りつつある光ファイバーおよび，高密度の情報記憶デバイスとして普及している光ディスクを中心に，そこで用いられる有機材料について述べる。

2.2.1 情報伝達デバイス——光ファイバー

近年の高度情報化社会を支える伝送手段としての光通信システムは，半導体赤外線レーザーを光源とし，変調した赤外光パルスをきわめて損失の少ない（波長1.3 mmで0.7〜0.1 dB/km）光ファイバーにより伝送するものである。ここに用いられるものは，石英系の光ファイバーである。これにより従来できなかった大容量の情報の長距離伝送が可能となった。

> **コラム　とうもろこし畑からポリマー**
>
> 広大なトウモロコシ畑の真中にプラスチックプラントを含むコンビナートがあり，そこに畑から専用線路でトウモロコシが運ばれてくる。コンビナートではトウモロコシの食品製品を製造するとともにその葉や茎からプラスチック原料を得て生分解性プラスチックを作り出して出荷する。残った材料は分解して肥料化してもとの貨車に乗って畑に戻っていく。そのようなイメージで畑からプラスチックが製造されるという将来のイメージが報道されることもある。
>
> たしかにこのようなイメージはいろいろな問題を解決する究極の形のように見えなくもない。しかし，こういう一見いいこと尽くめのときに注意しなければいけないのはその負の面の確認と正確な評価・見積りであろう。このように，最初はデファクトスタンダード（実質的な標準）として浸透し，その後ある国の世界戦略の中で世界基準として決められるという図式を見通して，実際にそうなったときに困ることは何かとしっかりと見積っていく必要がある。

石英系に比してプラスチック光ファイバー（POF）の導光損失は大きく，長距離伝送には不向きであるが，材料の改良が進んだことで，100 m程度の光伝送には充分実用に耐えられるようになってきている。プラスチック光ファイバーは石英系に比べ加工しやすく，大口径のものを作ることができ，また使用波長を可視光領域にまで広げることができるので，これらの利点を生かし，ファクトリーオートメーションやオフィスオートメーションさらにオーディオビデオ機器に利用されるようになっている。表2.12 に 622 Mbps のデータを 100 m 以上伝送する場合における種々の媒体の特性を示す。

表 2.12　622 Mbps のデータを 100 m 以上伝送する場合における各媒体の特性

	ガラス系ファイバー		POF		金属ケーブル	
	SM型	GI型	GI型	SI型	ツイストペア	同軸ケーブル
伝送損失	◎	◎	○	○	○	○
伝送帯域	◎	○*	◎	×	×	△
接続特性	×	△	◎	◎	◎	△
取り扱い性	△	△	◎	◎	◎	△
端面処理	△	△	◎	◎	○	○
電磁ノイズ	◎	◎	◎	◎	×	○
ファイバーコスト	○	△	◎	◎	◎	△
システム価格	×	△	◎	◎	○	△
信頼性	◎	◎	○	○	○	◎

◎：非常に良好　○：良好　△：やや悪い　×：悪い
*：コア径が数十ミクロンであるため，モーダルノイズが不安定要素となる
（POF コンソーシアム編，『プラスチック光ファイバー』，共立出版）

(1)　汎用プラスチック光ファイバー

(a)　光ファイバーの構造

光ファイバーは，屈折率の異なる2種類の材料を「いれこ」の形で組み合わせて作られている。図2.31 に光ファイバーの構造を示す。屈折率の大きい（n_1）材料をコア（芯）部，屈折率の小さい材料をクラッド（鞘）部とし，一端からコア部に入射した光は全反射を繰返しながら他端に到達する。

図 2.31 (a) は屈折率がコア部とクラッド部の境界で段階的に変化する構造で，市販のプラスチック光ファイバーはほとんどこの形式でステップインデックス（SI）型とよばれる。(b) はグレーデッドインデックス（GI）型とよばれ，コア部に屈折率分布がある。したがって，光はコア部を中心軸に沿って蛇行しながら進み，軸方向を伝播する光の速度は波長によらず一定となるので，長距離伝送が可能となる。この方式は石英系光ファイバーに取り入れられているが，一部プラスチック光ファ

イバーにおいてもアレイ状に加工されたものがレンズとしてファクシミリ用途に用いられている。(c) の単一モード (SM) 型はパルス波形の歪みが一番少ない。このことは超高速遠距離通信に適している。プラスチック光ファイバーにおいては現在まだ実用化の例はない。

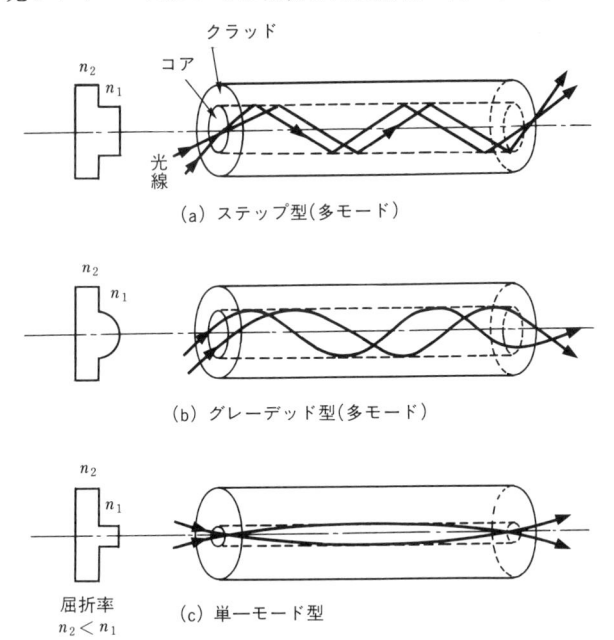

図 2.31　光ファイバーの構造
(瓜生敏之ほか,『ポリマー材料 (材料テクノロジー 16)』, 東京大学出版会)

現在実用化されている各種光ファイバーの断面の比較を図 2.32 に示す。プラスチック光ファイバーは素材が石英にくらべ柔軟なため、ファイバー径を 1 mm 程度まで大きくしても可撓性を失わない。また、クラッドがコアに比して非常に薄く、コアの占有率が高いこともプラスチック光ファイバーの特徴である。

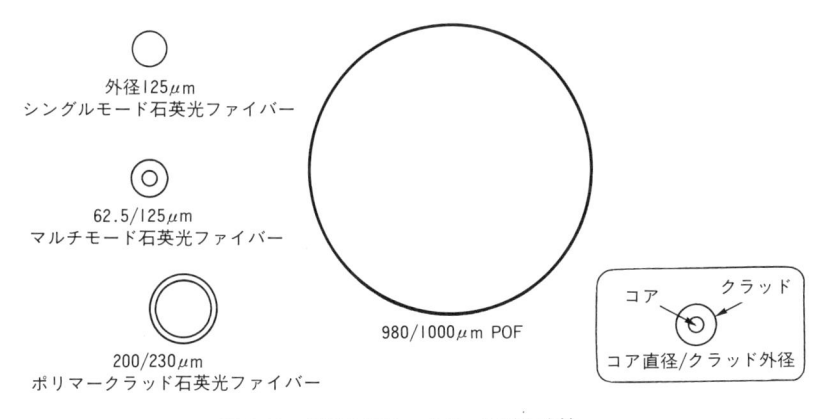

図 2.32　各種の光ファイバーの断面比較
(荒川剛ほか,『無機材料化学』, 三共出版)

これらを含めたプラスチック光ファイバーの特徴から，発光ダイオードなどの光源や他の光ファイバーとの結合効率が高く，また，光軸ずれによる結合損失の増加が少ない。このおかげで他の光ファイバー用のコネクターほど寸法に対しての精度が要求されない。さらに加工も容易なため，プラスチック光ファイバーは接続箇所の多い短距離の通信に適している。

(b) 光ファイバーの材料

SI 型プラスチック光ファイバーのコア部には通常，透明なポリメタクリル酸メチル（PMMA）が用いられる。一部の特殊用途向けにはポリスチレン（PS）が用いられるがそれは少数である。クラッド部の材料としては屈折率，透光率，コア材料との密着性などの観点から，おもにテトラフルオロエチレン/フッ化ビニリデン共重合体やフルオロアルキルメタクリレート系ポリマーなどのフッ素系ポリマー共重合体が主に使用されている。石英系光ファイバーにおいては，CVD 法など改良を重ねた精製法を用いて細線化した光ファイバーの導光損失が，赤外部（1600 nm，6250 cm^{-1} 付近）で最小となるのに対して，PMMA など普通のプラスチックの導光損失は可視部（300～600 nm）で最小であり，分子の振動吸収の倍音や結合音のために 150 dB/km 程度である。

プラスチック光ファイバーの導光損失低下の試みは精力的に行なわれており，PMMA の水素を全て重水素に置き換えた重水素化 PMMA や含フッ素高分子などで開発が進められている。PMMA の例では重水素化やフッ素化により，導光損失が最小となる波長が半導体レーザーの波長である 800 nm までシフトし，損失も低下する。重水素か PMMA では波長 500 nm で，導光損失 20 dB/km の値が報告されている。

材料が透明である条件は高分子において

i) 成形された高分子において密度，組成，屈折率のゆらぎがないこと
ii) 高分子の可視部に電子遷移による吸収帯がなく，紫外部の吸収の裾もないこと

である。

密度・組成・屈折率のゆらぎがあると光のレイリー散乱が起こる。この散乱強度は λ^4（λ：光の波長）に反比例する。この散乱を小さくするためには，できるだけ無定形な高分子を用い，熱処理などで密度，組成，屈折率のゆらぎをなくすことが考えられる。また，ii) の条件にあてはまるような高分子においても，赤外領域での振動モードの吸収の倍音，結合音の微弱な吸収の存在は避けられず，光ファイバー材料には重要な因子となる。

(2) 高機能プラスチック光ファイバー

高機能プラスチック光ファイバーとしてはその低伝送損失化，広帯域化，高耐熱性などが要求される。低伝送損失化，広帯域化については上に述べたように，重水素化やフッ素化など様々な試みがなされており，コスト面の問題は大いにあるものの，特性としては優れたものが開発されつつある。

耐熱性の向上は情報伝送という観点とは少し異なるが，実用化の観点からはプラスチック光ファイバーとして非常に重要である。例えば，自動車のエンジンルーム内の多重通信，沸騰水洗浄される医療器具，ハロゲンランプに近接敷設するライトガイドなどは，従来の PMMA または PS 光ファイバーではその耐熱温度が 80℃程度までであるので使用できない。そのため，耐熱温度が 125℃で透明なポリカーボネート（PC）光ファイバーが出現した。しかし，伝送損失が特に短波長可視光域で PMMA に比較して極端に劣り，ライトガイドに使用すると黄色がかった光になるという欠点がある。

その後，150℃の耐熱性を目標とした熱硬化シリコーンや架橋エステル樹脂が開発されたが，これはファイバー化する時に熱硬化処理が必要という，生産行程上の問題点がある。

最近になって，熱可塑性のノルボルネン樹脂，変成ポリカーボネート，MMA/N－イソプロピルマレイミド光重合体によるプラスチック光ファイバーが発表されている。表 2.13 に国内で開発された耐熱性プラスチック光ファイバーをまとめた。

表 2.13 高耐熱化の歩み

年代	コ　ア	損　失 (dB/km)	波　長 (nm)	耐熱性 (℃)
1986	PC	800	765	125
	PC	600	770	125
	PC	560	550	120
	PC	600	770	120
	－	1000	700	135
1987	シリコン	1000		150
1987	架橋アクリル	1000	650	150
1992	液体シリコン	150	590	～150
1993	変性 PC	380	760	145
1994	ノルボルネン系	800	680	150
1994	アクリル共重合	218	650	125

2.2.2 情報記憶デバイス——光ディスク

情報記憶デバイスとしては，初期の頃はフェライトなどの磁気素材を

フィルムまたはシート状高分子材料に塗布した磁気テープや磁気ディスクなどが利用されてきた。近年，処理，記憶，伝達すべき情報量が急速に増大すると共に，高密度な情報の記憶および受け渡しができるデバイスとして光ディスクが注目されている。

(1) 汎用光ディスク

現在市販されている光ディスクは大別して，読みだし専用の CD やビデオディスクと書き込みもできる追記型（DRAW：Direct Read After Write または WORM：Write Once Read Many）光ディスク，消去/再生型ディスク（光磁気ディスクなど）がある。光としては後述するようにレーザー光が用いられるが，媒体には，プラスチック，金属薄膜などで構成されている。媒体の一般的構成を図 2.33 に示す。

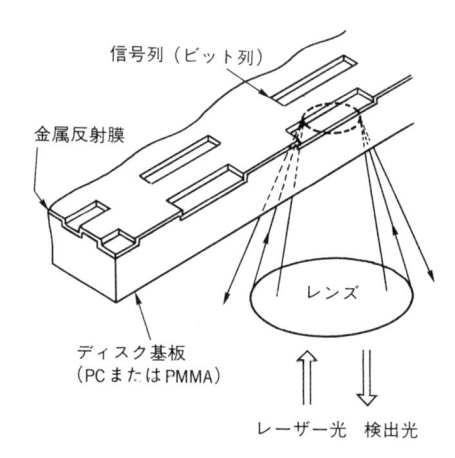

図 2.33 光ディスクの基本構成
レーザー光を基盤側から入射して記録，読み出しは弱いレーザー光をあて反射光の強度変化を検知することにより行われる。

これらのディスクの情報記録部分はアルミニウムなどの金属の薄い蒸着膜であるが，ディスク基板には，ポリカーボネート（PC）やポリメタクリル酸メチル（PMMA）などの透明な高分子材料が用いられている。同じ透明なプラスチックであり，より安価なポリスチレンは強度的な問題（脆く，割れやすい）などで，ディスク基板としては不適である。現在は耐熱性および耐衝撃性どちらにも優れている PC が読みだし専用の CD に用いられる。

現在使われている PC はビスフェノールＡとホスゲンの重縮合から合成されている。光ディスクには分子量などの条件を勘案した専用のグレードが開発されている。

ビデオディスクと追記型ディスクには PMMA も用いられている。

現在使われている主な光ディスクの分類を図 2.34 に示す。

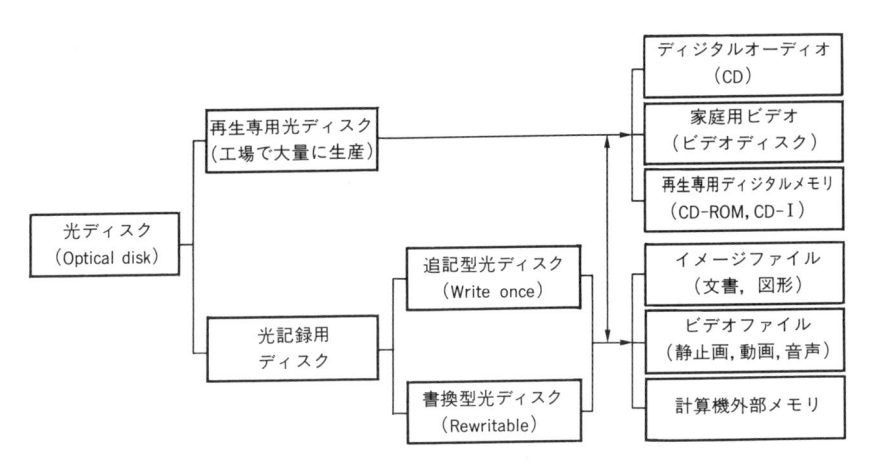

図 2.34 光ディスクの分類

(a) 光ディスクの製造

光ディスクの製造工程を図 2.35 に示す。清浄なガラス基板上にポジ型フォトレジストを $\lambda/4n$（λ は読みだし光の波長，n はディスク素材の高分子の屈折率）の厚みでスピンコートにより塗布し（通常は数 10Å），デジタル信号をパルス波で照射して，ビットとして記録する。これを現像（エッチング），金属薄膜蒸着，メッキしてマザーディスク（マザースタンパ）を制作する。光ディスクはマザーディスクを基に，光ディスク用樹脂にてそれをネガ-ポジの関係で複製，さらに反射膜蒸着，保護膜コーティングすることにより製造される。

光ディスクの成形には射出成形がもっぱら用いられるが，光ディスク特有な成形法として2P法（Photo Polymerization）がある。射出成形は金型にゲートとよばれる樹脂射出口から，溶融した樹脂を圧力をかけて注入する成形法である。

この方法で，最も重要なのはディスクを成形する際に，残留応力が残らないようにすることである。残留応力が残ると成形したディスクに複屈折が発生する。2P法は，図 2.35 で製造したマザーディスクからのスタンパとプラスチック円板でキャビティを作り，その中に光硬化性の樹脂（液状）を注入した後紫外線を照射し重合を行い，最後にスタンパを引きはがしてアルミ蒸着する方法である。プラスチックの基盤は通常複屈折の少ない，PMMA の注型板が用いられる。

(b) ディスクの再生

光ディスクの読みだしは半導体レーザー（$\lambda = 750 \sim 820$ nm）または He－Ne レーザー（$\lambda = 633$ nm）が用いられる。半導体レーザーの方が He－Ne レーザーに比してはるかに小型軽量で高効率である。光ディスクの読みだしの原理を図 2.36 に示す。ビットを刻んだ反対側からレー

図 2.35　光ディスクの製造工程

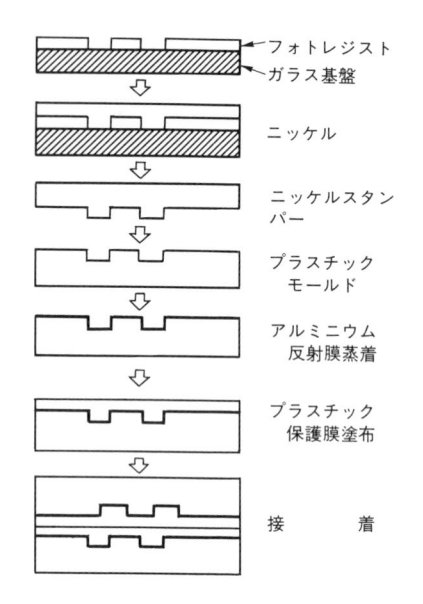

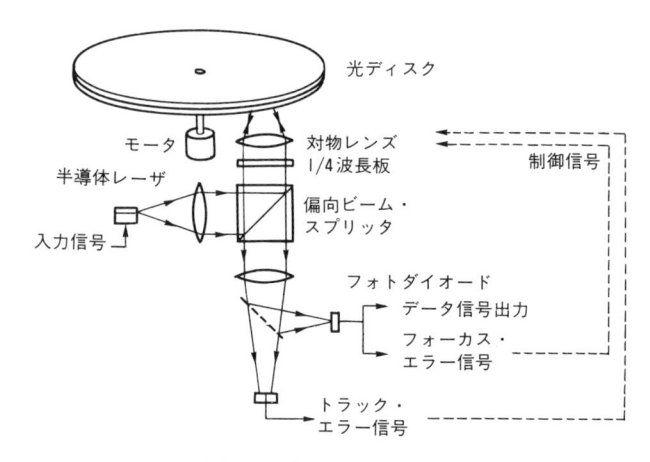

図 2.36　光ディスクの再生原理

ザー光を照射し，ビットの底とビットの周辺で反射される光の干渉（ビットの深さが $\lambda/4n$ でビットがあると反射光の位相が半波長ずれる）によって，ビットの有無を検知し，デジタル電気信号に置き換える。光ディスク 1 cm あたりには約 6000 本の溝（ビット）が刻まれており，通常の光ディスク一枚には，10^{10} ビット以上の情報を記録できる。これはＡ４判にして 10,000 枚分の画像データに匹敵する。

(2) これからの光ディスク（情報記憶媒体）

光ディスクの記憶密度は従来の磁気テープや磁気ディスクに比べ高密度ではあるが，可視光領域の光を読みだし光とすると，1cm² あたりの記憶密度は 10^8 bit/cm² 程度が限界となる。これらの克服には，出力が高く（50 mW 以上），単波長（750 nm 以下）の安定なビームの半導体レーザーを開発することが求められる。有機半導体については研究は成されているものの，いまのところ実用化のめどは立っておらず，これらの開発は無機材料が主役となる。ここでは，有機材料が主役となる新しいこれからの光ディスクについて述べる。

図 2.33 の光ディスクの基本構成において記録媒体の反射率が十分大きい場合は反射膜は不要である。これは，光により物理的または化学的変化を生じる材料は原理的に全て使用できる可能性がある。1986 年頃から売り出されたシアニン系色素を応用したと思われる追記型光ディスク装置はこの一例である。

光反応により着色状態が可逆的に変化するフォトクロミズムを利用すると，消去/書き込み型光記憶媒体を作ることができる（図 2.37）。この

分野は活発に研究されている。

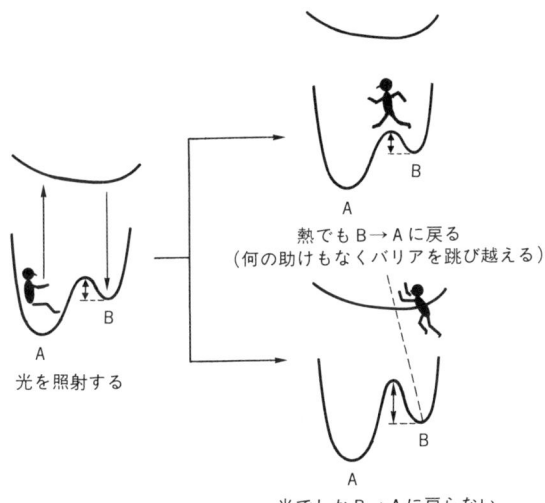

図 2.37　P5 フォトクロミズムの制御原理の概念
（荒井健一郎ほか，『わかりやすい高分子化学』，三共出版）

フォトクロミズムによる記憶媒体に要求される条件は，次のようになる。

i) 光の波長に依存してA⟶B（記録）およびB⟶A（消去）の化学変化が起きる。
ii) 記録/消去を繰り返しても安定な化合物である。
iii) 外乱（熱，圧力など）に対して安定である。

フォトクロミズムを示す化合物は多数知られているが，上の条件を全て満たす化合物はいまのところ見い出されていない。しかしながら，図 2.38 に示した化合物は XeCl エキシマーレーザーで着色，Xe ランプ光で消色し，着色/消色を 5,000 回繰り返した後も初期の性質を 80% 保持していて，このタイプの記憶媒体の実用化の一ステップとして注目される。

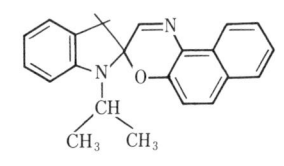

図 2.38　フォトクロミズムを示す化合物の例

その他に，
　a．熱可塑性高分子によるビット構成
　b．バブル形成方式
　c．スメクチック液晶の電気熱学効果を利用する方式
　d．高分子強誘電体を応用する方式
　e．導電性高分子を利用する方式
　f．高分子の相分離を応用する方式

がある。

(3) 半導体メモリ

近年の半導体メモリの進歩は急速というよりむしろ驚異的でさえある。

その大容量化（16Mビットの DRAM は新聞 16 ページ分の情報を記憶できる），小型化（チップの大きさ：100～200 mm²）はわずか十数年前の大型コンピュータを机の上に載せてしまった。半導体メモリの本体は周知の通り，シリコンという無機材料であり，半導体メモリの記憶容量は微細加工技術すなわち，フォトレジスト技術の進歩に依存してきた。しかしながら，シリコンやリード線などの無機材料のみでは，実用に供する半導体チップはできない。湿気やイオンなど不純物から半導体素子（セル）を保護する封止材に用いられるプラスチックパッケージは半導体の実用化に重要な役割を担っている。ここでは特に封止材について述べる。

半導体チップの断面図を図 2.39 に示す。封止材としては，耐熱性，寸法安定性の観点から，エポキシ樹脂やポリイミド樹脂の複合材料が一般に用いられるが，超超 LSI 化が進む中，低 α 線化，低応力化および耐熱性がますます要求されるようになってきている。

(a) 低 α 線化

エポキシ樹脂単独では硬化収縮が大きく，力学的強度も十分でないため，SiO_2 粉末を全体の 3/4 近くまで混入し，複合化する。しかし SiO_2 には ppb レベルでで U や Th などの放射性元素が含まれており，微量の α 線を発生する。α 線はメモリ素子に入ると，電子，正孔対を作り，誤動作の要因となる。セルサイズの小型化につれ急速に問題となってきた。

(b) 低応力化

ペレットサイズの大型化によって，樹脂の硬化時の収縮応力の残留による，亀裂などによるペレットの破損が問題になっている。

(c) 耐熱性

耐熱性は，半導体メモリを実装する上で重要である。ハンダ浴に素子を浸漬する表面実装方式の多用により，対ハンダ耐熱が要求されるようになってきた。また，封止材自体の線膨張率の低さも要求される。

(4) これからの記憶材料（超超高密度記憶材料）

現在用いられている光記録方式は，レーザー光などの光のエネルギーを熱エネルギーとして利用するヒートモード方式である。これに対し，分子素子など光の光子と分子の間の相互作用を利用する超超高密度光記録方式が提案されている。表 2.14 にその代表的な例を示す。21 世紀には，人の脳（記憶容量 10^{16} ビット），生物の DNA などを模倣した超超高密度超小型記憶素子の研究開発が急ピッチで進み，ここでは，有機材料（有機分子）がこれまでのシリコンチップに代わって，主役を演じることであろう。

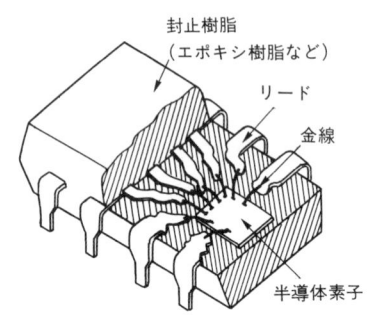

図 2.39 半導体チップの断面
（荒井健一郎ほか，『わかりやすい高分子化学』，三共出版）

表 2.14 開発が行われている超高密度記録の例

	原理・概念	材　料	動　向	課題・問題点
光化学的ホールバーニング (PHB)	・吸収スペクトルにある程度広がりのある物質を用い，1つのレーザスポット領域に多重記録をする ($10^{11} \sim 10^{15}$ bits/cm^2)	・テトラジン ・フタロシアニン ・C-フィコシアニン ・ポリメタクリル酸メチルにフタロシアニンを溶解した薄膜	・米国の IBM 社が情報記録へ応用する研究を行なっている	・液体ヘリウム温度でしか観測されていない ・書き込み，読み出しに時間がかかる
水素結合を用いた分子メモリ	・水素結合における水素原子の2つの安定点を利用 ・読み込みには電場をかけ，読み出しには電流を観測	・ヘミキノン ・9-ヒドロキシフェナレノン	・IBM はヘミキノンをモデル系として研究 ・Bell 研は光化学的なプロトン移動によるメモリ素子を提案	・分子レベルでの電極，配線（所定分子へのアクセス） ・メモリの安定性 ・スイッチング速度
電子トンネリングによる分子スイッチング	・周期的なポテンシャル障壁の中での電子のトンネル効果を利用したスイッチ	・ポテンシャルアレイ：フタロシアニン環，ポルフィリン環 ・コントロール：ヨウ化-4,1-メチルピリジウム	素子の理論的展開が行なわれている段階	
ソリトンメモリ素子	・共投系高分子鎖上のソリトンの動きを利用したスイッチング ・理論的には 10^{18} bits/cm^2 の記録密度が可能	・ポリアセチレン	・ソリトン発生器，ソリトン反転器を入力として用いた双安定性化学メモリの研究	
有機半導体薄膜によるメモリ素子	・金属と電子受容体との酸化還元反応により電荷移動錯体を形成させた素子がもつメモリ効果	・テトラシアノエチレン，テトラシアノナフトキノジメタンなどの銅錯体の薄膜	・Ar イオンレーザなどによる光制御素子としての作用の報告 ・CO_2 レーザを用いた書き込み，消去の可能性の報告	
バイオチップ	・タンパク質を応用したリソグラフィー ・生体関連物質自身を骨格に用いた素子（モルトン）	・ポリリジン ・モノクローナル抗体，酵素，ペプチド	・4 μm の銀の配線パターンを得ている ・モルトンは概念構築の段階だが 10^{15} bits/cm^2 も可能といわれる	・モルトンは動作原理が明確でなく，不透明な部分が多い

(荒川剛ほか，『無機材料化学』，三共出版)

参考文献

1) 荒川剛ほか,『無機材料化学』,三共出版（1997）.
2) 杉森彰,『化学と物質の機能性』,丸善（1995）.
3) 高分子学会編,『高分子科学の基礎』,東京化学同人（1978）.
4) 荻野一善ほか,『高分子化学―基礎と応用―』,東京化学同人（1987）.
5) 荒井健一郎ほか,『わかりやすい高分子化学』,三共出版（1994）.
6) 「特集/合成樹脂Ⅰ：汎用樹脂―現状と将来展望」,高分子,**46**,（1997）.
7) 「特集/高分子の科学と技術のあゆみ」,高分子,**47**,1（1998）.
8) 「特集'98 日本プラスチック産業の展望」,プラスチックス,**49**,1（1998）.
9) 鶴田禎二,『新訂 高分子合成反応』,日刊工業新聞社（1976）.
10) 古川淳二,『高分子合成（高分子のエッセンスとトピックス2）』,化学同人（1986）.
11) 瓜生敏之ほか,『ポリマー材料（材料テクノロジー16）』,東京大学出版会（1984）.
12) 古川淳二,『高分子物性（高分子のエッセンスとトピックス1）』,化学同人（1985）.
13) 井上祥平,宮田清蔵,『高分子材料の化学（第2版）』,丸善（1993）.
14) 古川淳二,『高分子新素材（高分子のエッセンスとトピックス3）』,化学同人（1987）.
15) 高橋勇蔵,『応用塗料工学』,理工出版（1987）.
16) 栗原福次,『高分子材料使い方ノート』,日刊工業新聞社（1988）.
17) POFコンソーシアム編,『プラスチック光ファイバー』共立出版（1997）.
18) 井手文雄,寺田 礦,『光ファイバー・光学材料』（高分子学会編）,共立出版.
19) 高分子学会編,『高分子新素材写真集』共立出版（1992）.
20) 和田守叶,『記録.記憶材料』（高分子学会編）,共立出版.
21) 宮下徳治,『コンパクト高分子化学』,三共出版（2000）.

3 金属に代わる高分子材料

3.1 軽くて強いエンジニアリングプラスチック

3.1.1 エンジニアリングプラスチック一般

(1) エンジニアリングプラスチック（ポリマー）の定義

「エンジニアリングプラスチック」や「エンプラ」という用語は日本の産業界に広く定着している。エンジニアリングプラスチックは主として構造材料用途に用いられる高性能ポリマーで，一般に「金属材料や無機材料に替わる」プラスチックあるいは産業用途に使われるプラスチックを指している。「エンジニアリングプラスチック」という言葉そのものは，1950年代にデュポンがポリアセタール樹脂を発表したときに初めて使われた。

このようにプラスチックを用途という観点から分類するのは，はっきりしない面をもたらす。もともとプラスチック全体が金属材料や無機材料に替わるものとして発展してきた歴史を持っており，プラスチックのほぼ全てがエンジニアリングプラスチックということにもなる。そこで，ここではプラスチックをその高性能性の観点から分類することにして，特に耐熱温度で汎用プラスチックとエンジニアリングプラスチックを区別する分類方法を採用する。

エンジニアリングプラスチックは，このように主に金属材料や無機材料の代替として使われ，成形性・軽量性に大きな特長を持っていると同時に，その絶縁性も大きな特長である。

プラスチックを用途から分類したとき，最初のエンジニアリングプラスチックとよべるものはベークライトであろう。ベークライトはフェ

ノール樹脂でできていて,耐熱性にすぐれた絶縁材料ということで電気器具のソケットやスイッチなどに用いられている。ちなみにベークライトが実用化されたのは1907年であるから，巨大な分子量の分子という高分子の概念ができあがる前に実用化されたことになる。このように実用化が先行しているのが高分子材料の開発の特徴のひとつでもあり，19世紀中頃の天然ゴムの加硫や19世紀末のビスコースレーヨンの開発など典型的な例である。

また,同じ種類のポリマーでも微妙な構造の違いで実用的な性質に大きな差が出たり，あるいは加工や成形の仕方によって性質がかなり変わることがあり，「このポリマーはエンジニアリングプラスチックに区分できる」，「あのポリマーがそうではない」と簡単に区別できないことがしばしば起こる。

近年,汎用樹脂の高性能化やポリマーアロイ化による汎用プラスチックとエンジニアリングプラスチックの融合,メタロセン触媒による新しいポリオレフィン系のプラスチックの誕生など，エンジニアリングプラスチックの世界も様変わりしつつある。また，構造用途などに用いられるエンジニアリングプラスチックの中で特に高性能，高強度のものに対して，「エンジニアリングポリマー」の言葉を使う傾向もある。これに属するものには従来のエンジニアリングプラスチックに加えて,汎用樹脂やポリマーアロイで高性能性を実現するものが含まれており，全般的に「エンジニアリングポリマー」の概念でとらえたほうがよいポリマーが多くなってきている。

(2) エンジニアリングプラスチックの特徴——大まかな概念

エンジニアリングプラスチックは金属や無機物（陶磁器など）の代替品として用いられているので,機械的な強度や耐久性と共に耐熱性がその必要要件のひとつとなる。表3.1に耐熱温度によるプラスチックの区分を示した。この区分はきわめて大まかなものであり，耐熱性を熱変形温度，連続使用温度などの特に一定の物性値で区分しているわけではない。

表3.1 耐熱温度によるプラスチックの区分

プラスチックの区分	耐熱温度範囲（℃）
汎用プラスチック	～100
汎用エンジニアリングプラスチック	100～150
特殊エンジニアリングプラスチック	150～
準スーパー（超）エンジニアリングプラスチック	150～250
スーパー（超）エンジニアリングプラスチック	250～

五大汎用エンジニアリングプラスチック　汎用プラスチックに5つの代表的なポリマーがあったように，汎用エンジニアリングプラスチックにも代表的な5つのポリマーがあり，次の5つを五大汎用エンジニアリングプラスチックという。

- ポリアミド
- ポリアセタール
- ポリカーボネート
- 変性ポリフェニレンオキシド
- ポリブチレンテレフタレート

3.1.2　エンジニアリングプラスチックの歴史と生産量

表 3.2 に個々のエンジニアリングプラスチックの生産が開始された年を示す。

表3.2　エンジニアリングプラスチックの生産開始年

生産開始年	品　　名	生産企業
1939	ポリアミド（ナイロン）	デュポン
1949	ポリエチレンテレフタレート	ICI
1950	ポリテトラフルオロエチレン	デュポン
1956	ポリアセタール	デュポン
1958	ポリカーボネート	バイエル
1964	ポリイミド	デュポン
1964	ポリフェニレンオキシド	GE
1965	ポリスルホン	UCC
1966	変性ポリフェニレンオキシド	GE
1968	ポリフェニレンスルフィド	フィリップス
1970	ポリブチレンテレフタレート	セラニーズ
1971	ポリアリレート	カーボランダム
1971	ポリアミドイミド	アミコ
1972	ポリエーテルスルホン	ICI
1980	ポリエーテルケトン	ICI
1981	ポリエーテルイミド	GE
1984	液晶ポリアリレート	ダートコ

(片岡俊郎ほか，『エンジニアリングプラスチック』，共立出版（1987））

日本でのエンジニアリングプラスチックの生産量は 74 万 t（1996 年）で全プラスチックの生産量に占める割合は5.1％となる。ちなみに，プラスチック全体の生産量は次の通りである。

1994 年	1304 万 t
1995 年	1403 万 t
1996 年	1466 万 t
1997 年	1512 万 t

汎用エンジニアリングプラスチックについては，それまでのポリアミドに替わり，1995 年にポリカーボネートの生産量がトップになった。

*　わが国における 1999～2001 年の五大汎用エンジニアリングプラスチックの生産量，プラスチック全体の生産量，および五大汎用エンジニアリングプラスチックが全体の中で占める割合は以下の通りである。
1999 年　86.2 万 t，1,432 万 t，6.0 ％
2000 年　91.3 万 t，1,445 万 t，6.3 ％
2001 年　84.3 万 t，1,363 万 t，6.2 ％

表 わが国における 1999〜2001 年の
エンジニアリングポリマーの生産量
（単位：万 t）

ポリマー種別	1999 年	2000 年	2001 年
ポリアミド	23.5	25.8	23.2
ポリアセタール	13.8	13.6	11.6
ポリカーボナート	34.7	35.4	37.0
変性ポリフェニレンオキシド	7.7	9.2	6.0
ポリブチレンテレフタレート	6.4	7.3	6.4

（日本プラスチック工業連盟ホームページ）

1996 年のエンジニアリングポリマーの生産量を表 3.3 に示す。

表 3.3 エンジニアリングポリマーの生産量（日本，1996 年）

ポリマー種別	生産量（t）	生産量比率（％）	1996/1988 年比（％）
ポリアミド	204,000	27.5	135
ポリアセタール	133,000	17.9	120
ポリカーボナート	251,000	33.8	300
変性ポリフェニレンオキシド	77,000	10.4	135
ポリブチレンテレフタレート	58,000	7.8	143
その他	約 20,000	2.7	121

3.1.3　エンジニアリングプラスチックの性質 －形状安定性の役割

エンジニアリングプラスチックは機械用途に用いられることが多いプラスチックで形状の安定性が大きな意味を持つ。その意味から，長期的および短期的耐熱性，高強度・剛性，強靭性，寸法安定性（成形時），摺動性（滑りやすさ）などの性質が大切である。

図 3.1 は熱変形温度と連続使用温度の関係を示したもので，熱変形温度は力学的耐熱性，連続使用温度は長期耐熱性／化学的耐熱性を示す。エンジニアリングプラスチックの中には，すでにアルミニウムの耐熱性を越えているものもあることがわかる。一方，耐熱性の向上は形成加工性の悪さにつながることは容易に予想でき，実際多くの場合に，その傾向はみられる。液晶性ポリマーは自己補強性ポリマーとよばれるように，分子が本質的に持つ並びやすさが物性の発現要因となっている。また，そのため一方向に流動が始まるとスムーズに移動するという特徴をもつ。その反面，成形時の流れに異方性が生じ，成形物の物性に悪く影響することもある。

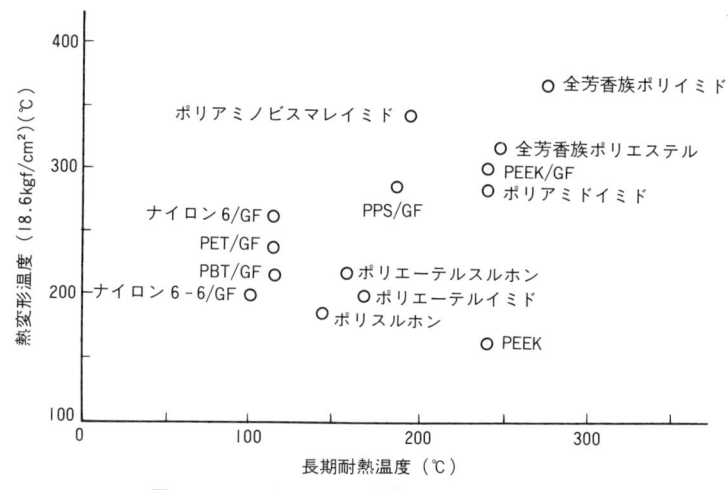

図 3.1　エンジニアリングプラスチックの耐熱性
（片岡俊郎ほか，『エンジニアリングプラスチック』，共立出版（1987））

3.1.4 エンジニアリングプラスチックの一次構造の特徴と合成法

(1) エンジニアリングプラスチックの構造的特徴

エンジニアリングプラスチックの高性能性の発現は，直接的には二次構造（以上）に基づくもので，高分子鎖の配向と分子鎖間の強い相互作用がその支配要因といえる。エンジニアリングプラスチックとして用いられる高分子素材は一般に逐次反応により合成される。その中でも重縮合によるものが多くなっている。また，これらのポリマーの多くは次のような構造的特徴を持っている。

・主鎖に炭素－ヘテロ原子結合
・カルボン酸誘導体の基本構造
・芳香環
・sp^2炭素が作る共役系

汎用エンジニアリングプラスチック（ポリマー）の中で，エステル系，アミド系，カーボネート（炭酸エステル）系，芳香族ポリエーテル系などはだいたいこの特徴を満たしている。芳香族化合物とカルボニル基やヘテロ原子などがπ共役平面を作り，それらが重なって分子間相互作用により強く配列していると考えればよいだろう。

ポリアセタールは主鎖の炭素－酸素原子の結合以外にこのような構造を持っていないが，オキシメチレン構造単位9個がらせん状に5回転したものが最小繰り返し単位となってポリマー結晶を作りやすくなっている。この結晶化の推進力はオキシメチレン単位の双極子の分子間相互作用だとされている。ポリアセタールは酸素とメチレン基が交互に並ぶ構造で置換基もない。そのため，分子間力が適切に働けば非常に稠密にパッキングすることが期待できる。実際，ポリアセタールではそれが実現し，結晶化度が高く，結晶化速度はきわめて速く，寸法安定性が高く，強度，衝撃強度のバランスの優れたポリマー物性が発現しているものと考えられる。

縮合系で炭素－炭素結合生成を分子鎖伸長反応としているものもあるが，フェノール樹脂，一部のポリケトンなどそれほど多くはない。

液晶ポリマーは，特に高配向性で自己補強ポリマー，自己補強型プラスチック（self reinforced plastics）ともよばれている。これらのポリマーは，ある種の構造の芳香環部位を共通に有する，という特徴がある。ここでいう液晶形成能をポリマーに与える構造とは，例えば，p-ヒドロキシ安息香酸，2,6-ナフタレンジカルボン酸，6-ヒドロキシナフタレン-2-カルボン酸などに由来するものである。

ポリオレフィン系のエンジニアリングプラスチックは，素材高分子の分子構造の精密な選択的合成と，その一次，二次構造の制御によるものである。

(2) 熱可塑性と熱硬化性

現実的には，全プラスチックを熱可塑性か熱硬化性かというふうには分類できない。高分子構造材料が成形後に熱融解可能かそうでないかで分けるのが実際的である。この分け方に従うと，高分子材料は「熱可塑性」か「熱融解せずに熱分解するか」のどちらかということになる。熱分解する型の高分子は成形後または成形と同時に硬化反応（通常は架橋）を起こすことになる。

(3) 成　　形

エンジニアリングプラスチックの成形も，汎用プラスチックなどの汎用高分子構造材料の場合と基本的には同じである。ただし，エンジニアリングプラスチックの高耐熱性，高強度などの高性能性から考えると，成形過程にはより高度な技術が必要となることが予想できる。

熱可塑性のエンジニアリングプラスチックでも流れ性や加工性を確保するためにはより高温での操作が要求される。もともとエンジニアリングプラスチックを構成するポリマーの耐熱性は高いのであるが，プラスチックはいろいろな物質からなる混合物であり，高温での成形でその一部の物質が変化するなど混合物としての材料全体の変性の問題が生じることもある。また，成形加工装置の温度の制御や維持の技術的問題もある。さらに，エンジニアリングプラスチックの高性能性が分子の配列性に由来していることが多いため，その配向性を確保しながらの「精密な成形加工」を求められるという技術的に難しい側面が強くでてくる。

高温での加工ということは加工サイクルの温度幅が大きくなり，特に冷却の制御に高度な技術を要求される。まず，加熱－冷却サイクルを通して高分子材料の配向性の維持が必要である。さらに異方的な体積収縮による寸法安定性の異方性の問題，表面付近での材料の配向が機械部品としての摺動性[*1]に与える影響などいろいろな問題がある。これらの技術的な問題の現実的な解決には特に計算機支援工学（CAE）を使ったシミュレーション解析やプロセス設計が大きな役割を果たしている。しかしながら，高温での成形加工は本質的に加工時間の増大をもたらし，成形加工のコスト上昇に大きく関わる問題である。

3.1.5　エンジニアリングプラスチックの開発手法

現在まったく新しい高分子素材の開発が行われていないわけではない。

コラム　耐ハンダ性

エンジニアリングプラスチックがハンダの融解する温度でも安定に形状や性能を保てることは電子機器の実装技術上重要な要素である。このハンダ耐熱はエンジニアリングプラスチックの開発の1つの大きな目標であった。ところが最近，電子業界で非鉛系のハンダへの切り替えが進んでいる。これは回収が難しい電子部品から，鉛の環境への漏出を防ぐという環境保全上の問題によるものである。ハンダで鉛が使われなくなれば融点が上がるなど物性の変化が予想され，したがって，耐ハンダ性の基準もさらに厳しいもの（＝さらに高温度）に変わっていくことが予想され，新しいブレークスルーあるいはパラダイムの変換が求められることになるであろう。

---

*1　すれ合った時に摩擦が小さくスムーズにすべり合う性質。機械部品にとって耐久性の重要な要因。また，機械油を使えない食品用機械部品は特に重要。

しかし，20世紀のほぼ全期間を通して莫大な量の新規高分子物質の創製研究が行われ，高分子材料化学が急激に体系化されてきたのも事実である。常識的には，多くの可能性が提案・検討されて結論が出されてきたものであり，その結果まったく新しい形の分子構造を持った高分子群が登場することは期待しにくくなっているものと考えられる。

新規プラスチックの開発の柱としてはポリマーアロイ，ポリマーブレンド，ポリマーコンポジットがあげられる。同時に研究の方向として，汎用高分子素材の高性能化，すなわち既存の高分子素材の一次構造，二次構造，高次構造の精密構築がある。

(1) ポリマーアロイ：高分子多成分系（multicomponent polymer）

ポリマーアロイ
（polymer alloy）

一般的には，異種ポリマー分子は混じりあわない。柔軟な分子骨格の高分子物質はエントロピー的物質であり，それ自身ができるだけ多くの場合の数をとれるように配置する傾向を持つ。すなわち，そういう分子はできるだけ丸まろうとしている。

さらに純粋な高分子物質であってもそれはきわめて分子量分布の広い同族体の統計的混合物である。このような分子が集合して最もエネルギー的に安定な構造をとる結果として固体となっているわけである。したがって，そこに異種の分子構造がランダムに混ざってさらに安定な固体となることは一般的には考えにくい。

そのため，異種の高分子物質を均一に混合するにはかなりの工夫が必要となる。これを解決するには，お互いが相手を溶媒とするような高分子の組み合わせとその条件をみつけて自然に均一な混合物になるようなケースを追及する方法と，共重合反応がある[*1]。

この2つの方法が狭義のポリマーアロイ開発の方法である。ただしもう少し幅を広げて考えると，物理的あるいは化学的な手法を用いて強制的に高分子の分子同士を混合させる場合もある。

ポリマーブレンド
（polymer blend）

2種以上の高分子物質を物理的に混合する手法では，高分子の分子同士が分子レベルでは混じり合っておらず，分子集合体以上のサイズの混合物となる。溶融ブレンド，相溶化剤添加ブレンド，溶媒キャストブレンド，ラテックスブレンドなどがある。

化学的ブレンドとしては，溶液グラフト，リアクティブプロセッシング（reactive processing）など成形加工過程の途中で共重合体を得るものや，相互貫入高分子網目構造形成（interpenetrating polymer network：IPN）のように化学反応を利用してポリマーブレンドを作る方法がある。

[*1] ここでいう共重合反応とは，グラフト重合とブロック共重合をさす。ランダム共重合や交互共重合（定序共重合）ではその重合体は，別の新しい物質（素材）と考えられることから，ポリマーアロイの範疇には含まない。

ポリマーコンプレックスは分子間の相互作用（水素結合，疎水結合など）で二次的な分子間力が生じ，いくつかの分子がひとつの分子として振る舞うような場合である。

ポリマーコンポジット：高分子複合材料
（polymer based composite）

一般には高分子素材がマトリックス樹脂となって，他の材料の塊の間を埋める構造の材料を開発する手法である。

ポリマーブレンドもポリマーコンポジットも基本的には材料の海島構造[*1]を作り，それぞれの性質のバランスを取った新規性能の発現をめざす方法である。

(2) 繊維強化プラスチック（FRP, fiber reinforced plastics）

ポリマーコンポジットの中でマトリックス樹脂の中に繊維が入った複合材料である。ガラス繊維を用いたものは，特に安価で軽量・高強度・耐久性の材料として，輸送機械，建材などに多用されているが，近年廃棄後の処理が社会問題化している。

(3) 汎用エンジニアリングプラスチックの高性能化

高分子鎖の不連続構造（分枝構造など）を抑制したり，立体構造の制御をきわめて高いレベルで行ったり，分子量分布をそろえたりする手法での開発が試みられている。

(4) 新規素材開発

新規ポリマー構造としては，ポリアミド系，ポリエステル系，ポリイミド系，ポリケトン系，ポリスルホン系などを中心に研究が進められている。さらに共重合による新規ポリマーの探索，従来からの手法に加え，定序配列高分子合成などによりいくつかの官能基を配置し，新しい官能性発現をめざす共重合手法も試みられている。

3.1.6 エンジニアリングプラスチック（ポリマー）各論

エンジニアリングプラスチックについてその高分子素材の構造，特徴，用途などを簡単にまとめる。実際に使用される際にはポリマーアロイ化されたり，ポリマーコンポジット化されることが多い。高分子素材としては共重合化物となっていることも多いが，ここではいわゆるホモポリマーを中心に述べる。

汎用高分子構造材料とエンジニアリングプラスチック（ポリマー）の区別は必ずしもはっきりしたものではなく，汎用高分子構造材料にいれられているものと錯綜しているケースもある。

[*1] 二種以上のポリマー成分からなる混合物が均一相を作らないで相分離し，少量成分側が集まって大量成分の中に点在しているように見える構造。

(1) ポリアミド (PA: polyamide)

ここでは脂肪族あるいは半芳香族ポリアミドが対象である。五大汎用エンジニアリングプラスチックの1つであり，ナイロン (nylon) と通称される。生産量20.7万t (1995年)，対1987年比：162%。

日本は世界最大の生産国であり，同時に最大の市場でもある。水素結合のため一般に高結晶性で，降伏点，引っ張り強さ，弾性率，モジュラス，硬さ，耐摩耗性などの機械的強さに優れている。吸水性がある。

6-ナイロン　　使用量：7.3万t；用途：フィルム・繊維38%,自動車29%，電気電子12%，一般機械11% (1995年)

6,6-ナイロン　　使用量：6.1万t；用途：自動車51%，電気電子26%，一般機械10% (1995年)

11,12-ナイロン　　使用量：0.86万t；用途：射出成形用37%,ホースチューブ21%

* 生産量 23.5万t (1999年), 25.8万t (2000年), 23.2万t (2001年)。内訳：6-ナイロン 52%；6,6-ナイロン 38%；11,12-ナイロン 5%；4,6-および半芳香族ナイロン 5% (2000年)。用途構成：自動車用途，フィルム・モノフィラメント，電機・電子，機械の順。
(日本プラスチック工業連盟ホームページ プラスチックス, 53(1), 2002)

(2) ポリエステル (polyester)

ポリエチレンテレフタレート (PET)*1　　エチレングリコールとテレフタル酸から合成されるポリエステルで，融点が250〜260℃である。広い温度範囲で機械的性質，電気的性質がすぐれている。繊維，フィルム・磁気テープ，ボトル，シート，射出成形用などに多用される。1996年のPETの生産実績は136万tでこのうち74万t (54%) が繊維用である。非繊維向けのPETの生産量は62.1万tで対1992年比133%となる。非繊維向けのPETの用途のうちPETボトル用途は20.3万tであり，清涼飲料用に14.9万t，醤油用1.4万t，醤油以外の調味料1.1万t，酒用1.0万tとなっている。1997年から小型PETボトルの利用が本格的に始まり (約21億本)，それが40〜50億本となることが予想されている 2000年にはボトル用途のPETの使用量が40万tになると推算されている。

* 生産量 66.6万t (1999年), 69.9万t (2000年), 66.2万t (2001年)。非繊維用途のPETの用途構成比：ボトル 58.5%；フィルム/シート 38.5%；射出用途 3.1% (2000年)。PETの用途構成比：自動車用途 27.8%；電子 26.1%；家電 22.7%；機械その他 23.4% (2000年)。
(日本プラスチック工業連盟ホームページ プラスチックス, 53(1), 2002)

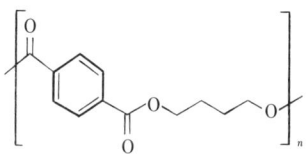

ポリブチレンテレフタレート (PBT)*2　　五大汎用エンジニアリングプラスチックの1つである。生産量6.6万t (1995年)，対1990年比：129%。

主にガラス繊維強化グレードで用いられ，耐熱性，耐薬品性，電気特性，寸法安定性，成形性に優れている。難燃化も容易で電気・電子分野，自動車分野によく使われる。非強化型も自動車用コネクターなどに使われる。特に自動車部品用途が増加している。用途別需要構成は，電気・電子部品：50%，自動車：40%，その他：10% (1996年の推定値) である。

ポリブチレンテレフタレート

* 生産量 6.4万t (1999年), 7.3万t (2000年), 6.4万t (2001年)。用途別構成比：自動車 (47%)，電気・電子部品 (37%)，非射出用途 (フィルムなど，7%)，その他 9% (2000年)。
(日本プラスチック工業連盟ホームページ プラスチックス, 53(1), 2002)

*1 poly(ethylene terephthalate)
*2 poly(butylene terephthalate)

ポリエチレンナフタレート

ポリカーボネート

ポリフェニレンオキシド

* わが国の生産量 34.7万 t (1999年), 35.4万 t (2000年), 37.0万 t (2001年)。1996～1999年の間概ね前年比 10～15％の伸び。需要構成：電子電気・OA 41％, 自動車・機械 20％, シート・フィルム 19％, 医療・保安 3％, 雑貨・その他 17％ (2000年)。全世界の生産能力：270万 t/年 (2002年)；340万 t/年 (2005年)。

* わが国の生産量：7.8万 t (1999年), 9.2万 t (2000年), 6.0万 t (2001年)。用途別需要構成：事務機 44％；電気・電子部品 28％；自動車 15％；その他 13％ (2001年)。

*1 poly(ethylene naphthalate)
*2 poly(phenylene oxide)：poly(phenylene ether)
*3 polyoxymethylene

ポリエチレンナフタレート (PEN)[*1]

ポリエチレンテレフタレートの同族体ポリマーで，ジカルボン酸としてテレフタル酸の替わりに 2,6-ナフタレンジカルボン酸を用いたものである。新しい樹脂材料で統計的数値はないが，1997年度には全世界で 4000～5000 t 使用されたと推定されている。

2軸延伸フィルムの利用が先行していて，APS (新写真システム) の写真フィルムのベースとして用いられている。耐熱性，電気特性，機械特性，光学特性などのレベルは PET フィルムでは達成しえないところである。この特性を活かし信頼性を確保しながらフィルム厚を薄くできたとされている。

また，ワンウェイ PET ボトルの改良のため，リターナブルボトルが海外で実用化され始めた。

(3) ポリカーボネート (PC：polycarbonate)

主鎖中に炭酸エステル結合を有する線状高分子である。通常単にポリカーボネートといえばビスフェノール A の炭酸エステルポリマーをさす。五大汎用エンジニアリングプラスチックの 1 つで，融点が 220～230℃，ガラス転移点は 150℃である。低結晶化度で，寸法安定性，透明性がよく，さらに特に耐衝撃性がよい。各種成形物やフィルムに用いられる。コンパクトディスクの樹脂，電気器具・部品，自動車・機械部品，ハウジング，包装フィルム，容器・びん，ヘルメットなどに利用されている。生産量 35.4 万 t (2000年)，対 1993年比：169％。需要構成は，電子電気・OA：41％, 自動車・機械：20％, シート・フィルム：19％, 医療・保安：3％, 雑貨・その他：17％である。

(4) ポリエーテル (polyether) 変性ポリフェニレンオキシド (エーテル) (PPO または PPE) [*2]

ポリフェニレンオキシド (PPO) は 2,6-キシレノールを銅アミン触媒の存在化，酸素で酸化カップリングして得られる重合体である。耐熱性，耐寒性，機械的強度，寸法安定性，耐熱水性に優れているが，加工性が悪いため通常，ポリスチレンや ABS などで変性して用いる (m-PPE, m-PPO)。五大汎用エンジニアリングプラスチックの 1 つで，生産量 7.7 万 t (1996年) である。用途別需要構成は，事務機 40％, 電気・電子部品：30％, 自動車：20％, その他：10％ (1996年の推定値) である。

(5) ポリアセタール (polyacetal) (ポリオキシメチレン POM) [*3]

通常ポリアセタールというとホルムアルデヒドの重合体であるポリオキシメチレン (POM) をさす。五大汎用エンジニアリングプラスチックの 1 つである。パラホルムアルデヒドの高重合度体であるが，分子鎖末

端のヘミアセタール構造の水酸基をエステル保護して解重合を防いでいる。高耐熱性・中性～アルカリ性の水溶液には強いが酸には弱い。透明性はポリメタクリル酸メチルに匹敵する。耐衝撃性がきわめて高く，成形時の寸法安定性も良好で，機械部品，電気絶縁材料，自動車部品などに金属代替樹脂として広く用いられている。特に自動車部品用途が増加している。用途別需要構成は，電気・電子：39％，自動車：36％，機械：8％，その他：17％（1996年）である。

ポリアセタール

(6) シリコーン（silicone）（シリコーン樹脂 silicone resin）

ケイ素と酸素からなるシロキサン結合を骨格とし，ケイ素原子に直接結合するアルキル基を有する半有機質無機ポリマーで，オルガノポリシロキサンと同義である。ケイ素原子や金属ケイ素を表すシリコン（silicon）とは別のものである。アルキル基にはメチル基，フェニル基がよく用いられている。アルキル基がメチル基であるケイ素高分子がポリジメチルシロキサンである。オイル，ゴム，レジンの形態があり，きわめて多彩な製品群を構成している。

シリコーン樹脂

低分子量体はシリコーンオイルとして使われ，耐熱性，耐寒性が良好である。機械油，電気絶縁油，消泡剤，真空用グリースとして利用される。高分子量体を過酸化物で架橋したものは，化学的に安定で耐熱性，耐寒性に優れたシリコンラバーとして，パッキング，被覆シール，チューブ，塗料などいろいろな用途に使用されている。

(7) フェノール樹脂（phenol resin）

フェノール類とアルデヒドの付加縮合反応で得られる熱硬化性樹脂で，最も古い歴史の樹脂である。耐熱性，強度，耐溶剤性などに優れる。

クレゾール，キシレノールを原料としたものを特にクレゾール樹脂，キシレノール樹脂という。

レゾール[*1] フェノールとホルマリンをアルカリ性条件下で反応させた際の初期生成物で，オリゴマー混合物である。この反応条件下では初期に付加反応が優先的に進み，フェノール核に複数のメチロール基が結合した混合物が生成する。この液体混合物をレゾールといい，酸性にするか加熱することにより脱水ジメチレンエーテル化，さらに脱ホルムアルデヒド化してメチレン架橋が形成され，樹脂を硬化させることができる。

ノボラック[*2] フェノールとホルマリンを酸性条件下で反応させた際の初期生成物で，オリゴマー混合物である。レゾールが生成するアルカリ条件下での反応と違って，酸性条件下では初期から付加縮合が進み，フェノールがメチレンで結合した多核体が生成する。

*1 resol
*2 novolac

この固体混合物をノボラックといい，この段階では熱可塑性プレポリマーである。ホルムアルデヒド源のヘキサメチレンテトラミンなどを混合し加熱してメチレン架橋させ硬化させる。

直鎖状フェノール樹脂/リニアノボロイド樹脂[*1]　特殊な金属塩触媒などで特にフェノールのオルト位置のみでメチレン結合するように合成した線状熱可塑性ポリマーである（ハイオルソノボラック）。繊維化して焼結することで消防士の服などに用いられる耐熱性繊維にすることができる。

ハイオルソノボラック

(8) アミノ樹脂（amino resin）

尿素樹脂（ユリア樹脂）[*2]　尿素とホルマリンを反応させてモノメチロール化尿素，ジメチロール化尿素などの混合物を得，これを樹脂成分にしてコンパウンドにしたり，濃縮して接着剤とする。硬化させるには弱酸性で加熱する。メチレン鎖による架橋が生成して硬化が進行する。ヒドロキシメチル基をアルコキシメチル基に変換してアルキド樹脂を加え塗料としても用いられる。

メラミン樹脂[*3]　メラミン（2,4,6-トリアミノ-1,3,5-トリアジンまたはシアヌルアミド）とホルムアルデヒドの付加縮合によって得られる熱硬化性のアミノ樹脂である。メラミンとホルムアルデヒドを反応させてメチロール化メラミンとし，成形用コンパウンドの樹脂に用いる。成形品，塗料，繊維・木材の耐水加工用に広く用いられる。耐水性，耐熱性，耐摩耗性，電気的性質に優れる。耐衝撃性を向上させたメラミン・フェノール樹脂は電気配線器具などに用いられる。

(9) アルキド樹脂（alkyd resin）

多価アルコールと多塩基酸より得られるポリエステルをポリマーとする樹脂である。名前の alkyd は alcohol-acid 縮合物ということからきている。多価アルコールはグリセリン，ペンタエリスリトール，ネオペンチルアルコール，1,3-ブチレングリコール，トリメチロールプロパンなどが，

*1　linear novoloid
*2　urea resin
*3　melamine resin

多塩基酸にはフタル酸（無水物）などが用いられる。二塩基酸と 3 価以上の多価アルコールの縮合物や酸が不飽和結合を持つものは縮合初期には可溶性（液体）であるが，加熱や酸化によって不溶性の架橋体となる。これらを転化性アルキドという。この性質が塗料，接着剤，積層板作成などに利用できる。これらのアルキド樹脂に変性剤としてひまし油やあまに油などの脂肪酸，熱硬化性樹脂などを加えてアルキド樹脂とする。

アルキド樹脂プレポリマー

(10) 不飽和ポリエステル樹脂 (unsaturated polyester resin)

α,β-不飽和多塩基酸（その酸無水物）と飽和多塩基酸（の無水物）を多価アルコール（プロピレングリコールなど）とエステル化して得られる不飽和ポリエステルをプレポリマーとする樹脂である。これと共重合可能なビニルモノマー（スチレンなど）に溶解したものに，過酸化物開始剤を加えた混合物を加熱により三次元網目構造化して合成される熱硬化性樹脂である。FRPなど複合材製造用の含浸用樹脂の中心である。

不飽和ポリエステル樹脂プレポリマー

(11) ジアリルフタレート樹脂 (DAP) (diallyl phthalate resin)

無水フタル酸とアリルアルコールを反応させて得られるジアリルフタレートを過酸化物を開始剤に重合して得られるビニルポリマーをプレポリマーとする樹脂である。これを有機過酸化物，充填剤などと混合し，加熱ロール，押し出し機で加熱混練後粉砕する。圧縮成形，トランスファー成形のほか射出成形も可能である。吸水性が小さく，良好な電気特性，高い寸法安定性が特徴である。化粧板，紫外線硬化型インキ，電子・電気機器，通信機，航空機部品などの用途がある。

ジアリルフタレート

ジアリルフタレート樹脂プレポリマー

(12) エポキシ樹脂（epoxy resin）

エポキシ樹脂プレポリマーはフェノール環を 2 つ以上持つオリゴマーのフェノール性水酸基にオキシラン環部位を導入したもので，それをアミン，酸無水物，ポリフェノール，ポリメルカプタン，イソシアナート，有機酸などの硬化剤・架橋剤と組み合わせ三次元架橋構造を構築することで物理的特性，化学的特性，電気的特性などに優れた樹脂硬化物が得られる。最も一般的なエポキシ樹脂プレポリマーはビスフェノール A とエピクロルヒドリンの反応によるオリゴマーである。接着剤としてよく使われ，使用直前に混合する二液型では硬化剤にアミン，メルカプタン（即硬化性），触媒にイミダゾール，三級アミンなどが使用される。一液型接着剤には硬化剤にジシアンジアミド（DICY）が用いられる。エポキシ樹脂の用途は接着剤を始め，塗料，積層板，複合材用途，樹脂安定剤，難燃剤，トナーなどきわめて幅が広い。エポキシ樹脂は常温で液状から固体まで種類によってきわめて多様な形態をとり，その成形方法も低粘性溶液の塗布から粉末静電塗装まで幅広い手法に対応できる。これが他の樹脂に類を見ない多分野での使用の理由となっている。

(13) ポリウレタン（polyurethane）

主鎖にウレタン結合を持つポリマーで，カルバミン酸エステルまたは炭酸のアミドエステルと見なすことができる。二官能以上のアルコールと二官能以上のイソシアナート類の反応で得られる。一般にはイソシアナートを末端に持つプレポリマーを作っておいて，ジオール，アミン，水などを反応させる。用いる原料の種類により，ウレタンゴム，弾性繊維，高結晶性硬化性樹脂，塗膜/被膜，ウレタンフォームなどが得られる。ウレタンフォームは，ポリエステルまたはポリエーテル型の多価アルコールとジイソシアナートを水などの触媒で重付加させて橋かけをさせたもので，その際プレポリマーが水と反応し二酸化炭素の発生を伴って発熱するので多泡性の硬化樹脂にすることができる。機械的強度，耐熱性，耐溶剤性，耐老化性，接着性が良好である。軟質で弾力性の可橈性フォームと，耐摩耗性・高弾性・荷重負担力が大きく，断熱性にすぐれ

た硬質軽量構造材料，およびその中間の半硬質材料とに分かれる。

(14) フッ素樹脂 (fluororesin)

ポリフッ化ビニリデン*1　バルブ，ライニング，電気音響変換システム圧電体，コンデンサー，焦電性センサーにもちいられる。自己消火性，防塵性にすぐれ，粉末コーティングが可能である。

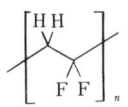

ポリテトラフルオロエチレン*2　融点が327℃であるが，高温でも溶融粘度が高くフィルム化や成形加工ができない。粉末を加熱圧縮成形し，焼結法でコーティング，エマルジョン紡糸する。耐熱性，耐候性，表面非粘着化，耐汚れ性などに優れていて，テフロンコーティングとして利用されている。

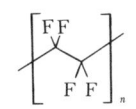

テトラフルオロエチレン-エチレン/プロピレン交互共重合体　成形性がよく，フィルム化が可能であり，フィルムによるフッ素樹脂コーティングが可能である。プロピレン共重合体は耐薬品性ゴムとして用いられている。

フッ素ゴム*3　フッ化ビニリデンをヘキサフルオロプロペン，ペリフルオロアルキルビニルエーテルと共重合させたものなどが，利用されている。

フッ素系樹脂はこのほか多くの共重合体が実用化されている。

(15) 構造機能用途に使用される他のプラスチック

ガラス繊維強化ポリプロピレン*4　反応性ポリプロピレンとガラス繊維の複合材料であり，製造コストが低く高性能が発現する。

メタクリル樹脂*5　メタクリル酸メチルの重合体で，耐候性のよさ，透明性，高硬度などから広い用途に使用されている。各種成形材料，板状部品が主な用途である。ポリマーガラス，アクリルガラスとして利用されている。

AS樹脂*6　スチレンとアクリロニトリルの共重合体で，非晶性の熱可塑性樹脂であり，物理的・化学的バランスがとれている。GPポリスチレン (general purpose polystyrene) の上位グレードにあたる高分子材料である。透明度，耐候性はPMMAに比べると若干落ちるが，成形加工性に優れ，屋外使用用途としても問題はなく工業用材料として適した透明プラスチックである。

ABS樹脂*7　アクリロニトリル・ブタジエン・スチレン共重合体で，均一な三元共重合体 (terpolymer) ではなく，界面にAS樹脂がグラフト重合したポリブタジエンゴム粒子がAS樹脂の海の中に

ポリフッ化ビニリデン

ポリテトラフルオロエチレン

*1　polyvinylidene fluoride
*2　PTFE：polytetrafluoroethylene
*3　fluorine-containing rubber
*4　glass fiber reinforced polypropylene
*5　PMMA：poly (methyl methacrylate)
*6　styrene-acrylonitrile copolymer
*7　acrylonitrile-butadiene-styrene terpolymer

分散した複合樹脂構造を有する。ポリアクリロニトリルが持つ剛性，耐薬品性，耐熱性，ポリスチレンが持つ成形性，表面の外観，ポリブタジエンが持つ耐衝撃性や耐寒性がバランスよく組み合わさった特性を示す。他の高分子材料との複合化も多種行われている。主鎖に二重結合を有するブタジエン系ゴムを使用しているので，耐光酸化性，耐候性に難がある。

A-EPD-S(AES)樹脂　アクリロニトリル(acrylonitrile)–EP ゴム（EPDM または EPR）–スチレン（styrene）共重合体で，ABS 樹脂の優れた物性バランスを維持し，耐候性を向上させることを目的に，ABS 樹脂のブタジエン系ゴムを二重結合を持たない EP ゴム（エチレン–プロピレン–ジエンメチレン架橋ラバー［EPDM］またはエチレンプロピレンラバー［EPR］）に置き換えたものである。

AAS 樹脂　アクリロニトリル（acrylonitrile）・スチレン（styrene）・特殊アクリルゴムからなる三元共重合体である。

ACS 樹脂　アクリロニトリル（acrylonitrile）・塩素化ポリエチレン（chlorinated polyethylene）・スチレン（styrene）などからなる三元系熱可塑性樹脂で，難燃性材料である。難燃性 ABS や難燃性ポリエチレンに比べて耐光性が高い。

MBS 樹脂　ブタジエン・スチレン共重合体またはブタジエン重合体をコアに，スチレン・メチルメタクリレートをグラフト成分に持つコア・シェル構造の樹脂である。ポリ塩化ビニルの透明性を維持し（屈折率はほぼ同じ），耐衝撃度を向上させている。

CPVC 系樹脂[*1]　ポリ塩化ビニルを塩素化した樹脂で，高い熱変形温度，電気絶縁性，耐炎性，低発煙性，耐酸性，耐アルカリ性などに優れている。

熱可塑性エラストマー[*2]　近年最も需要の伸びているゴムで，生産量が年率6％伸びている。世界総需要は約80万 t である。汎用タイプのオレフィン系（TPS），オレフィン系（TPO），塩化ビニル系（TPVC）の3種類がある。その他，ブタジエン系（BR），エステル系（TPEE），ウレタン系（TPU）などがある。TPS はポリスチレン相（S）を両末端に持つブロック共重合体である。ポリスチレン–ゴム中間ブロック–ポリスチレン構造となっていて，ゴム中間相はポリブタジエン，ポリイソプレン，それらの水素添加物などでゴム弾性体としての性能を担う。ポリスチレン相が物理的架橋点（ドメイン）を構成して，加硫ゴムの架橋点の役割を行う。ポリスチレンのガラス転移点以下の温度領域ではドメインが軟化して流動化し，冷却す

＊　わが国の生産量は年率8％で増加した（1990年代）。全世界の消費量は137万 t（2000年）で1990年の67.1万 t から倍増した。熱可塑性エラストマーの消費量は全合成ゴムの11.1％，全ゴムの7.2％になっている（1998年）。

*1　CPVC resin
*2　TPE : thermoplastic elastomer

るとドメインが再構築される。この過程は可逆的なので熱可塑性高分子料の成形方法が利用できる。溶剤に溶解させてドメイン構造を壊し，さらに溶媒を蒸発させてドメインの再生を行うプロセスも可能である。

超耐熱性フェルーノ樹脂　ザイロック樹脂（フェノールアラルキル）をベースとする超耐熱性成形材料である。ザイロック樹脂はリニアノボロイド樹脂（直鎖状ノボラック）のフェノール環が1つ置きに1,4-フェニレン骨格に置き替わった分子構造で，フェノールと α,α'-ジメトキシパラキシレン（1,4-ビス(メトキシメチル)ベンゼン）のフリーデルクラフツアルキル化重合体である。ノボラックと同様ヘキサメチレンテトラミンを用いて熱架橋する熱硬化性のスーパーエンジニアリングプラスチックであり，コストパフォーマンスに優れている。

ポリアミノビスマレイミド[*1]　芳香族ビスマレイミドと芳香族ジアミンの付加反応で得られるポリアミドイミノをプレポリマーとする熱硬化性樹脂である。加熱により高分子量化と架橋反応が進行し硬化する。成形加工が容易という特長をもつポリイミド樹脂である。高温耐熱性，耐薬品性，高温での優れた電気特性・機械特性，耐摩耗性などの特長がある。

ポリアミノビスマレイミド

ビスマレイミド・トリアジン (BTレジン)[*2]　ビスフェノールAシアナートとビスマレイミドの熱重合反応により得られる樹脂である。硬化時にはシアナートが三量化してトリアジン環を形成する。耐熱性，熱寸法安定性，高周波特性，耐油性，金属親和性に優れ，プリント配線板などの基盤用途，航空機構造材，高耐熱ワニス，ディスクブレーキ摩擦材などに用いられる。硬化時のビスマレイミドの反応はよくわからなかったが，スキームに示したようなDiels-Alder型の付加反応あるいは交換反応が起こっているのではないかと推測している。付加重合の関与もあると思われる。

[*1] poly (aminobismaleimide)
[*2] BT resin, bismaleimide-triazine resin

[化学反応式: ビスフェノールAシアナート + 芳香族ビスマレイミド → トリアジン環 → 推定架橋構造の1つ]

コラム　メタロセンポリスチレン

ポリスチレンというと発泡ポリスチレン，カセットテープやフロッピーディスクの透明ケースなど汎用プラスチックの代表である。最近，メタロセン系触媒を使ったシンジオタクチック構造のメタロセンポリスチレンが市場に登場した。メタロセンポリスチレンは高い耐熱温度（ハンダ付け可能）からエンジニアリングプラスチックとして耐熱プラスチック材料の代替や電子部品にも使われるようになった。繰り返し単位の構造や炭素と水素だけでできているプラスチックということで今後五大汎用エンジニアリングプラスチックの一角に食い込むことが予想される。

シンジオタクチックポリスチレン*1　メタロセン触媒を用いて合成される立体規則性ポリスチレンで主鎖に対してベンゼン環が交互に配列している。そのため結晶性の樹脂となり，非晶性のポリスチレンとは違った性質も持ち合わせている。従来の汎用ポリスチレンの低比重，耐加水分解性，良成形性，良電気特性に加え，耐熱性（融点270℃），耐薬品性，寸法安定性を持った低価格のエンジニアリングポリマーである。用途は自動車分野，電子部品分野，家電分野，機械分野などである。

超高分子量ポリエチレン*2　汎用ポリエチレン（4～30万）より1桁大きい分子量（100～800万）を持つ。トライボロジー性能（耐摩耗性，自己潤滑性）に優れる。耐衝撃性にも優れ，軽量性，耐薬品性，低吸水性などの特長を持つ。

炭素繊維*3　長繊維系炭素繊維はポリアクリロニトリルから合成される。軽量で非常に高い強度と弾性率を持つ。耐熱性にも優れ，複合材料の素材として航空機，自動車，スポーツ用品などに使われる。

特殊エンジニアリングプラスチック　アラミド，ポリフェニレンスルフィド（PPS），全芳香族ポリエステル（ポリアリレート[PAR]）・液晶ポリマー（LCP），ポリイミド（PI），ポリアミドイミド（PAI），ポリエーテルイミド（PEI），芳香族ポリエー

*1　SPS：syndiotactic polystyrene
*2　UHMW-PE：ultra high molecular weight polyethylene
*3　carbon fiber

テルケトン (PEEK),ポリスルフォン (PSF),ポリエーテルスルフォン (PES) などがある。

3.2 有機高分子の枠を越えた耐熱性高分子・高強力繊維

　高分子は軽くて成形性が良いなど多くの特徴を有することから，短い歴史にもかかわらず急速に種々の分野で大量に使用されるようになり，金属，セラミックスと並んで，三大構造材料とよばれている。金属は歴史も古く，信頼性が確立されている材料であるが，重いのが欠点である。一方，セラミックスは金属，特に鉄に比べて軽く，しかも耐熱性に優れているが，最大の欠点である脆さが克服されず，実用には問題が多い。その点，高分子は一般的には耐熱性は劣るものの，軽くて成形性が良く，自由な形にデザインでき，腐らず，錆びず，しなやかで，繊維で強化すればかなりの剛性も確保できる。産業の高度化および省エネルギーへの要請により，より軽量でコンパクトな製品が求められ，必然的に金属やセラミックスに代替できる耐熱性と強度を有する高分子材料へのニーズは強く，一連の高性能高分子が誕生し，社会のニーズに応えている。

　耐熱性高分子の開発は1940年代のシリコーン系およびフッ素系高分子材料に始まるが，本格的には 1960 年代の米ソの宇宙開発競争が契機となった。すなわち，1957 年にソ連がスプートニクを打ち上げ，アメリカでも NASA を中心とする宇宙開発が国家プロジェクトとして大々的に発展していく背景のもとで，一連の耐熱性プラスチックの研究開発があいついだ。

> **コラム　宇宙開発競争**
>
> 　1957 年 10 月 4 日に人類初の人工衛星がソ連によって打ち上げられ，アメリカはスプートニクショックに陥った。1958 年 10 月には，アメリカの叡知を集結させた NASA (アメリカ航空宇宙局) が設立され，米ソ両大国の威信をかけた宇宙開発競争の幕が開かれた。有人宇宙飛行 (1961 年 4 月)，船外活動 (宇宙遊泳，1965 年 3 月) と，当初はソ連がリードしていた。しかし，"人類を月に送り無事に地球に戻す" ことを国家プロジェクトとしたアメリカが逆転し，ついに 1969 年 7 月に打ち上げられたアポロ 11 号において，世界中の目が注がれる中，完璧に目的が達成された。アメリカ議会で 1963 年にこの国家プロジェクトの演説を行った J.F.Kennedy 大統領はこの成功を知ることはなかったが，宇宙開発競争で巨額を投資して蓄積された科学技術は，その後，民間産業の育成に役立ち，地球に周回している多くの人工衛星とともに，我々の生活を豊かで便利なものにしている。

3.2.1　耐熱性高分子

　耐熱性高分子という言葉は，実は，あいまいな表現である。高分子の耐熱性とは何を意味し，いかなる要因からなるのであろうか。また，いかなる構造に対応するのであろうか。

　高分子の耐熱性には 2 つの要因があり，それらを区別して考えねばならない。1 つは物理的耐熱性とよばれる可逆的な要因であり，もう 1 つは化学的耐熱性と呼ばれる不可逆的な要因である。

(1)　物理的耐熱性

　高分子の耐熱性について論じるとき，主に材料が柔らかくなって硬さを保てなくなる温度をさすことが多い。これは，高分子の耐熱性のなかでも，"物理的耐熱性" というものであり，高温で軟化して物性値が限界

値以下になり,固体材料として使用できなくなる温度のことである。この耐熱性は温度のみの因子で決まり,基本的には可逆である。物理的耐熱性の指標には,ガラス転移温度 (T_g),融点 (T_m),あるいは熱変形温度が用いられる。

高分子の物理的耐熱性はどのようにしてきまるのであろうか。高分子の T_m は以下のようにして決まる。

$$T_m = \Delta H / \Delta S$$

ここで,ΔH および ΔS はそれぞれ,融解前後のエンタルピーおよびエントロピー変化である。そこで,T_m を高くするには,ΔH を大きくするか,ΔS を小さくすればよいことがわかる。

ΔH は分子間の凝集力に関係するので,分子間の相互作用を大きくすれば ΔH が大きくなる。そのためには,水素結合や双極子相互作用などを利用する。すなわち,アミド基やイミド基,ウレタン基,ニトリル基などが有効である。一方,ΔS を小さくするには,分子の対称性を高くし,芳香環や複素環など剛直な構造を導入することが有効である。その例を表 3.1 に示す。

表 3.1　芳香族ポリアミドの対称性と T_g および T_m

アミン成分	酸成分	T_g (℃)	T_m (℃)
オルト	メタ	260	300
メタ	メタ	270	430
パラ	メタ	300	470
オルト	パラ	260	300
メタ	パラ	290	470
パラ	パラ	520	600

以上より,T_m を高くするには,芳香環や複素環などの剛直な構造をアミド基やイミド基でつなげればよいことがわかる。

図 3.2 に高分子の弾性率の温度依存性を模式的に示すが,実用上,高分子の"物理的耐熱性"は T_m よりも,むしろガラス転移温度 (T_g) に支配される場合が多い。T_g は物理化学的には一義的に決められないが,基本的には,T_m と同様に,分子間相互作用と分子鎖の剛直性で決まるので,T_m が高い高分子は T_g が高いという相関がある。すなわち,分子の剛直性や対称性および極性が問題となる。ちなみに,T_g と T_m の間には,経験的に,以下の関係がある。

$T_g/T_m =$
  ～1／2（対称性ポリマー，ポリエチレンなど）
  ～2／3（非対称性ポリマー，ポリスチレンなど）
  ～3／4（芳香族ポリマー，ポリイミドなど）

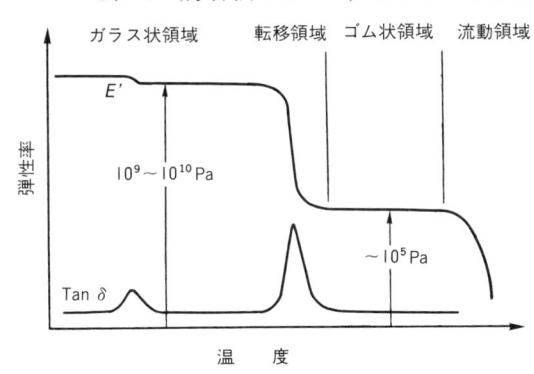

図3.2 高分子固体の貯蔵弾性率 E' の温度依存性

結晶性高分子の場合には，結晶化度が物性に大きな影響を及ぼす。結晶化度が小さければ，T_g での物性変化が大きくなり，物理的耐熱性に影響を及ぼす。一方，非晶性ポリマーの場合には，架橋や枝分かれを考慮する必要がある。架橋密度が高ければ T_g は高くなり，枝分かれが多ければ T_g は低くなる。

(2) 化学的耐熱性

高分子は高温では分解する。高温に保ったとき，化学反応による劣化で物性値が限界値以下になる場合の耐熱性を"化学的耐熱性"という。化学反応は高温ほど速いので，化学的耐熱性は温度と時間の因子であり，不可逆である。化学的耐熱性の指標としては，ある温度で長時間保持し，物性が半減する時間で示したり，あるいは簡便には，熱重量減少測定（TGA）の5％あるいは10％の重量減少温度で示す。

高分子の化学的耐熱性はどのようにして決まるのであろうか。高分子の熱分解反応の活性化エネルギーは結合エネルギーに比例するから，化学的耐熱性の向上には，高分子を構成する原子間の結合エネルギーの大きい官能基を導入すれば良いことになる。

結合原子間の結合エネルギーは，一重結合で60～110 kcal/mol，二重結合や三重結合などの多重結合で140～215 kcal/mol である。さらに芳香環や複素環などの共鳴による結合の安定化が，ベンゼン環で 37 kcal/mol，ピリジン環で 43 kcal/mol，フラン環で 23 kcal/mol，ピロール環で 31 kcal/mol である。すなわち，化学的耐熱性の高い高分子材料は，一重結合が少なく，主に芳香環や複素環で構成されている高分子であることがわかる。

このように，耐熱性の2つの側面，物理的耐熱性と化学的耐熱性をそれぞれ区別して考える必要があるが，結果的には，芳香環や複素環を多く入れ，その間をアミド基やイミド基のような極性官能基で連結する高分子が物理的および化学的耐熱性のいずれにも優れた高分子であることがわかる。代表的な耐熱性高分子の化学構造を図3.3に示す。

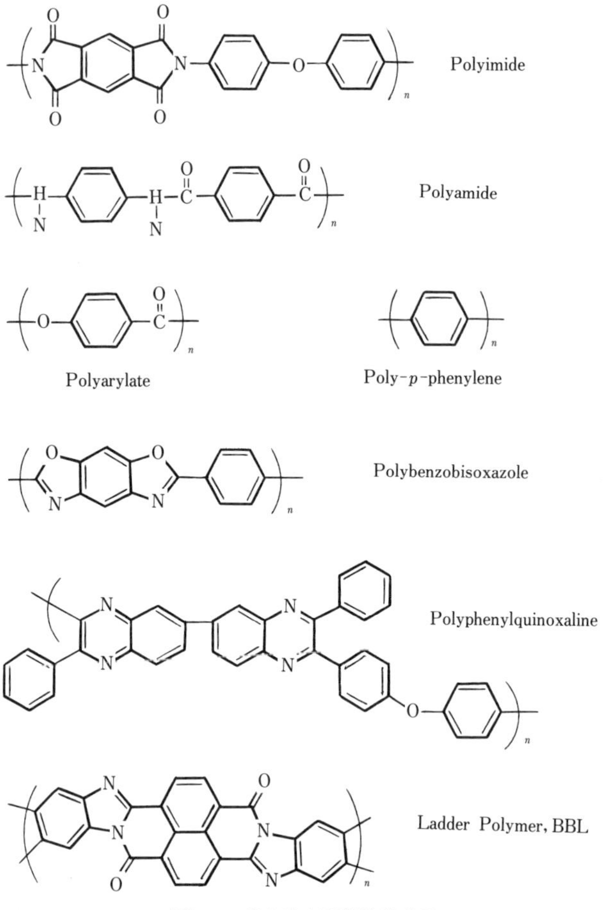

図3.3 代表的な耐熱性高分子

(3) 成形加工

高分子の耐熱性を高くするということは，高分子が高温でも柔らかくならないことを意味し，高分子の特徴である容易な成形性を困難にしてしまうことにつながる。すなわち，高温にさらしても溶融することなく熱分解してしまい，成形が困難になる。いかに耐熱性が高くても，成形できなくては材料として使えない。そこで，耐熱性と成形性をいかにして両立させるかが大きな問題となる。

この問題に答える方法の1つは物理的耐熱性をわずかに犠牲にして熱可塑性を付与する手法であり，もう1つは耐熱性を犠牲にしないで，分子構造に工夫を加え，溶媒への溶解性を付与する手法である。また，可

溶性前駆体の段階で成形し，その後で最終構造に変換する手法も有効である。

いかに耐熱性に優れている高分子でも，500℃以上では熱分解が進行するので，成形時の温度は最大450℃程度と考えてよい。そこで，熱可塑性高分子としては，結晶性高分子ならば融点は400℃，非晶性高分子ならばガラス転移温度は350℃が目安になる。化学的耐熱性に優れた官能基であるエーテル基，カルボニル基，アミド基などの比率を増やすことによってT_gやT_mといった物理的耐熱性を適当に低下させ，熱分解温度以下で溶融成形できるようにするのが熱可塑性の付与である。

一方，溶解性の付与には，上記の官能基導入の手法以外に，かさ高い置換基を付けることによって高分子間のパッキングを妨げる手法がよく用いられる。かさ高い置換基としては，脂肪族側鎖よりも化学的耐熱性に優れた芳香族側鎖が優れており，フェニル置換基がよく用いられる。この手法は有効な場合もあるが，全く効果がない場合もある。

熱可塑性あるいは可溶性の付与というアプローチは，必然的に，耐熱性や耐溶媒性を損なうという問題を生じる。そこで注目されるのが，可溶性前駆体の利用である。例えば，ポリイミドの合成には前駆体として有機溶媒に可溶であるポリアミド酸がよく用いられ，フィルムの作製には特に有効である。ベンゼンが一次元的につながった構造をしているポリパラフェニレンも期待されている高分子であるが，不溶不融であることから，可溶性前駆体の利用（式 (3-1)），あるいは側鎖を導入して成形性を向上する手法が注目を浴びている。

高分子が熱分解しても鎖が2本以上でつながっていれば1本切れても低分子化せず，耐熱性にきわめて優れた究極の耐熱性高分子になるであろうという発想でラダーポリマーが生まれた。しかし，得られたポリマーの耐熱性は期待されるほどではなかった。構造欠陥が1つの理由として考えられているが，可溶性前駆体からの変換においても，欠陥構造が発生すれば，耐熱性を含めた物性が期待されるほど向上しなくなることになり，注意が必要である。

(4) 耐熱性の極限

耐熱性には物理的耐熱性と化学的耐熱性を考慮する必要がある。いわゆる耐熱性高分子になると物理的耐熱性が高くなるので，化学的耐熱性

を特に意識する必要がある。通常の炭素-炭素単結合からなる高分子の場合，鎖を形成する結合の切断は300℃あたりから始まる。耐熱性高分子として知られるポリイミドにおいてもイミド基の熱分解による二酸化炭素や一酸化炭素の発生は500℃あたりから始まる。それに対し，ポリベンゾビスオキサゾールなどの複素環高分子の場合，結合の切断はポリイミドより50℃ほど高い温度で起こり，化学的耐熱性に最も優れた高分子材料となっている。

それでは，高分子の耐熱性はどこまで向上できるのであろうか。その目標は黒鉛である。黒鉛は芳香環が縮合して二次元のシート状構造を取り，そのシート同士が0.3354 nmの層間距離で重なった構造をしている。炭素繊維として知られる繊維状の黒鉛はポリアクリロニトリルやピッチを原料として作成される。また，剛直な分子構造のポリイミドフィルムを3000℃に近い高温で焼成することによって，天然黒鉛にきわめて近い高品質の黒鉛フィルムが得られる。黒鉛は物理的耐熱性にも化学的耐熱性にもきわめて優れた炭素材料である。しかし，いったんできあがった黒鉛は二次的な成形ができないため，ポリイミドフィルムの段階などで成形する必要がある。

成形が可能で耐熱性に優れた高分子材料への挑戦はこれからも重要な課題である。現在のレベルを超える高性能高分子材料を目指しての研究が続いている。

> **コラム　黒鉛（グラファイト）**
>
> 我々の身の周りで代表的な黒鉛は鉛筆の芯であり，炭素繊維（グラファイト繊維ともいう）である。炭素繊維は世界に先駆けて日本で開発された高性能繊維であり，代表的な高強度・高弾性率繊維として複合材料の強度繊維など多くの産業分野で不可欠な材料になっている。炭素繊維はグラファイト（黒鉛）の名のように黒い。しかしながら，ポリイミドフィルムの高温熱処理で得られる高品質黒鉛フィルムは，実は，銀色の金属光沢をもつ物質である。フィルム状黒鉛は黒鉛の二次元シート状構造に由来する物性を究極まで引き出すことのできる材料であり，導電性，弾性率，強度など多くの点で通常の有機高分子では達成できない高いレベルの性質を示す。

3.2.2　ポリイミド

一連の耐熱性高分子のなかでも最も代表的なものがポリイミドである。ポリイミドとは，イミド官能基を有する高分子であり，一般的にジアミンと酸二無水物とから合成される。モノマーの種類が多く，ポリイミドの化学構造も多様であり，かなり自由に物性をコントロールでき，前駆体のポリアミド酸が溶媒に可溶で成形性に利点があることなどから，耐熱性高分子の代表的存在となっている。

ポリイミドはまず米国DuPont社で開発された。1959年には，DuPont社が芳香族ポリイミドの特許を発表し，1965年には"Kapton"（図3.4）が上市された。DuPontで開発されたポリイミドは高い耐熱性と優れた機械的，電気的性質などを有し，フィルム，ワニス，成形体などとして市販された。ポリイミドの段階では有機溶媒に不溶で溶融もしないが，前駆体のポリアミド酸が有機溶媒に可溶であり，フィルム成形が容易に行えるという特徴がある。成形体の作製には，ポリイミド粉末の焼結という方法が用いられるが，容易ではない。そこで，その後，成形性の改善

を目的として種々の熱可塑性ポリイミドが開発されている。

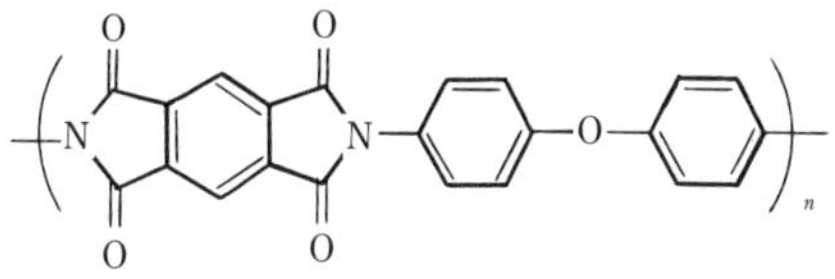

図 3.4　Kapton の分子構造

宇宙航空分野では，金属代替材料として軽量で耐熱性に優れた高強度・高弾性率の繊維強化プラスチック（FRP）への期待が大きい。そのマトリックス樹脂としてポリイミドへの期待は大きく，これには，後述のPMR法という特殊な方法が採用されている。

ポリイミドを分類すると，縮合型ポリイミドとよばれる直鎖状ポリイミドと付加型ポリイミドとよばれる3次元網目構造を形成する熱硬化型に分かれる。縮合型ポリイミドはさらに，熱可塑性を示さない非熱可塑タイプと熱可塑性を示すタイプとに分けられる。

(1) ポリイミドの合成

ポリイミドの代表的な合成法はジアミンと酸二無水物とからの2段階法である。すなわち，酸二無水物とジアミンとからポリアミド酸を合成し，それを脱水イミド化することにより，ポリイミドを合成する。脱水イミド化には加熱による方法（熱的イミド化）と脱水剤による方法（化学的イミド化）とがある。脱水剤の種類によっては，イミドではなく，イソイミドが生成することがある。

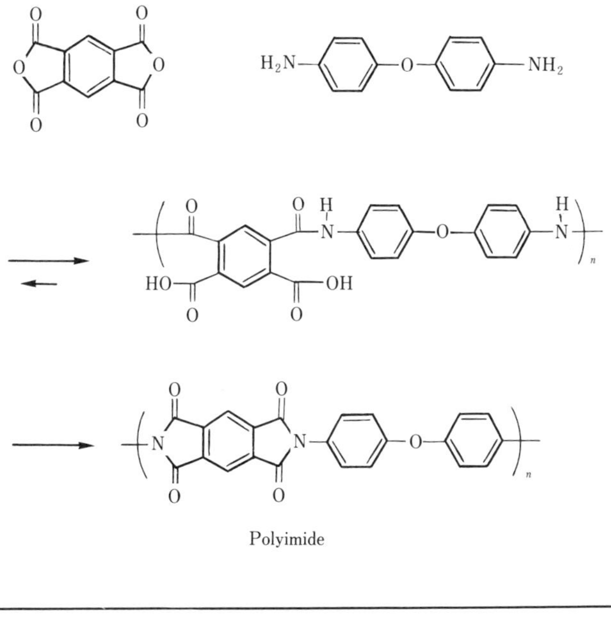

Polyimide

コラム　非熱可塑性

高分子が熱可塑性と熱硬化性に大別できることはよく知られている。しかし，中には，線状高分子でありながら熱可塑性を示さない高分子がある。熱可塑性とは，高温で柔らかくなって可塑性を示す現象である。そこで，もし，ガラス転移温度や融点などが高く，しかも，分子間の凝集力が強い高分子の場合には，高温でも柔らかくならないため，可塑性を示す温度に達する前に，高分子鎖の熱分解が起こってしまう。すなわち，非熱可塑性を示すことになる。一般に高分子は成形性が良いと言われるが，これは，汎用の高分子に特にあてはまる特徴であり，いわゆる耐熱性高分子になると，熱可塑性を示さなくなると同時に溶媒にも溶けにくくなり，その成形には工夫が必要となるものが多い。なお，非熱可塑性のことを熱硬化性とよぶ文献や著書もあるが，熱硬化性は本来三次元の網目構造に由来するものであり，熱硬化性と非熱可塑性とを区別するのがよい。

付加反応あるいは縮合反応で高分子量の重合体を得るには，いくつかの注意が必要である．ポリイミドの合成においても，i) 2種類のモノマーを当量で反応させること，ii) 二官能性モノマーの純度がきわめて高いこと，iii) 溶媒が脱水精製されていること，iv) 反応温度を適切にコントロールすることなどが重要である．

　ポリアミド酸の合成において，ジアミンを先に溶解し，酸二無水物を粉末のまま加えると局所的に高濃度になるため，高粘度のポリアミド酸溶液が得られやすい．この高粘度の溶液もしばらく撹拌すると見かけ上，粘度が低くなることがある．しかし，これは M_w が小さくなったためであり，M_n は変化していない．この原因は，前頁の式に示したように，酸二無水物とジアミンとからポリアミド酸が生成する反応は平衡であることによる．平衡はポリアミド酸側に大きく片寄っているために高分子量体が速やかに生成するが，平衡反応で分子量が均一化するためである．

　ポリアミド酸からのイミド化反応も複雑である．加熱イミド化時にいったん分子量が減少し，さらに加熱することにより再び分子量が大きくなることが見いだされている．また，中間体であるポリアミド酸は系中に存在する微量の水によって加水分解され，徐々に分子量が低下することがある．また，十分低温に保存しないと，ゆっくりとイミド化が進行し，沈殿の生成やゲル化が起こることがある．

　ポリアミド酸がこのような問題を引き起こすのは，ポリアミド酸のカルボキシル基に原因がある．そこで，カルボキシル基をエステル基やアミド基などに変換してしまえば，このような問題はなくなる．この観点から，ポリアミド酸エステルが用いられることがある．完全にエステル化するには，出発原料である酸二無水物をアルコールでハーフエステルとし，酸を酸クロリドに変換したモノマーをジアミンと反応させる方法が用いられる．生成したポリアミド酸を化学変換する方法も用いられる．このポリアミド酸エステルは溶媒への溶解性，保存安定性に優れた前駆体となる．

ポリイミド前駆体としてポリイソイミドも用いられる。イソイミドはイミドに比べ，屈曲した構造をしているため，溶解性や溶融性がよい。しかも，高温加熱により，揮発性低分子を脱離することなく容易にイミド官能基に転換することができることから，接着剤への利用をはじめ，種々の応用が検討されている。

ポリイミドの合成法としては，上述のジアミンと酸二無水物を用いる方法以外に，塩モノマー法，酸二無水物とジイソシアナートの反応による方法，あるいはイミド基を含むモノマーを反応させる方法などが用いられる。

(2) ポリイミドの性質

ポリイミドは特に耐熱性高分子として有名である。フィルムとしてKaptonやUpilexなどが著名であるが，それらの耐熱性は短期的には500℃，長期的には300℃程度である。化学的耐熱性は主に化学構造で決まるが，ポリイミドの多くの性質は化学構造だけでなく，結晶構造，高分子鎖の配向など高次構造の影響を大きく受ける。例えば，フィルムにおいては，フィルムの作成法に起因する高次構造制御が物性を大きく支配する。

ポリイミドなどの高分子フィルムは一般的に熱膨張係数が金属やセラ

ミックスなどより大きく，電子材料として金属などと張り合わせて使用するときに，クラックや剥離を起こし信頼性を損ねることになりやすい。ところが，この熱膨張係数もポリイミドの化学構造と高次構造に大きく依存する。剛直な化学構造で，しかも面内配向を促進したフィルムでは熱膨張係数はきわめて小さくなり，場合によっては負の値になる。また剛直な構造のポリイミドは硬く，フィルムの弾性率も高い。フィルムの面内配向の促進でさらに高弾性率化することが知られている。

芳香族ポリイミドのフィルムは薄くても黄色である。この着色で応用が制限される場合があり，無色透明なポリイミドフィルムへの需要も多い。この黄色着色は酸二無水物部分とジアミン部分がそれぞれアクセプター，ドナーとして働くことにより形成される電荷移動錯体に由来すると考えられている。そこで，この電荷移動錯体の形成を阻害すれば無色透明なフィルムとなる。よく用いられる方法は環状の脂肪族モノマーを用いる手法であり，環構造の導入で物理的耐熱性の低下を押さえることができる。また，フッ素を導入する手法も低誘電率化とあわせて注目されている。

(3) 成形性改善へのアプローチ

フィルム作成に関しては，可溶性前駆体を用いる方法はきわめて優れた方法である。しかし，ある程度の厚みを有する成形材料の作成になると，イミド化時の副生成物である水を完全に除去することが困難になり，ボイド（空孔）の原因になって強度低下を起こしやすい。そこで，成形性改善のために熱可塑性ポリイミドや可溶性ポリイミドの合成がさかんに試みられている。

ポリイミドにおいても成形性改善の方法は同じであり，i) 主鎖に柔軟な基（耐熱性スペーサー）を導入することによって，溶融流動性と強靭性を付与する方法，ii) かさ高い側鎖の導入により，結晶性およびパッキング密度の低下，溶融流動性の改善を図る方法，iii) 屈曲性の向上（*para* 置換体→ *meta* 置換体）により，対称性を下げ，結晶性，剛直性を低下させる方法などが用いられる。

最近，上の i) の手法で開発された新しい熱可塑性ポリイミド樹脂が上市され，用途展開を図っている。Aurum と名付けられたこの高分子は T_g が250℃，T_m が388℃であり，射出・押出成形加工が可能な高分子である（図3.5）。Aurum は成形後の結晶化処理で結晶性となる。5％重量減少温度は570℃である。

一方で，高分子量体よりオリゴマーの方が成形性が良いことを利用し，二種類のモノマーのモル比を変化させてオリゴマーを合成し，その末端

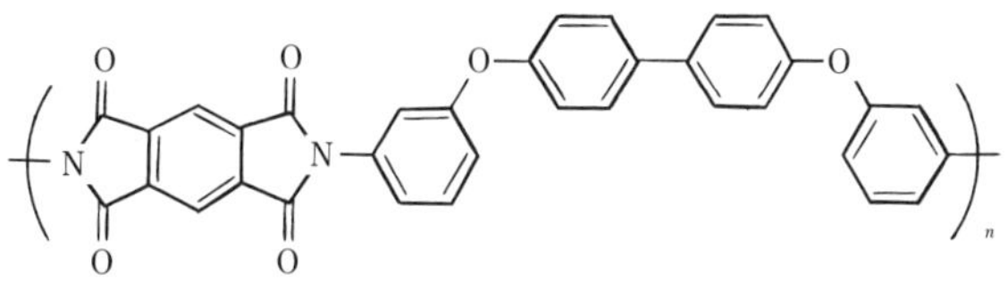

図3.5 Aurumの分子構造

をさらに架橋反応性基でエンドキャップして成形中あるいは成形後に架橋させる方法も用いられる。この方法は繊維強化プラスチックに用いられるものと基本的に同様である。

(4) 付加型ポリイミドの合成と性質

複合材料用途のマトリックス樹脂として，耐熱性に優れたポリイミドが期待されている。しかし，初期のポリイミドはイミド化後には不溶不融であり，分子設計に工夫を要した。そこで考えられたのが，オリゴマーの両末端を架橋反応性基でエンドキャップした反応性オリゴイミドあるいはその前駆体である。しかし，前駆体でも高沸点溶媒であるNMPなどにしか溶けなかったため，PMR（Polymerization of Monomeric Reactants）法という特殊な方法が考案された。

PMR法とは，ポリイミドを構成する酸二無水物をメタノールあるいはエタノールと反応させてハーフエステルとし，ジアミンおよびエンドキャップとなる反応性基とを混合した溶液を炭素繊維などの強化繊維に含侵させ，モノマーの重合，イミド化，反応性末端基の架橋反応を逐次的に行わせようとするものである。

このようにして得られるポリイミドは架橋反応性基の反応で三次元の網目構造を形成し，物理的耐熱性であるT_gが高くなる。

ここで用いられる架橋サイトには以下の条件がある。i) 架橋反応で揮発性物質が生成しない，ii) 架橋反応に必要な温度はポリイミドのT_gより高く，分解温度より低い，iii) 架橋生成物の化学的耐熱性は主鎖のポリイミドと同程度あるいはそれ以上に高い，iv) 架橋反応は成形条件に適合して進行するなどである。

これまで各種の架橋反応性基が試みられてきたが，ナジックおよびアセチレン（エチニル）が最も重要な官能基となっている。これらの架橋反応の機構および生成物の構造はまだ十分には解明されていないが，ナジックの官能基を有する反応性ポリイミド前駆体混合物はPMR-15とよばれ，最も広く利用されている（図3.6）。分子量が約1500になるようにMDAとBTDAのモル比をコントロールしてある。一方，アセチレン末端はThermidとよばれている（図3.7）。Thermidシリーズには，成形性を向上させるため，イミド構造ではなく，イソイミド構造にしたものも検討されている。

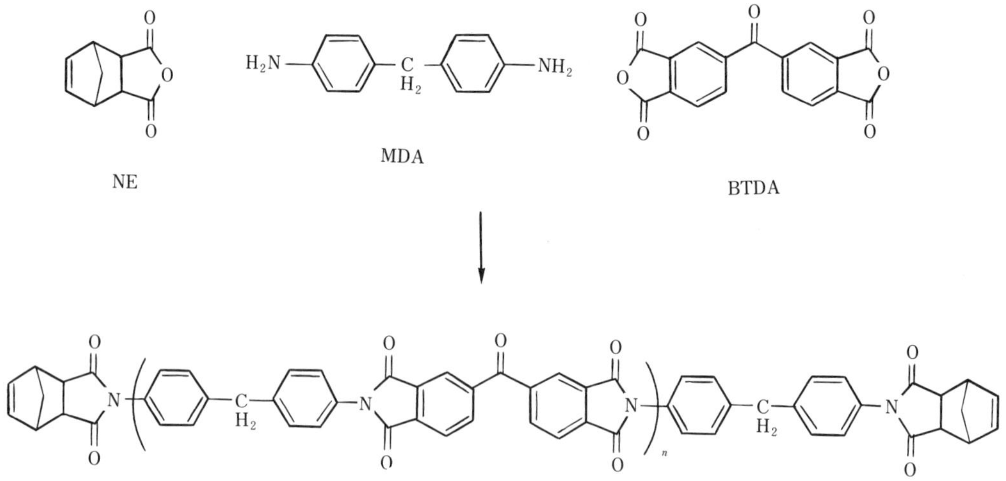

図 3.6　PMR-15 の原料モノマーと化学構造

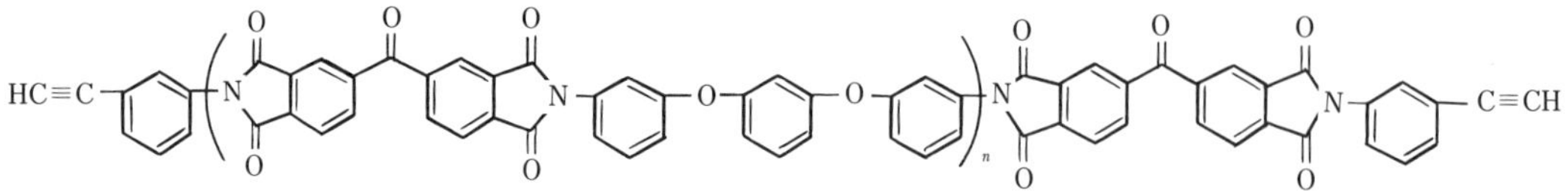

図 3.7　Thermid の構造の例

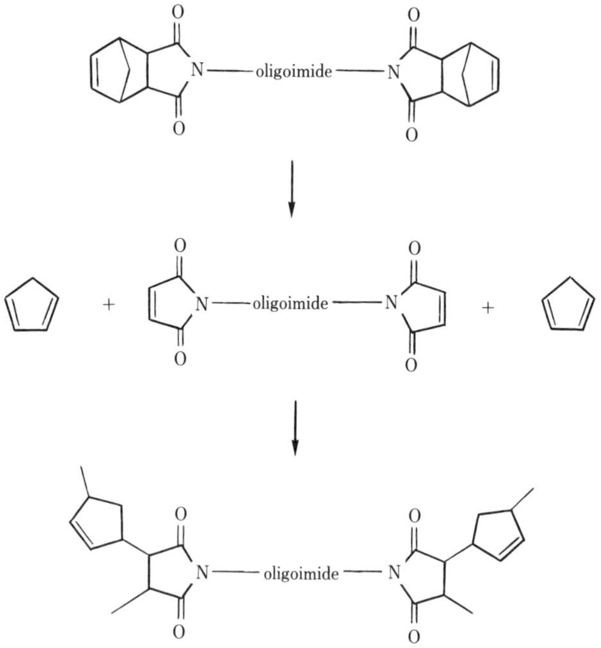

図 3.8　PMR-15 の仮想的な架橋反応機構

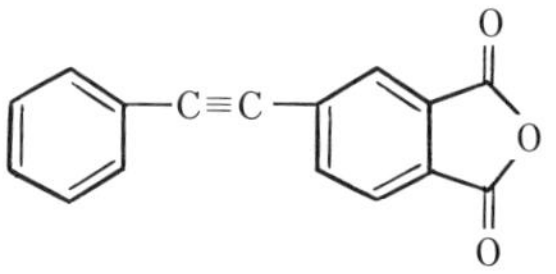

図 3.9　フェニルエチニル架橋反応性基

ナジックでは架橋反応はいったん逆ディールスアルダー反応でシクロペンタジエンが生成し，架橋が進行すると考えられている（図3.8）が，生成するシクロペンタジエンが架橋反応に関与できなければ揮発性物質として閉じ込められ，ボイドの原因になってしまう不利がある。また，架橋密度を向上させるとT_gは向上するが材料として脆くなってしまう。さらに，架橋構造が脂肪族であるために耐熱酸化特性に劣るなどの問題がある。それらの欠点を避けるため，最近，フェニルエチニルの架橋反応性基（図3.9）を用い，架橋密度を小さく抑えることによって靱性を保持したポリイミドも提案され，ある程度の耐熱性で良い場合には有力な候補になっている。

3.2.3 高強力繊維

一般に高分子は強度が弱いとされている。実際，われわれの身の周りにある高分子は，いわゆる汎用高分子がほとんどであり，剛性や強度に劣るものが多い。では，高分子はどこまで強いものができるのであろうか。

(1) 高分子の理想強度

sp^3混成軌道のみからなるダイヤモンドは良く知られた3次元的な高強度・高弾性率材料であり，sp^2混成軌道のみからなるグラファイト（黒鉛）は2次元的な高強度・高弾性率材料である。一方，線状高分子に関しての高強度・高弾性率の理想構造は，分子鎖を完全に引き伸ばして集束し，結晶化させ，全体を"無欠陥の伸び切り鎖結晶"にすることにより達成される。したがって，最高理論強度，最高理論弾性率としては，高分子の完全結晶を考え，その分子鎖方向の強度，弾性率を求めればよい。

それでは，高分子は理論的にはどれくらい強く硬くなりうるのであろうか。高分子の最高理論強度σ_bは高分子鎖を形成する共有結合が破断するときの強度であり，次式から得られる。

$$\sigma_b = F_{\max}/NS = (k_1D/8)^{1/2}/NS$$

ここで，$F_{\max}$は結合の伸びに対する最大応力，Nはアボガドロ数，Sは分子鎖の断面積，k_1は結合の伸縮のバネ定数，Dは分子鎖における最弱結合の結合エネルギーである。

上の式から，高強度高分子素材としての条件は，i）主鎖を構成する結合が強固であり，ii）分子鎖のコンフォメーションが直線に近く，iii）分子鎖の占有断面積が小さいことなどであることがわかる。

一方，高分子の弾性率を理論的に求めることは，結合の伸縮のバネ定数，結合長に加えて，結合角の変角のバネ定数，各結合の応力方向との

なす角などが関与し，計算は非常に複雑である。そこで，結晶化した高分子繊維の分子鎖方向の弾性率（結晶弾性率）がX線的測定により，結晶格子の面間隔の応力変化から求められている。

上述の方法によって求められた理論強度および結晶弾性率を表 3.2 に示すが，きわめて高い値であり，高分子鎖の異方性を有効に利用すれば，軽量な高分子材料でもって高強度・高弾性率を有するものが得られることがわかる。

表3.2 高分子の極限強度と結晶弾性率

ポリマー	極限強度 (GPa)	結晶弾性率 (Gpa)	分子断面積 (nm^2)	密度 (g/cm^3)
ポリエチレン	32	240	0.193	0.96
ポリプロピレン	18	34	0.348	0.91
ポリ塩化ビニル	21	—	0.294	1.39
ポリアミド（PA-6）	32	142	0.192	1.14
ポリアセタール	33	53	0.185	1.41
ポリビニルアルコール	27	255	0.228	1.28
パラ系アラミド繊維	30	183	0.205	1.43
ポリエチレンテレフタレート	28	125	0.217	1.37
ポリアクリロニトリル	20	86	0.304	1.15

(2) 高分子材料の破壊のメカニズム

それでは，なぜ実際の高分子は理想強度からはるかに弱い材料になっているのであろうか。理想強度は，高分子鎖が完全に引き伸ばされ，無欠陥の伸び切り鎖となった状態を考えている。そうなれば，共有結合の強さが生かされ，強い材料となる。しかし，実際の高分子材料中では高分子鎖は完全な伸び切り鎖構造をとっていない。通常の高分子は長い鎖が互いに絡まりあった状態で固体になっており，実際の高分子の破壊は高分子鎖の絡まりあいがほどけることによって起こる。

強度低下の原因は以下のようにまとめられる。

1）実際の高分子材料においては，分子鎖が十分伸び切っていないし，十分引き揃えられていない。そのため，応力を担う結合は全体のごく一部にすぎない。すなわち，分子鎖の共有結合が有効に作用するように配向していない。

2）十分結晶化していない。すなわち，配向の無い非晶部では，単位断面積に充填されている共有結合の数が少ない。しかも，破壊は，球晶の中のラメラ間の非晶部分や，球晶の間隙部分など，構造の最も弱いところから開始する。

3）高分子鎖の長さが短い（1本の長さはせいぜい1ミクロン程度である）ため，分子鎖末端が多く，分子鎖間の絡み合い（物理的な架橋点）

も少ないなどである。

高分子の主鎖を構成する原子間の共有結合（1次結合）は炭素と炭素の単結合でも約 80 kcal/mol であり，理論強度でみたようにきわめて強い。しかし，高分子鎖が寄り集まる力（2次結合）は，ファンデルワールス力，双極子相互作用，水素結合，イオン結合などで，その結合の強さは最も強い水素結合でも 3〜7 kcal/mol と，共有結合より1桁小さい。破壊の進み方が主として2次結合を切り，しかも分子鎖の末端を通るような場合には，必ずしも共有結合の強さが充分に生かしきれないことになる。

高分子の高強度化はすなわち，理想構造への挑戦である。それでは，どのようにすれば理想構造に近づくのであろうか。

(3) 柔軟鎖高分子の高強度化

線状の屈曲鎖ポリマーの場合，高分子の鎖は非晶ではランダムコイル化，結晶では折り畳まれたラメラ構造を取りやすい。分子鎖を伸び切らせるため，各種の超延伸技術が試みられている。

最も単純な高分子の1つであるポリエチレンは，実は高分子の断面が小さく，平面ジグザグに配向できれば，高強度・高弾性率化できる高分子である。ポリエチレンの延伸には多くの方法が提案されているが，最近，100万程度の超高分子量ポリエチレンのゲル繊維を数十倍の倍率まで超延伸することによってほとんどの分子鎖を伸び切らすことに成功し，強度 4.4 GPa，弾性率 144 GPa が達成された。また，単結晶マットの超延伸では強度 6 GPa，弾性率 232 GPa が達成されるなど，飛躍的に弾性率や強度が向上している。

他の屈曲性高分子では，ポリオキシメチレンが誘電加熱超延伸法や加圧超延伸法で，ポリビニルアルコールがゲル紡糸／超延伸法で高強力化されている。しかし，ポリエステルやナイロンなどは分子間力が強すぎて分子鎖を引き揃えにくいうえ，重合度を高めることがむずかしく，高強度・高弾性率化は一部の高分子に限られている。

(4) 剛直鎖高分子の高強度化

剛直鎖高分子は溶解性・溶融性が悪く，軟化温度がきわめて高いため，延伸が困難である。しかし，剛直鎖高分子は分子鎖の折畳みがなく，濃硫酸などの特殊な溶媒に溶け，しかも，ある濃度以上で液晶（リオトロピック液晶）を形成する。液晶は高分子鎖が局所的に配向した状態であるから，液晶を形成した状態で細いノズルから紡糸すれば，分子鎖の引き揃えと伸び切り鎖構造の形成が同時に達成でき，高強度・高弾性率を有する繊維あるいはフィルムが得られる。芳香族ポリアミド（ケブラー）やポリ-p-フェニレンベンゾビスチアゾール（PBT）などの複素環ポリ

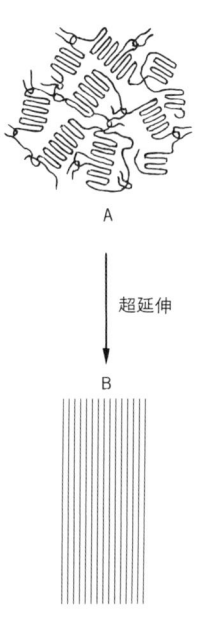

超延伸によるポリエチレン繊維の構造変化

マーが代表的な例である。

近年の技術進歩は著しく，理論弾性率にほぼ達する材料が，実験室での条件で得られている（表3.3）。弾性率を見ると，スチールの200 GPa，Ti合金の106 GPa，Al合金の71 GPaをはるかに凌ぐ高分子材料が開発されている。強度の向上も著しいが，分子量の限界や成型加工性を考えると，理論強度の10%程度が限度と考えられている。

表 3.3 各種高強度・高弾性率繊維の特性

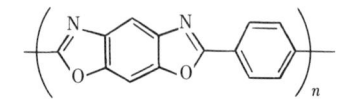

材料	弾性率 (GPa)	強度 (GPa)	比重 (g/cm³)
金属繊維			
スチール繊維	200	2.8	7.8
Al 合金繊維	71	0.6	2.7
Ti 合金繊維	106	1.2	4.5
ボロン繊維	400	3.5	2.6
無機繊維			
アルミナ繊維	250	2.5	4.0
SiC 繊維	196	2.9	2.6
ガラス繊維	73	2.1	2.5
有機繊維			
炭素繊維（HM）	392	2.4	1.8
ケブラー繊維	186	3.5	1.5
PBT 繊維	330	4.2	1.6
PBO 繊維	480	4.1	1.6
PE 繊維	232	6.2	1.0
POM 繊維	58	2.0	1.4
PVA 繊維	121	5.1	1.3

最近，ポリベンゾビスオキサゾール（PBO）の繊維が開発され，その性能が注目を浴びている。紡糸後のPBO繊維の弾性率および強度はそれぞれ 180 GPa, 5.8 GPa であり，高弾性率タイプでは，それぞれ 280 GPa, 5.8 GPa と金属を凌駕する値であると共に，これまでの繊維では最強である。この繊維は，難燃性や化学的耐熱性にもきわめて優れており，新たな分野を切り開くものと注目される。このような高性能高分子の開発は軽量で高強度という点で，省資源，省エネルギーにも貢献でき，夢の多い材料である。

(5) 2次元高性能高分子材料

以上のように，鎖状であるという高分子特有の構造を最大限に利用することによって，きわめて特異な繊維が一次元材料として得られる。一方，2次元材料であるフィルムや3次元材料である成形材料となると，高分子鎖の一次元性を最大限に利用できず，性能を落とさざるを得ない。しかし，延伸方法や場合によっては繊維で強化することにより，軽量で高強度な材料が実現されている。

その点で，分子複合材料（Molecular Composite, MC）が近年注目され

ポリベンゾビスオキサゾール（PBO）の分子構造

ている。MCは高強度・高弾性率高分子の進展をうけて展開されたものであり，棒状の剛直性高分子を屈曲性高分子のマトリックス中に分子レベルで分散させることにより力学的性質の向上を目指すものである。すなわち，MCはFRPの概念を分子レベルにまで拡張したものである。FRPの場合，強度は基本的に繊維の性能に依存するため，より高性能な繊維を使用すれば高強度・高弾性率化が達成されることになる。FRPの強化繊維は直径約10 mmのモノフィラメントからなっており，種々の欠陥を有するが，究極のモノフィラメントといえる剛直性高分子の孤立分子鎖では，欠陥は分子鎖末端のみであり，強度の支配因子であるアスペクト比（分子鎖長と分子直径の比）も容易に大きくとれるので，極限特性の発現が期待できる。

MCの研究は当初，強化材としてアラミド，あるいはポリ-p-フェニレンベンゾビスチアゾール（PBT）などのリオトロピック液晶性を示す高分子が中心であった。PBTを強化成分とし，ポリベンゾイミダゾール（ABPBI）をマトリックスとするMC（図3.10）の場合，PBT/ABPBI＝30/70の比で，繊維では強度1.3 GPa，弾性率120 GPa，フィルムでもそれぞれ0.92 GPa，88 GPaと，アルミニウムに匹敵する高性能を有する。この場合，強化分子となるPBTは臨界濃度以上で凝集し，PBTのドメインを形成して分子状分散が達成されなくなり，力学特性は大きく下がってしまう。そこで，ブロックやグラフト共重合体などを利用することにより，臨界濃度を高くして，より高性能なMCが得られるような工夫がされている。

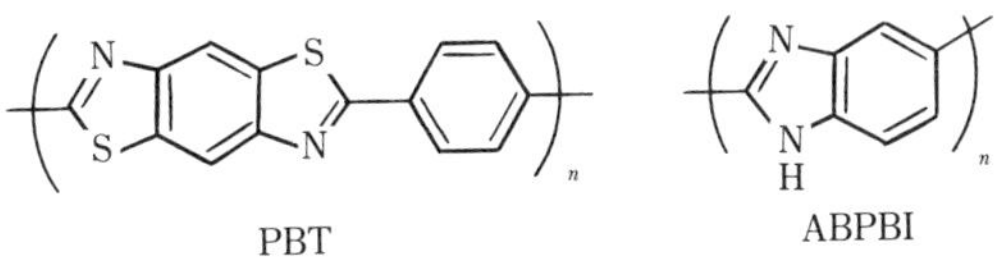

図3.10　分子複合材料を構成する高分子の例

一方，耐熱性高分子の代表であるポリイミドについても，MCが展開されている。ポリイミドの場合は，ポリイミドの前駆体であるポリアミド酸が極性有機溶媒に可溶であり，イミド化すれば剛直になる成分と屈曲性成分との均一溶液が任意の割合で得られ，溶液からのキャストフィルムをイミド化すれば，簡単にMCフィルムが得られるという利点がある。しかも，フィルムは延伸率に応じて容易に高強度・高弾性率化する。マトリックス成分として，熱可塑性高分子や架橋性反応基を有するポリマーあるいはオリゴマーを利用することにより，積層化などの加熱成形性を付与する研究も進展している。

ま　と　め

　高分子は軽量であるというのが大きな利点であり，種類が多様であり，特定用途に最適なものが容易に作れ，成形性も良く，錆びないなど多くの利点を活かし，独自の発展を遂げてきた。その欠点は耐熱性であり，強度である。しかし，耐熱性もかなりのレベルまで向上でき，強度に関しては種々の工夫で理論値に近い値が達成されるようになった。すなわち，高分子材料が強さで金属やセラミックスに匹敵しうる時代を迎えている。地球の限られたエネルギーをいかに効率良く使うかという課題はますます重要になっており，軽くて耐熱性に優れた高強度高分子材料の開発に拍車がかけられている。

参考文献
1)「特集/合成樹脂：縮合系樹脂－現状と将来展望」，高分子，**46**，8（1997）．
2)「特集/合成樹脂：熱硬化性樹脂－現状と将来展望」，高分子 **47**，4（1998）．
3) 片岡俊郎ほか，『エンジニアリングプラスチック（高分子新素材 One Point）』，共立出版（1987）．
4) 高分子学会編，『高性能芳香族系高分子材料（先端高分子材料シリーズ 2）』，丸善（1990）．
5) 化学工業日報社編，『エンジニアリングポリマー―エンプラから高機能性樹脂まで―』，化学工業日報社（1996）．
6) 功刀利夫ほか，『高強度・高弾性率繊維（高分子新素材 One point）』，共立出版（1988）．
7) 篠原昭，白井汪芳，近田淳雄共編，『ニューファイバーサイエンス』，培風館（1990）．
8) 宮本武明，本宮達也，『新繊維材料入門』，日刊工業新聞社（1992）．

4 エレクトロニクス産業で活躍する高分子材料

4.1 エレクトロニクスを支える高分子材料

　パソコンや携帯電話は，毎日の生活に急速に浸透しているが，これらエレクトロニクス機器の発達と普及は，以前は一部の人達だけに限られたさまざまな情報へのアクセスの機会を多くの人々に提供可能なものとし，また国内外を問わずリアルタイムでのコミュニケーションを保障することによってグローバルな社会・経済変革の駆動力となっている。

　ここでは，これら今日の社会で重要な役割を果たしているエレクトロニクス機器の主要な部品類として使用される高分子材料の中から，半導体の封止剤，プリント配線基板およびポリマーバッテリーをとりあげ，その材料技術について解説する。なお，半導体回路を作成するために使用されるレジスト用高分子材料については次節で取り上げる。

4.1.1 半導体の封止剤

　半導体は，今日の製造業の基幹的部品のひとつで産業のコメともよばれる。図 4.1 に示す完成部品としての半導体チップは，黒い四角のプラスチックに多数の金属線が生えた形のものだが，この黒いプラスチックが，細密な半導体の内部回路を保護することを目的に使用される封止剤とよばれる高分子材料である。

　さて，高分子材料のほとんどは電気を通さない絶縁体であり（ただし，その例外である導電性高分子材料も開発された。ポリマーバッテリーの項参照），そのため電気コードの被覆材料などとして利用されてきた。代表的な高分子材料はポリ塩化ビニルで，電気絶縁性に優れているだけ

半導体チップ
（写真提供：（株）東芝）

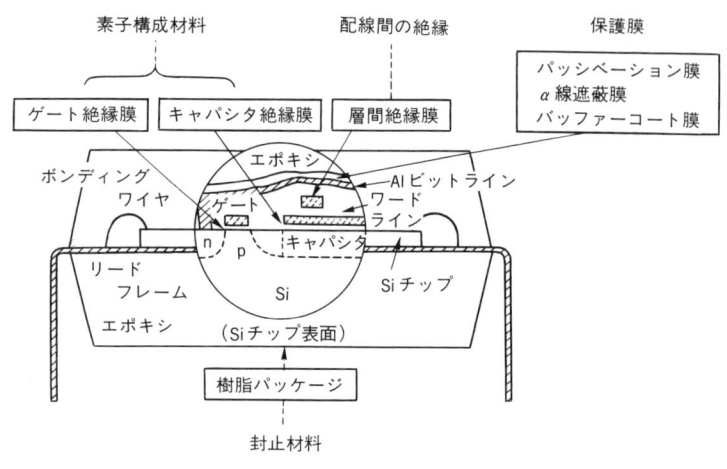

図4.1 半導体チップの構造

でなく，水を通さない，簡単に破れない，柔らかい，軽いなどの特長がある。これを合成高分子材料が開発される以前に用いられた紙，布，雲母などと比べると利便性や安全性の点から優れていることがわかる。

一方，最先端の精密エレクトロニクス部品である半導体の封止剤として使用するためには，高分子材料にどのような性能が要求されるのだろうか。最近のLSIでは，配線の導体間の幅はミクロン以下になっており，これだけの微細配線構造を保持し，1 cmあたり数MVにも達する高電界の負荷の下でも絶縁破壊を生じないことが基本である。また，LSIの高集積化に伴い，動作中に発生する熱も無視できなくなっている。単なる耐熱性能（200 ℃程度まで必要とされる）だけでなく，熱を効率よく外部に放出するためには熱伝導性がよく，デバイス形状の最適化が容易な成形加工性に優れた材料が望まれている。さらに熱による膨張・収縮が繰り返されることによる品質の劣化，ガスや水蒸気の浸透・透過に対する遮断性など多くの厳しい基準をクリアーすることが求められる。今日までに達成された半導体デバイスの急速な高集積化には，この封止剤技術の進歩が大きな役割を果たしてきた。現在もさらに高性能な半導体デバイスを実現するための封止樹脂の開発競争が続けられている。

さて，このような厳しい要求に応えることのできる封止剤用高分子材料としては，エポキシ樹脂とよばれる高分子材料が広く用いられている。エポキシ樹脂には多くのバリエーションがあるが，基本的な合成経路は図4.2に示すとおりである。ビスフェノールA型またはノボラック型とよばれる二つまたは多数のエポキシ基（3員環状エーテル基）を有する低分子化合物またはオリゴマーを，硬化剤（架橋反応を起こす化合物）のアミン類，カルボン酸または酸無水物類などと混合して加熱すると，エポキシ基の開環反応が逐次的に進行して高分子鎖が伸長するとともに，

枝分かれや，ついには橋かけが生じて，不溶・不融の樹脂生成物が得られる。これは2液型の接着剤にも共通のプロセスだが，特に封止剤に用いる場合には，硬化剤のアミン類や酸無水物類が樹脂中に残存すると，これが水蒸気との反応によってイオン化して特にアルミニウムによる配線部を腐食する原因となる。また生成する官能基が極性であるために樹脂が吸湿し，これによる品質の低下が生じる。そこで，硬化反応によって生じる官能基をエーテル結合とするようなフェノールノボラック樹脂を硬化剤として用いることが多い。

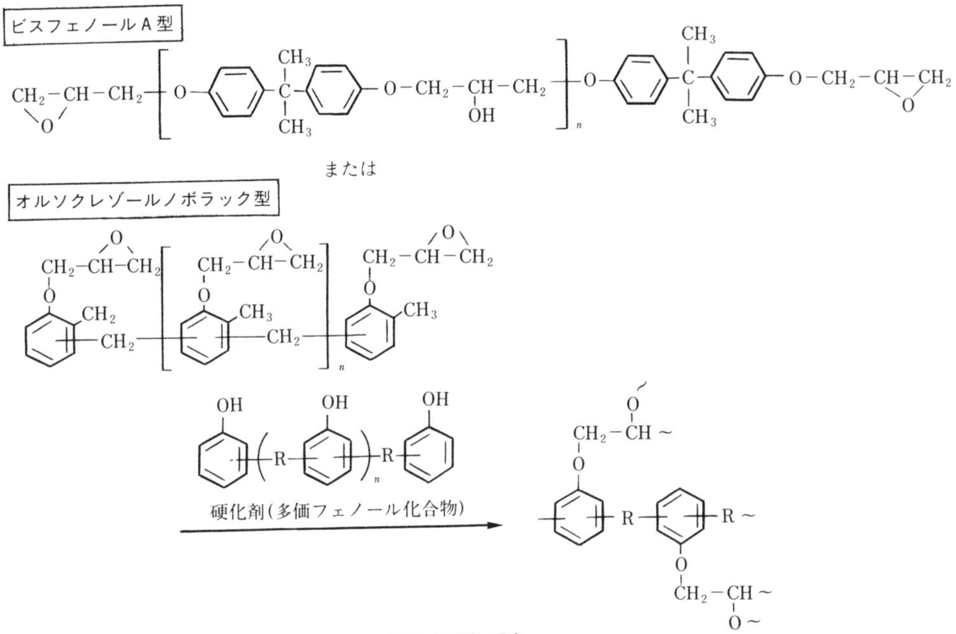

図 4.2 エポキシ樹脂の硬化反応

とりわけ，最新の高集積・小型半導体に使用する場合には，半導体を基板にはんだ付けする（260 ℃のはんだ中に浸漬する）際の樹脂の熱ストレスや樹脂中に吸収された微量水分の気化によるクラックの発生を防止することが課題となっている。これに対応するエポキシ樹脂として，耐熱性の優れた無機化合物を高密度充填することができる，溶融粘度の小さいエポキシ樹脂（図 4.3）が開発されている。

一方エポキシ樹脂は，熱硬化型の樹脂であるため，いったん硬化させた樹脂を再利用することは困難である。実際，金型の導入部などで硬化し不用となるために廃棄される樹脂量は全体の 40～70 % にも達するとされる。また熱硬化型の反応であるため成型時間が長く（1～3分程度）かかる。最近になって耐熱性にすぐれたエンジニアリングプラスチック（エンプラ）が次々に開発されているが，これらは熱可塑性樹脂であり，射出成型によって短時間（10～20秒程度）での封止が可能となる。さら

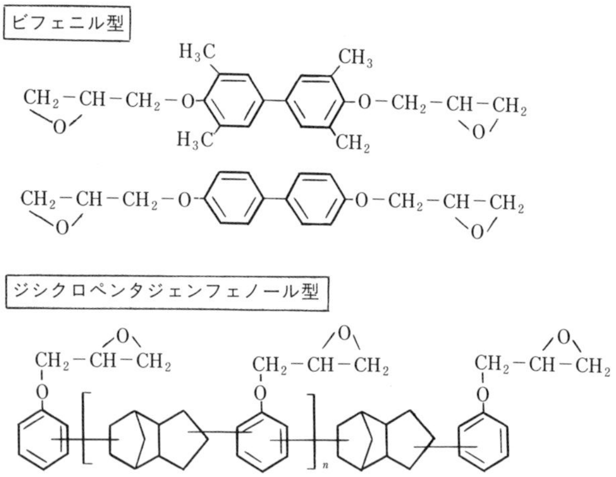

図 4.3　低粘度エポキシ樹脂

に大きな利点は，熱可塑性であるために樹脂が再利用可能であることで，省資源，リサイクルの観点からも有望なものと考えられる。そこで，ポリフェニレンサルファイド，液晶ポリエステル，ポリイミドなどを封止剤として利用するための技術開発が進められている。

　また半導体デバイスには，封止剤とともにデバイス特性を安定に維持することを目的として，種々の高分子材料薄膜も用いられている（図4.1）。多層チップの層間に挟まれる層間絶縁膜，チップへの水蒸気や不純物の浸透を防止するパッシベーション膜，封止樹脂中の放射性物質からチップを保護する α 線遮断膜，封止剤中の熱応力の集中を緩和するバッファーコート膜などがあり，これらの薄膜材料に求められる共通の特性は，純度，接着性，低誘電性，低吸水性，化学的安定性，機械的強度など多岐にわたっている。特に半導体の製造工程では 300〜500℃にも達する熱処理工程もあることから，耐熱性が重要である。そこで，エンプラの中でも耐熱性にすぐれたポリイミド（図 4.4）材料が多く用いられる。またシリコーン型高分子のひとつであるはしご型ポリシロキサンの応用も検討されている（図 4.5）。

　これらの高分子薄膜は，一般にスピンコートによる溶液キャストによって作製されるが，10 nm 以下の超薄膜が最先端 LSI 用の絶縁膜として求められるようになり，スピンコート法では膜厚の均一性や塗膜の密着性などで限界となってきた。そこで，より品質の高い超薄膜の作製技術の開発も進められている。

　そのひとつにプラズマ重合法がある。これは，モノマーを交流電界プラズマに導入して分解・活性化して基板上に重合・堆積させる方法で，生成する高分子は高度に橋かけした容易に軟化しない優れた耐熱・絶縁破壊強度をもっている。このため，コンデンサーや抵抗の絶縁膜として

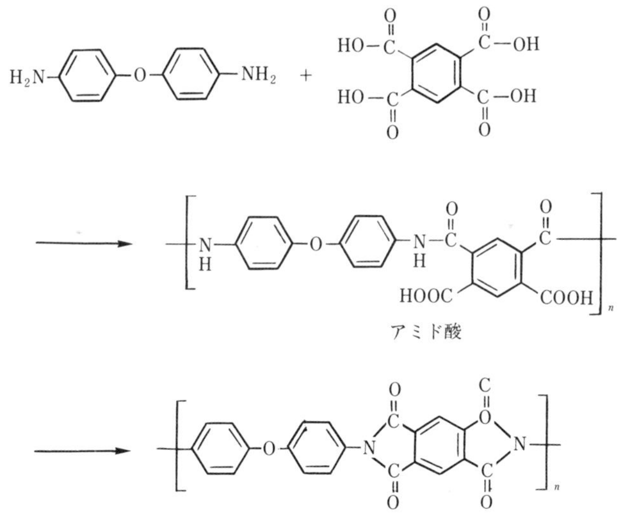

図 4.4　ポリイミドの合成法

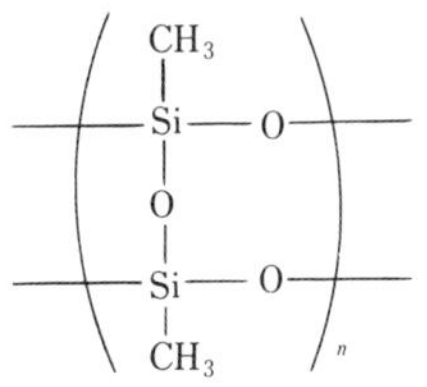

図 4.5　はしご型（ラダー）ポリシロキサン

すでに利用されている。

　また最近，ラングミュアー・ブロジェット（LB）法を利用した耐熱性の良好なポリイミド超薄膜の作製法が開発された。LB 法は，長鎖アルキル基などの疎水基とアンモニウム塩基などの親水基の両方を一分子中に持つ両親媒性分子を気液（空気と水）界面に展開して得られる安定な単分子膜であり，これを累積することによって多層の超薄膜を作製することができる。このプロセスを応用しポリイミドの前駆体であるポリアミド酸の長鎖アルキルアミン塩（図 4.6）を水面上に展開し，累積した後に加熱処理を行ってイミド化反応を進行させると長鎖アルキルアミンが脱離してポリイミド LB 膜が形成される。この超薄膜は，良好な耐熱性に加えて構造上の欠陥が少ないため絶縁破壊強度も高い。

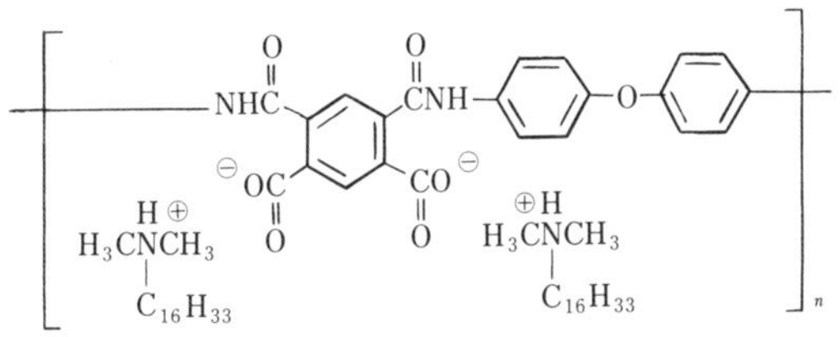

図 4.6　LB 膜を形成するポリイミド前駆体

　さらに，蒸着重合法も検討されている。この方法では，ポリイミドを合成するための出発モノマーとなるピロメリット酸無水物と 4,4′-ジアミノフェニルエーテルを常に等モルとなるように調整しながら真空蒸着装置に導入する。これによってモノマーは基板上に共蒸着して重縮合反応が進行しポリアミド酸の薄膜が形成される。このとき，基板の温度を 250〜300 ℃に設定するとイミド化反応も同時に進行してポリイミド薄膜

が形成される。実際この方法で作製した超薄膜は，耐熱性や電気的特性の点で通常のポリイミド薄膜と同等の特性を示す。

4.1.2 プリント配線基板

最新のエレクトロニクス機器だけでなく，冷蔵庫，洗濯機，電気炊飯器などのありふれた電化製品でも，その内部にはコンデンサ，抵抗，半導体チップなどをプリント回路で連結した茶色や緑色のボードがあることに気づく。このボードがプリント配線基板で，文字どおりエレクトロニクスを支える縁の下の力持ちとなっている。

このプリント配線基板に使用される代表的な高分子材料とその主な用途を表 4.1 に示す。いずれも耐熱性の繊維材料（グラスファイバーなど）を熱硬化性プラスチックに含浸し硬化処理をした複合材料である。また，簡単な回路から精密・複雑な回路になるにしたがって材料も変化していくのがわかる。例えば一般の電気機器にも用いられ生産量は最も多い単純な片面板には，安価な紙フェノール基板が使用される。一方，両面板や多層板ではよりすぐれた絶縁特性，耐熱性，低熱膨張性，低誘電率が要求され，さらに多層板では積層した基板間に微少な孔（スルーホール）を貫通させ，この孔を通して回路の連結を行うため，孔の開ける場合の加工性も重要な課題となる。そこで携帯用パソコンなどの最新エレクトロニクス機器などの高密度な配線が求められるものには，特に耐熱性のすぐれたポリイミドをベースにしたプリント配線基板が用いられる。そして現在も，プリント配線基板の高密度化は，携帯型エレクトロニクス機器の小型化・軽量化をめざす開発競争の主たるターゲットとなっている。

表 4.1　プリント配線板の現状

		主な用途		適用基板例
片　面　板		カラーテレビ クーラー ステレオ	冷蔵庫 時計 計測器	紙フェノール ↓
両　面　板		高級 VTR ビデオカメラ 計測器	POS ファクシミリ 自動車用電子機器	ガラスエポキシ ↓
多層板	3〜8 層	パソコン ワープロ シーケンサ	NC 機器 半導体テストボード 通信機	
	10 層以上	大型コンピュータ 防衛機器 通信機		ポリイミドガラス ↓

また携帯電話に使用されるプリント配線基板では，需要の増加とともに通信に用いられる電波の周波数が高くなると，基板高分子材料の比誘電率や誘電正接などの電気的性質に基づく誘電損失によって通信効率が低下するため，比誘電率や誘電正接が小さいという電気的性質にすぐれた高分子材料，すなわちテフロン樹脂，トリアジン樹脂（図 4.7），ポリフェニレンオキシド（PPO）樹脂などが用いられる。また一方，コストや加工性の点から優位にある従来のエポキシ樹脂を基本に，樹脂中の極性基濃度を低下させることにより高周波特性を改善した改良型エポキシ樹脂も開発された。

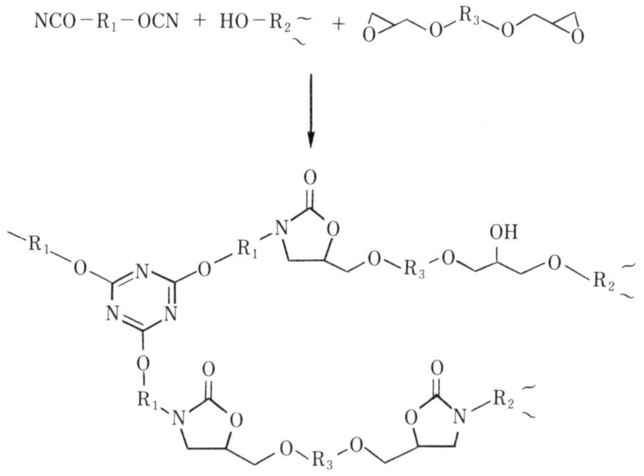

図4.7 トリアジン樹脂の生成反応

さらに，プリント配線基板に対しても環境負荷のより少ない素材・製造プロセスが求められている。従来から電気・電子機器部品であるプリント配線基板には，火災防止のため難燃性であることが求められてきたが，この目的に使用されたハロゲン系化合物，アンチモン系低分子添加剤には発がん性などの問題が指摘され，臭素化ビスフェノール A をモノマー成分として含むエポキシ樹脂による代替が進んできた。しかし最近，これらハロゲン化高分子の焼却処分の際に高毒性のダイオキシンが発生する可能性が指摘されているため，基板樹脂構成成分の再検討，リンや窒素系の添加剤の利用などの対策によってハロゲンをまったく含まない難燃性のプリント配線基板も開発された。

4.1.3 ポリマーバッテリー

これまでに見てきたとおり，半導体の封止材料やプリント配線基板に用いられる高分子材料の大きな特徴は電気絶縁性であり，導電性の金属材料で構成される配線回路と組み合わせて最終的に電子デバイスが組み立てられる。ところが近年になって，高分子材料としては"非常識"と

も考えられた電気を通す（導電性）性質を発現する新素材が合成できるようになった。これら導電性高分子は，特にポリマーバッテリー（電池）のデバイスとして利用すると，従来の電池に比べて軽量化や薄膜化が可能となり，さらにさまざまな形状に容易に成型加工することができるため，ノートパソコンや携帯電話をはじめとする携帯型エレクトロニクス機器類の普及の鍵を握るキーデバイスである充電可能な二次電池の電極素材として開発が進められている。現在すでに実用化されたものもあり，さらに一層の小型化・軽量化，起電力を長時間維持する長寿命化，高速充電特性，充電-放電サイクルに対する耐久性などの性能向上をめざす技術開発競争が進行している。

　ところで導電性高分子材料としては，本来電気絶縁性の高分子材料（シリコーンゴム，ポリ塩化ビニル樹脂，ポリエチレンフィルム，エポキシ樹脂，フェノール樹脂など）に，導電性のカーボン，金属片などを練り込んで混合・分散させたものもある。これらはパソコンのキーボードやテレビのリモコンに用いられる導電性ラバースイッチ，静電気の発生を防止する印刷ロールや紡績用ロールとして使用されている。しかしこの場合の導電性のメカニズムは，絶縁性高分子媒体中に分散した導電性フィラー間の電子の移動によるものであり，この電子移動は必ずしもすべてのフィラーが接触・連結していることは必要でない（トンネル効果）。したがって，この場合の高分子材料の役割は，ゴム，フィルム，プラスチックとしての二次的なものである。

　一方，高分子物質そのものに導電性を付与するには高分子の一次化学構造に基づいた分子設計が求められる。ポリエチレンやナイロンなどの高分子では，分子鎖を構成する原子間の結合は飽和結合であり，主鎖に沿った結合中に存在する電子は特定の結合間に拘束され（局在化），主鎖に沿って自由に移動する（非局在化）にはきわめて大きなエネルギー障壁がある。また，主鎖に沿ってベンゼン環などの非局在化の可能な電子（π電子）を含むポリエステルやポリイミドの場合も，ベンゼン環同士の結合は飽和結合によって分断されているため，やはり主鎖に沿った電子の自由な移動には大きなエネルギー障壁がある。

　ところがπ電子が高分子主鎖に沿って全体に広がることのできる特別な構造（全共役）の高分子では，主鎖に沿った電子の移動に対するエネルギー障壁は小さくなるものと考えられる。このような全共役型高分子として最も簡単な構造をもつのがポリアセチレン（図4.8）である。

　ポリアセチレンは，1958年にチーグラー触媒を用いたアセチレンの重合反応によって合成された。しかしここで得られた高分子生成物は，

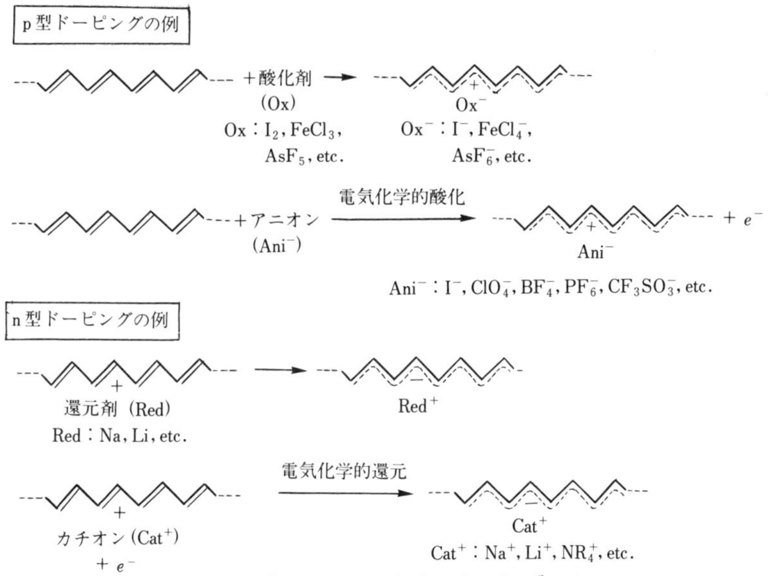

p型ドーピングの例

```
～～～～ ＋酸化剤   →   ～～～＋～～ ---
           (Ox)              Ox⁻
  Ox：I₂, FeCl₃,         Ox⁻：I⁻, FeCl₄⁻,
  AsF₅, etc.             AsF₆⁻, etc.
```

$$\text{～～～} + \text{アニオン} (Ani^-) \xrightarrow{\text{電気化学的酸化}} \text{～～}_{Ani^-}^{+}\text{～～} + e^-$$

Ani⁻：I⁻, ClO₄⁻, BF₄⁻, PF₆⁻, CF₃SO₃⁻, etc.

n型ドーピングの例

```
～～＋～～   →   ～～＝～～
還元剤 (Red)       Red⁺
Red：Na, Li, etc.
```

$$\text{～～}_{+e^-}^{+\text{カチオン}(Cat^+)}\text{～～} \xrightarrow{\text{電気化学的還元}} \text{～～}_{Cat^+}^{-}\text{～～}$$

Cat⁺：Na⁺, Li⁺, NR₄⁺, etc.

図 4.8 ポリアセチレンとそのドーピング

高分子の主鎖に沿って広がるπ電子による分子間の相互作用が強いために不溶・不融物質となり，デバイスとしての利用を図るためのフィルム成型ができなかった。しかし1970年代になって，このポリアセチレンの合成方法として触媒溶液の表面でアセチレンの重合を進行させ，気液界面にフィルム状の高分子生成物を形成させる方法が考案された[*1]。こうして合成されたポリアセチレンは，主鎖の二重結合がトランス構造で連結している全共役高分子で，電気伝導度が 10^{-5} Scm^{-1} 程度の半導体となることが確かめられた。さらにその後1977年になって，このポリアセチレンフィルムにヨウ素やAsF₅などの強い電子吸引性化合物（ルイス酸）を添加（ドープ）すると（図4.8），電気伝導度が著しく向上することが発見され[*2]，全世界で多くの研究が始められることになった。現在では電気伝導度が銅や銀（700 Scm^{-1}）に匹敵するポリアセチレン系導電性高分子が得られている。

全共役型高分子としてポリアセチレンの他にこれまでに合成された代表的なものとしては，ポリ-p-フェニレン，ポリフェニレンビニレン，ポリピロール，ポリチオフェン，ポリアニリンなどがある。その構造と合成方法をそれぞれ図4.9と図4.10に示す。このうちポリアセチレンは電気化学反応に対する安定性が乏しいため，ポリマーバッテリーなどの実用的なデバイス素材としては限界があると考えられている。しかし一方，全共役型高分子は導電性のほかにも非線形光学効果などオプトエレクトロニクス新素材としてのユニークな物性を発現することが明らかになり，その基本的モデル高分子としても重要な役割を果たしている。

[*1] 白川英樹（東工大，筑波大）
[*2] 白川，マクダミッド（ペンシルバニア大），ヒーガー（カリフォルニア大）
　この業績に対して2000年度ノーベル化学賞が授与された。

図4.9 全共役型高分子

$+CH=CH+_n$
ポリアセチレン
PA

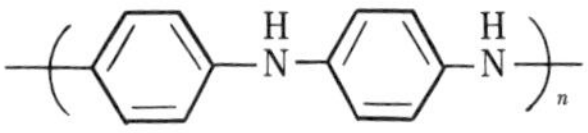

ポリアニリン
PAn

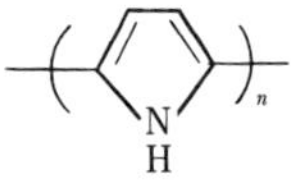

ポリピロール
PPy

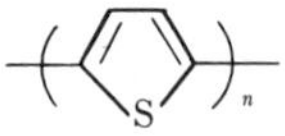

ポリ2,5-チエニレン
またはポリチオフェン
PTh

ポリ p-フェニレン
PPP

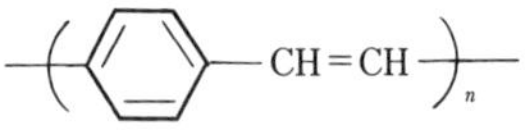

ポリフェニレンビニレン
PPV

図4.10 全共役型高分子の合成

化学的重合法

(1) チグラー・ナッタ触媒による重合

$$n\,CH\equiv CH \xrightarrow{Ti(OBu)_4 - AlR_3} +CH=CH+_n$$
PA

(2) 芳香族化合物の酸化による重合

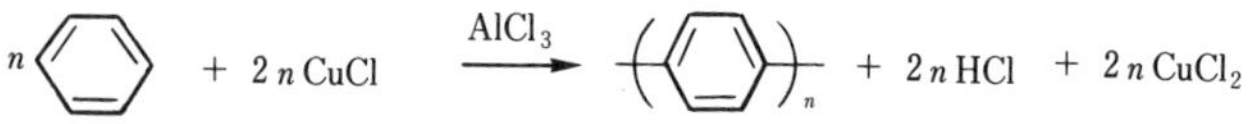

$$n\,\text{C}_6\text{H}_6 + 2n\,CuCl \xrightarrow{AlCl_3} (\text{PPP})_n + 2n\,HCl + 2n\,CuCl_2$$

$$n\,\text{pyrrole} + (2+2x)n\,FeCl_3 \rightarrow \text{doped-PPy} \cdot xFeCl_4^- + 2n\,HCl + (2+x)n\,FeCl_2$$

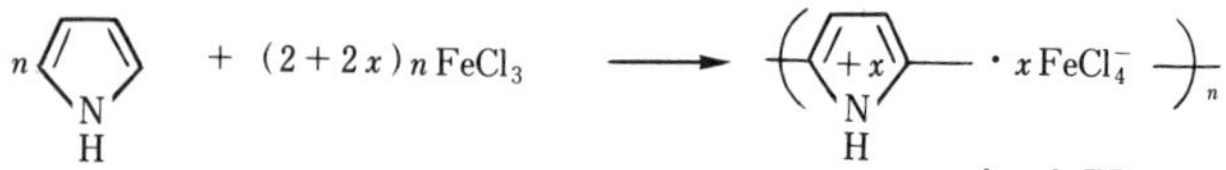

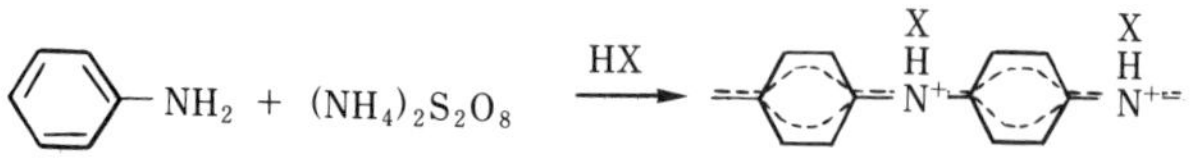

$$\text{C}_6\text{H}_5\text{-NH}_2 + (NH_4)_2S_2O_8 \xrightarrow{HX} \text{doped-PAn}$$

HX: H_2SO_4, etc.

(3) C-Cカップリングによる重合

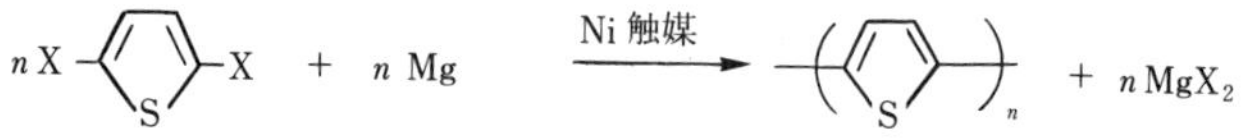

$$n\,X\text{-thiophene-}X + n\,Mg \xrightarrow{Ni触媒} (\text{PTh})_n + n\,MgX_2$$

$$n\,\text{(R,X-thiophene)} \xrightarrow{ルイス酸} (\text{PTh-R})_n + n\,HX$$

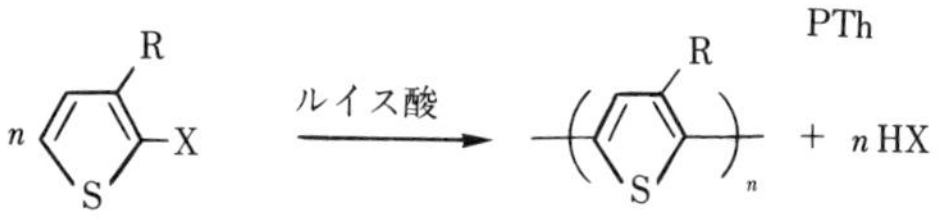

電気化学的重合法

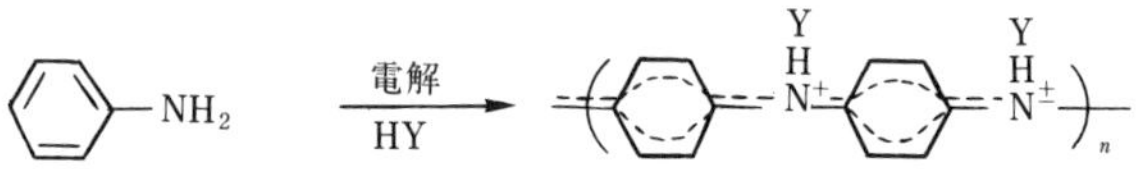

$$\text{C}_6\text{H}_5\text{-NH}_2 \xrightarrow[HY]{電解} \text{doped-PAn}$$

HY: H_2SO_4, $HClO_4$, etc.

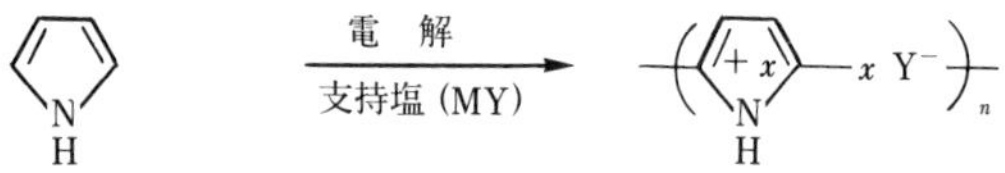

$$\text{pyrrole} \xrightarrow[支持塩(MY)]{電解} \text{doped-PPy}$$

MY: $(NBu_4)Y$, LiY, etc.
($Y^- = ClO_4^-$, BF_4^-, PF_6^-, RSO_3^-, etc.)

その他の合成法

$$+\text{C}_6\text{H}_4\text{-CH(R}_2S^+X^-\text{)-CH}_2+_n \xrightarrow{加熱} +\text{C}_6\text{H}_4\text{-CH=CH}+_n$$
PPV

ポリマーバッテリーの原理を図 4.11 に示す。電極に用いることのできる電池活物質となるポリマーには酸化還元活性を示し，酸化状態と還元状態で大きく異なる電位を発生することが求められる。放電の際には正極から電解質アニオンが放出され（脱アニオンドーピング），一方負極からは電解質カチオンが放出される（脱カチオンドーピング）。したがって放電によって正極，負極ともに電荷が減少して電池の寿命となる。ここで二次電池の場合には充電操作によって放電の際の逆反応が生じる。すなわち正極では電解質アニオンが取り込まれ（アニオンドーピング），負極では電解質カチオンが取り込まれる（カチオンドーピング）。そこで電解質アニオンおよびカチオンの両方に対してドーピングおよび脱ドーピングのできる導電性高分子は電池活物質として用いることができる。ポリアセチレンおよびポリチオフェンはこの両特性を持っている。一方，電解質アニオンにだけドーピング・脱ドーピングが可能で，電気化学的反応に対する安定性や膜材料としての成型性や強度の点で優れたポリピロールやポリアニリンを正極とし，リチウムを負極とする，リチウム二次電池が実用化されている。

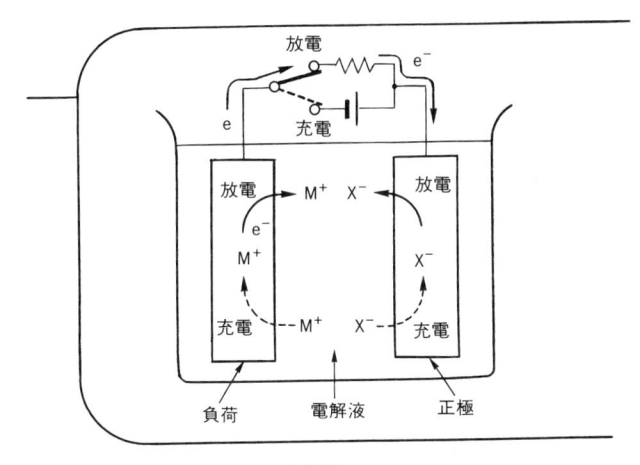

図4.11 ポリマーバッテリーの原理

また最近，ジスルフィドポリマーとポリアニリンを組み合わせた新しいポリマーバッテリーが開発された。ここで用いるジスルフィドポリ

マーは図 4.12 に示す充電および放電反応を行う。このポリマーは，放電過程での低分子生成物の解離による電極基体からの脱離をポリアニリンとの複合化によって抑制することができ，さらにポリアニリンがジスルフィドの酸化還元反応の触媒として作用することによって充電放電特性が向上している。これらの結果，無機材料を用いる電池に劣らない容量密度を達成することができるという。

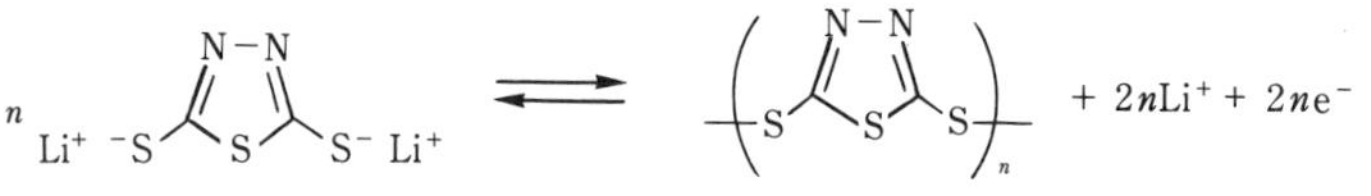

$$n \text{Li}^+ \text{ }^-\text{S} \underset{S}{\overset{N-N}{\diagup\!\!\!\diagdown}} \text{S}^- \text{Li}^+ \rightleftarrows \left(\text{S} \underset{S}{\overset{N-N}{\diagup\!\!\!\diagdown}} \text{S}\right)_n + 2n\text{Li}^+ + 2ne^-$$

図 4.12　新しいポリマーバッテリー材料

4.2 エレクトロニクスを設計する光学有機材料

4.2.1 はじめに

今日の高度情報化社会は IC とよばれる半導体集積回路の発展によってもたらされてきたといっても過言ではない。

IC は数十 μm^2 の大きさの微細なトランジスタやコンデンサ，抵抗などを 1 cm^2 当たり 100 万個以上も集積して 1 つの機能を発揮するように組織化した電子回路システムである。IC の高集積化により，コンピュータは著しい進歩を遂げ，30 年以上前にはビルディングいっぱいに作られた電子計算機が手のひらよりも小さいサイズにまで小型化され，今日のパーソナルコンピュータ，ノート型コンピュータの普及に寄与している。

このような回路システムを構築するため，「レジスト」とよばれる感光性高分子が活躍している。

4.2.2 リソグラフィーとレジスト

リソグラフィーは 15 世紀ごろ彫刻鋼板（エッチング）に始まり，19 世紀に発達した写真製版技術によって培われてきたものである。このリソグラフィー技術が半導体用シリコンウエファの微細加工に転用され，集積回路が構築されるに至っている。

集積回路構築のためのリソグラフィーシステムはシリコンウエファ (Silicon Wefa) とよばれるシリコン基板上に作った酸化皮膜をエッチング加工するために用いられる。その製作工程を図 4.13 に示す。

単結晶シリコンを直径 25〜150 mm，厚さ 0.3〜0.7 mm の円柱状に加工したシリコンウエファを 1,000〜1,200℃に加熱するとウエファの表面が酸化され，薄膜が形成する。このようにして作った酸化皮

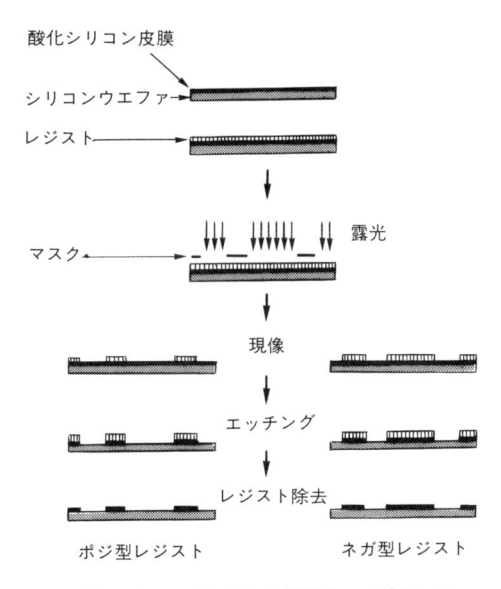

図4.13 マイクロリソグラフィープロセス

膜にレジストとよばれる感光性樹脂を塗布する。次にこのレジスト上にマスクとよばれる微細パターンを施した覆いを通して露光する。レジストは露光によりその溶解特性を変化させるため，レジスト膜を現像することにより微細なパターンが形成される。このとき露光部分が現像によって基板から取り除かれるものをポジ型レジスト，露光部分が残存するものをネガ型レジストとよぶ。

現像後，基板に残ったレジストを保護膜として基板をエッチングし，レジストパターンを酸化シリコン皮膜に転写される。最後にレジスト膜を除去して微細加工を終了する。このようにして作成したシリコンウエファはイオン注入などにより不純物を導入し，半導体回路を作成する。この行程において酸化シリコン皮膜はシリコン基板へのドーピングを妨げ，効率よく微細回路が形成される。1つのICを製造する過程でこのような行程が20数回以上も繰り返し施される。

4.2.3 光化学の基礎

物質が光を吸収して化学反応を起こすことは古くから知られていたが，光が化学反応に積極的に利用されるようになったのは20世紀に入ってからである。光化学反応は光のエネルギーを原子または分子が吸収することにより始まる。この光の光量子1個当たりのエネルギーは下式で与えられる。

$$E = h\nu$$

ここで，h はプランク定数（6.62×10^{-27} erg s），ν は光の振動数であ

る。このように光量子の振動数に対応したエネルギーを受け取って基底状態の分子が励起状態になる（図 4.14）。励起状態にある分子は熱やケイ光，リン光などのような光でエネルギーを放出するもののほかに，それ自身，ラジカルやイオンなどの活性種となって化学反応を起こす。

系に光を入射したとき，入射した光と透過した光の強度の比，透過率（T）は次の式で表される（Lambert-Beerの法則）。

$$\log T = \log(I/I_0) = \varepsilon lc$$

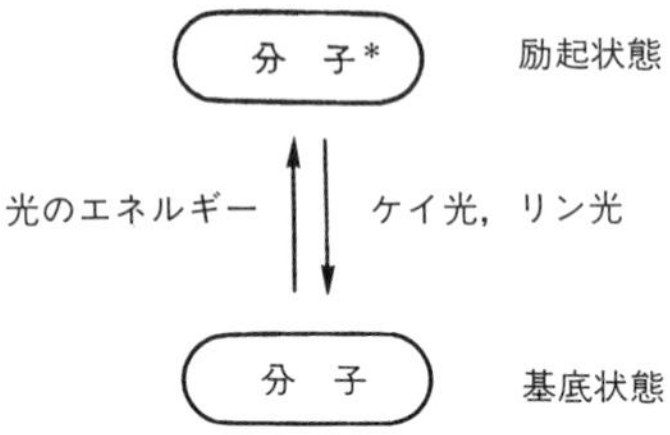

ここで，I, I_0 は透過光および入射光の強度，l, c はそれぞれ，系の厚さ（cm）および吸収物質の濃度（mol L^{-1}）を表す。このときの ε を吸収物質のモル吸光係数という（L mol^{-1}cm^{-1}）。このようにして吸収された光のエネルギーは図 4.14 に示したように，すべて化学反応に使われるのではなく，熱やケイ光，リン光といった光に変換される。そこで，系に吸収された光量子の数と，目的とする反応にあずかった分子の数との比率を量子収率 Φ と定義する。このように光化学反応では光の振動数，光量子の数（光の強度）また，材料としてはモル吸光係数そして量子収率が重要な因子となる。

図 4.14 光エネルギーの吸収
（光による分子の励起）

4.2.4 レジストの基本原理

上述のようにレジストに光を照射すると照射したところだけが光化学反応を起こし，その性質（特に溶解性）を変化させ，現像によってパターンが得られる。光化学反応の代表例としては

1）光架橋
2）光分解（解重合）
3）光変性
4）光重合

などがあげられる。

ほとんどの高分子は直鎖構造を有している限り，適当な溶媒に溶かすことが可能である。しかし高分子間に橋架け構造ができると，見かけ上分子量が無限大になり，どのような溶媒にも溶けなくなる。そこで光化学反応により新たな結合を生成するような官能基を高分子側鎖に導入し，光照射により架橋させるタイプが光架橋型レジストである。この場合，照射したところだけ溶剤に不溶になるため，ネガ型のパターンを与える（図 4.15(a)）。

高分子はその分子量が大きくなるにつれて自由度が極端に制限され，エントロピー的に不利な状態になる。特に，重合によるエンタルピー利得よりもエントロピー損失がきわめて大きくなると，室温近傍で解重合

性を示すようになる。このようなポリマーでは光照射により活性種を生成させることができれば光解重合してポリマーの分子量を減少させることができる。レジストのパターン形成は上述の光架橋のように完全な不溶体を形成しなくとも，溶解速度に有意な差があればよく，特にポジ型レジスト材料として有用である（図4.15(b)）。

光変性タイプはレジストそれ自身が光照射によって変性し，溶解度を変化させるものと（図 4.15(c)），光により変性する化合物をレジストに混入させ，その化合物の溶解性変化によりレジスト膜自体の現像特性を変化させるものがある（図4.15(d)）。

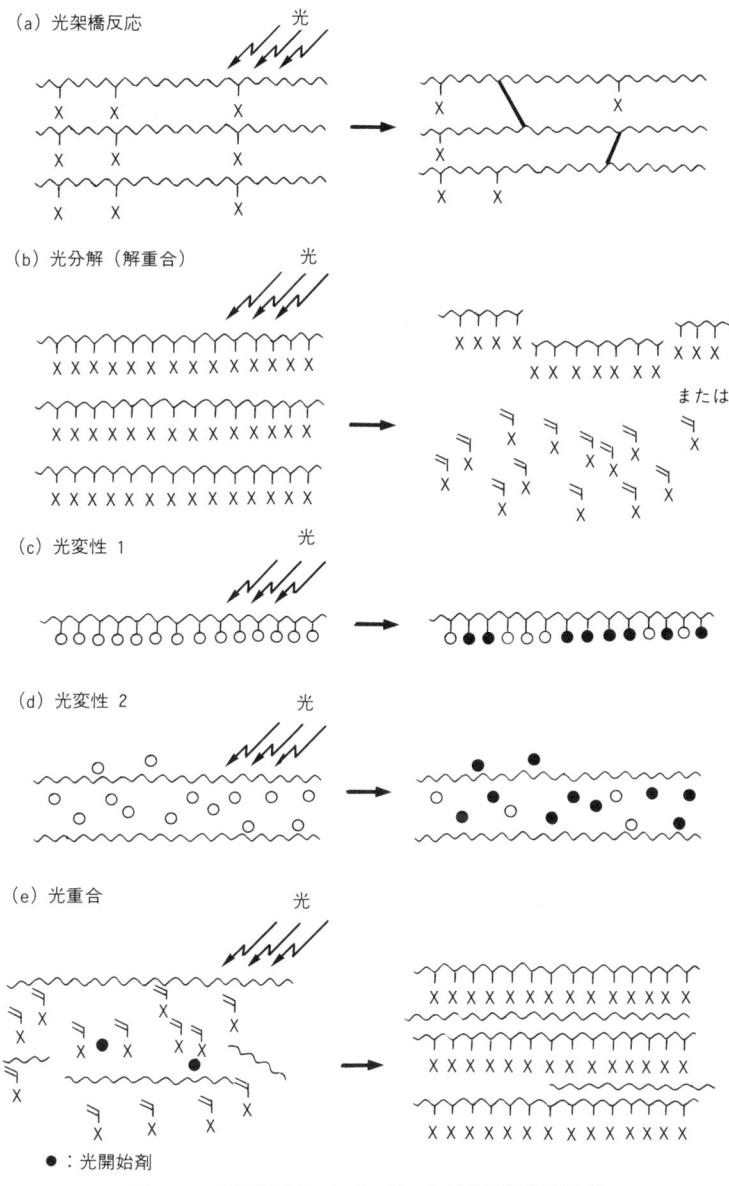

図 4.15　光化学反応によるレジスト材料の基本的原理

光重合では光解重合と反対に，光照射によりモノマーを重合させ，高分子化により溶解性の変化を導く。通常は図 4.15(e) に示したようにマトリックスポリマーに低分子モノマーを含浸させる。

　このほかでは最近特に注目を集めている化学増幅レジストがある。これは IBM の伊藤らが 80 年代に提唱したレジストの高感度化の原理である。図 4.16 にその原理を示す。光照射によって酸を発生させ，その酸が触媒になり変性や解重合などを引き起こさせ，溶解度を変化させる。この場合，1 つのプロトン酸が多数の反応の触媒として働くため，この触媒としてのターンオーバー回数が量子収率から限定される感度を著しく向上させるため，次世代のプロセスとして着目されている。

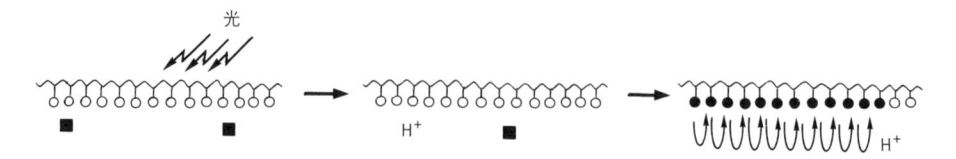

図 4.16　光酸発生剤による化学増幅レジスト系

4.2.5　レジストに要求される物性

　高性能レジストを実現させるにはさまざまな物性に関する要求を満足する必要があるが，特に以下に述べる 3 つの特性はきわめて重要なファクターである。

1）感度
2）解像度
3）耐ドライエッチング性

　上述のように半導体集積回路を構築するためには通常でも 20 数回，多いときに 30 回以上ものリソグラフィー工程が必要である。これらの作業工程に要する時間は直接，レジスト材料の感度に支配される。感度が高い，すなわち低い露光量で寸法精度のよいパターンを形成することがもっとも重要なポイントである。図 4.17 には典型的なネガ型およびポジ型の感度特性曲線を示す。このように横軸に感度，縦軸には膜厚の残存している程度（規格化残存膜厚）の相関をとり，露光源の強度が増加することに残存膜厚が増加するネガタイプおよび逆に減少するポジタイプとに分類できる。

　ネガ型の感度は通常，残存膜厚が 50％ に達するところの露光源強度 Dg^{50} で表す。一方，ポジ型の場合には通常，完全に膜が現像される点，Dg^{100} で表される。もちろん高感度レジストとしてはこれらの値が小さいほどよい。

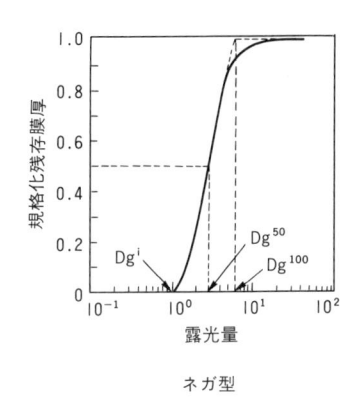

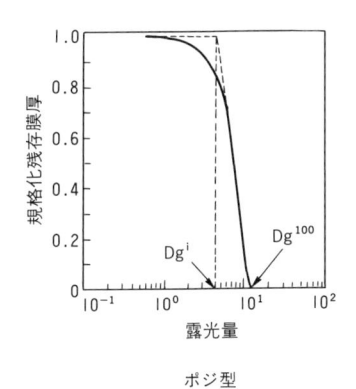

図4.17 ネガおよびポジ型レジストの感度特性曲線

　また，感度曲線の直線部の勾配値は照射強度変化に伴う残存膜厚変化を示し，γ-値という。このγ-値はレジスト解像度を表す1つの指標となる。

$$\gamma = 0.5 \log|(Dg^{0.5}/Dg^i)|^{-1}$$

　図4.13に示したように，リソグラフィーを施した基板表面は表面酸化皮膜をエッチングする工程に進むことになる。エッチングは酸やアルカリなどによる湿式エッチングとCF_4やCl_2などのガス存在下でのプラズマなどを用いる乾式エッチング（ドライエッチング）があるが，最近の微細加工パターンのエッチングではドライエッチングが主流となりつつある。

　プラズマによるエッチングでは，その高いエネルギーにより通常の有機ポリマーの耐性が十分ではなく，せっかく形成したパターンが確実に転写されない場合がある。これはプラズマ中のイオンやラジカルと反応して気化する分子やイオン，ラジカル種を形成するため，せっかく形成したレジスト被膜が消失してしまうためである。したがって，ドライエッチング耐性を持たせるにはプラズマ活性種と反応しにくい材料が必要になる。このような要件を満たすためには，炭素含有量が高く，酸素や窒素などをあまり含まない材料が好ましい。ベンゼン環のような芳香族置換基はそれを含まないものに比べて2から4倍高いエッチング耐性を示す。

　このほか，レジスト材料に要求される要件としては特に作業環境と現在の設備などの兼ね合いから，水溶液現像できるものが好ましい。

4.2.6 レジスト各論

(1) i/g線レジスト

光化学反応に用いられる光源の1つ超高圧水銀ランプではg線とよば

コラム	火星探索にも日本の技術が…

ケイ皮酸残基をもつビニルエーテルモノマーをカチオン重合して得られる高性能感光性ポリマーは，実は日本で開発された。30年近く前の話になるが，当時通産省工業技術院繊維高分子研究所の加藤政雄博士らが開発し，製造されたマイクロ波トランジスターは，火星探索ロケット"バイキング号"をはじめ多くの人工衛星に搭載されるなど，宇宙開発に大いに貢献したのである。

れる 486 nm および i 線とよばれる 365 nm の光が利用される。

コダック社の Kodak Photo Resist（KPR）はフォトレジストの語源にもなったように初期の画期的なレジスト材料である。KPR は図 4.18 に示すポリケイ皮酸ビニルを主成分とするレジストである。ケイ皮酸は 300 nm 付近の光を吸収し，環状二量化することが知られている。したがって，このケイ皮酸残基をポリマーにぶら下げた KPR では光により架橋反応を起こし，ネガ型のレジスト用材料となる。ここで露光源の超高圧水銀ランプは 300 nm 付近に強い輝線がないので，通常増感剤が使われる。例えばミヒラーケトンは 380 nm までの光を効率よく吸収するので，このような増感剤を加えることにより i 線で効率的に架橋するネガ型レジストとすることができる。

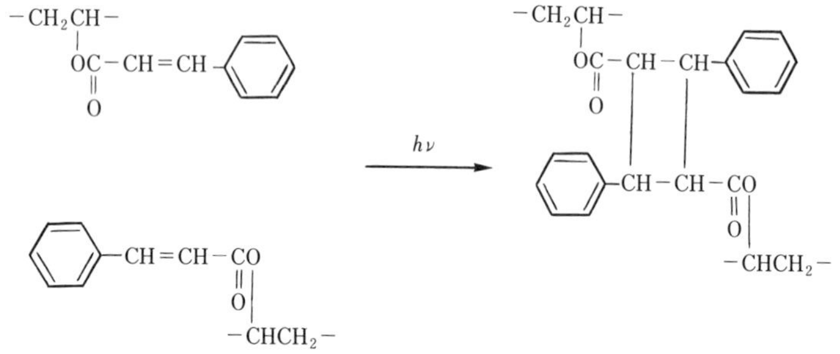

図 4.18　ポリケイ皮酸ビニルおよびその光架橋反応

アジドは光によりナイトレンを生じる。ナイトレンは図 4.19 に示すようにきわめて高活性で種々の化学反応を引き起こすことが知られている。

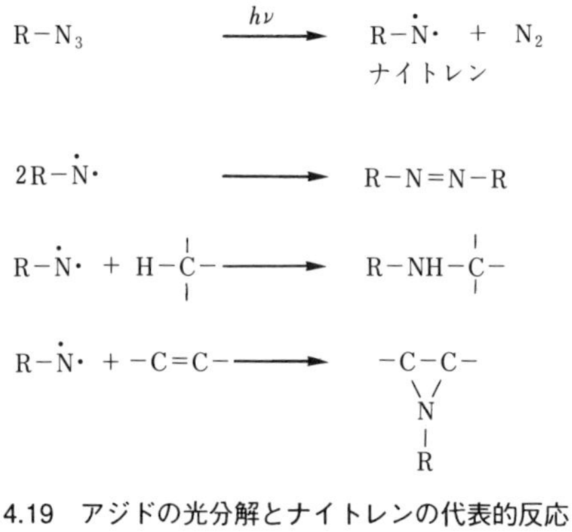

図 4.19　アジドの光分解とナイトレンの代表的反応

このアジドを利用したフォトレジストが環化ゴム−ビスアジド系である。天然あるいは合成ゴムをスズなどにより環化させた環化ゴムと 2 つのアジド基を有するビスアジド化合物を組み合わせ，光照射により発生したナイトレンと環化ゴムの不飽和基との間で架橋を起こさせるものである（図 4.20）。

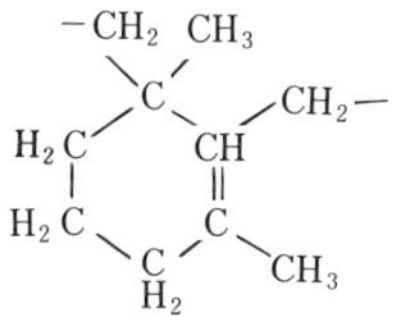

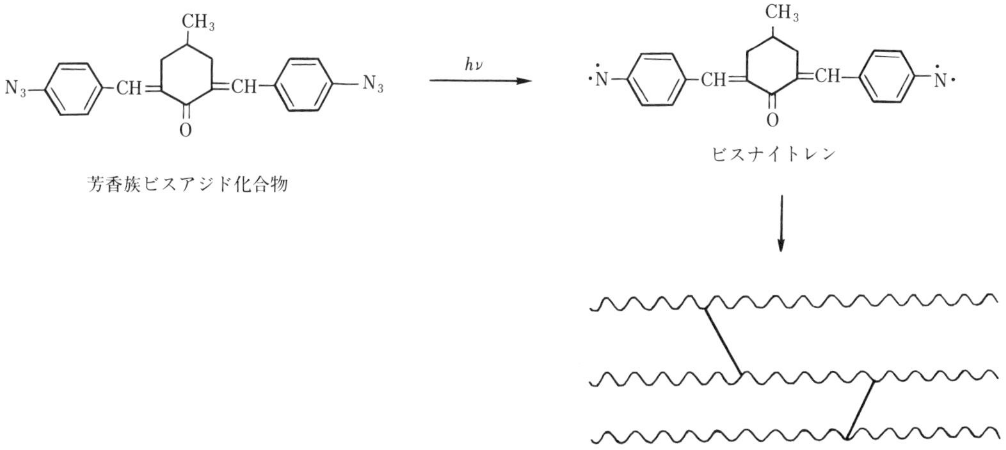

図 4.20　環化ゴムの構造とビスアジドとの光架橋反応

　光変性によるポジ型フォトレジストの代表例として，ジアゾナフトキノン/クレゾールノボラック樹脂が開発されている。ジアゾナフトキノン誘導体は図 4.21 に示すような複雑な構造を有するが，光を吸収し，カルベン，インデンを経由し，レジスト中あるいは空気中の水分を吸収し，インデンカルボン酸となる。このようにジアゾナフトキノンは光化学反応により水溶性化合物に変化する。このような化合物をアルカリ水溶性クレゾールノボラック樹脂（図 4.21）と組み合わせることによりポジ型のフォトレジストが調製されている。すなわち，クレゾールノボラック樹脂/ジアゾナフトキノン混合系では，疎水性のジアゾナフトキノンが溶解抑制剤となりアルカリ水に対する溶解速度がきわめて遅いのに対し，光照射によりインデンカルボン酸に変化するため，アルカリ水に対する溶解速度が向上し，照射部位が優先的に洗い流される。このポジ型レジストの特徴は，ネガ型レジストではたえず問題になる架橋したレジストポリマーの溶媒による膨潤がほとんど無視できる点にあり，フォトレジストの主力となりつつある。

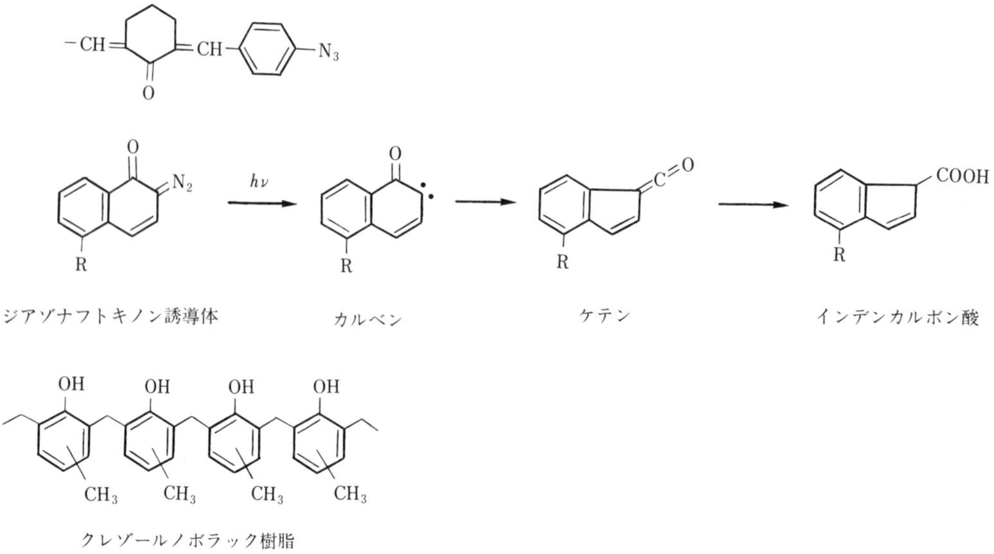

図 4.21 ジアゾナフトキノン／クレゾールノボラック樹脂系フォトレジスト

(2) エキシマレーザレジスト

これまで，i 線，g 線を露光源としたレジストが開発されてきているが，加工の微細度向上の要求は際限なく続く。そして，やがては加工の微細度がこれらの光源で加工できる限界に達してしまうであろう。そこで i/g 線よりも短い波長（短波長 UV 領域）での強い光源として，エキシマレーザが注目を集めている。エキシマレーザは真空紫外から可視領域まで，高出力，高効率の発振ができる。

波長 248 nm の KrF（フッ化クリプトン）エキシマレーザおよび波長 193 nm の ArF（フッ化アルゴン）エキシマレーザが代表的短波超エキシマレーザとして期待されている。これらエキシマレーザを露光源とした場合，高出力による露光時間の短縮化のみならず，絞ったレーザビームでマスクを通さず直接レジストに走査する直接描画法が可能となる。また，短い波長による解像度の向上も期待できるなど，さまざまな利点が考えられる。一方，エキシマレーザを露光源とした場合，従来の i/g 線用レジスト材料では対応ができない。特に 193 nm の ArF エキシマレーザではレジスト自身がこの波長周辺の光を吸収してしまうため，光透過特性が著しく低下してしまうためである。このため，ArF エキシマレーザレジストは新たな材料設計を余儀なくされている。

ノボラック樹脂のような芳香族を有するレジストは 240 nm 付近に大きな吸収を有するため ArF エキシマレーザ用レジストとしては不適である。同様に，ArF エキシマレーザ用レジストは，脱芳香族化が不可欠で

ある。200 nm 以下の波長に対して透明な材料としてはプラスチックガラスとして有名な PMMA があげられる。しかしレジスト材料として考えたとき，上述のエッチング耐性が問題となる。芳香族環を有さず，エッチング耐性の高い材料として，炭素含有量が高く，縮合環状構造を有する脂肪族の導入が検討された。アダマンタンをエステル残基に有するレジスト（図 4.22）はノボラック樹脂と同程度あるいはそれ以上のドライエッチング耐性を示す。

このような ArF エキシマレーザレジストでは 0.15μm 程度のパターンを形成することが可能となってきた。

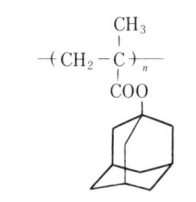

図 4.22 ArF エキシマレーザ用ポリメタクリル酸アダマンチル系レジスト

(3) 電子線レジスト

電子線は前項のエキシマレーザと同様，電子ビームをきわめて細く絞ることができ，これによる直接描画が i 線や g 線のような数百 nm の波長の限界をはるかに超える露光源として期待され，多くの研究が進められている。

電場によって加速された電子線は化合物の電子状態に大きな影響を与える。きわめて高いエネルギーで物質中に電子を入射すると，化合物中の電子が飛び出してイオンやラジカルを生成する。このようにして生成した活性種がさらに化学反応を起こす。このような反応を利用してレジスト中に電子線を照射し，架橋あるいは分解させてパターンを得るのが電子線レジストである。

主鎖に 4 級炭素を有する高分子は電子線分解するポリマーとして知られている。そこで電子線レジスト用材料研究の初期のころにはポリ（メタクリル酸メチル）(PMMA) がポジ型レジストとして検討された（図 4.23）。PMMA では電子線の照射とともに分解し，ポジ型像が得られるものの，その感度は 50μCcm^{-2} (Dg^{50}) とあまり高くはなかった。そこで，感度向上の目的としてさまざまな置換基を 4 級炭素の周りに有する高分子が合成され，その特性が評価された。側鎖にフルオロアルキル基を有する FBM, EBR-9 などは 1μCcm^{-2} (Dg^{50}) 以下のきわめて高い感度を示す。これは電子線に対する感受性が PMMA よりも高いのではなく，分子量低下に伴う溶解性の変化が PMMA に比べて著しく大きいためである。

図 4.23 ポジ型電子線レジスト用ポリ（メタ）アクリル酸誘導体

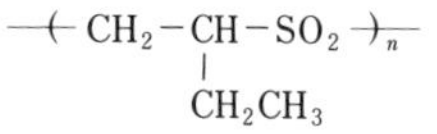

$+\!\!\!\!-\mathrm{CH_2-CH-SO_2}\!-\!\!\!\!+_n$
　　　　|
　　　CH$_2$CH$_3$

図4.24 ポジ型電子線レジスト用ポリブテンスルホン

ポリスルホンもまた，電子線により分解するポリマーとして知られている（図4.24）。ポリブテンスルホン（PBS）はPMMAよりも電子線に対する感受性が高く，FBMやEBR-9などと同様きわめて高い感度を示す（$Dg^{50}<1\mu Ccm^{-2}$）。

このように電子線ポジ型レジストはその感度および解像度との十分なレベルに達しているが，その対エッチング耐性が高くはない。したがって，現状ではフォトレジスト用のフォトマスク作製など，一部の用途に限られて実用化されているのが現状である。また，さらなるエッチング耐性向上のためのさまざまな試みがなされている。

電子線を照射することによって架橋させるネガ型電子線レジスト（図4.25）としてはエポキシを有するポリグリシジルメタクリレート誘導体がある。電子線によりエポキシ環が効率よく架橋し，高感度でネガパターンを与える（$Dg^{50}<1\mu Ccm^{-2}$）。芳香族環を有するポリクロロメチルスチレン（PCMS）は電子線に対して架橋するとともに，エッチング耐性を兼ね備えたレジストである。分極率の高いC-Cl結合が電子線によって切断され，ベンジルラジカルを生成し，架橋反応が進行するものである。PCMSは数μCcm^{-2}程度の比較的高感度レジストである。

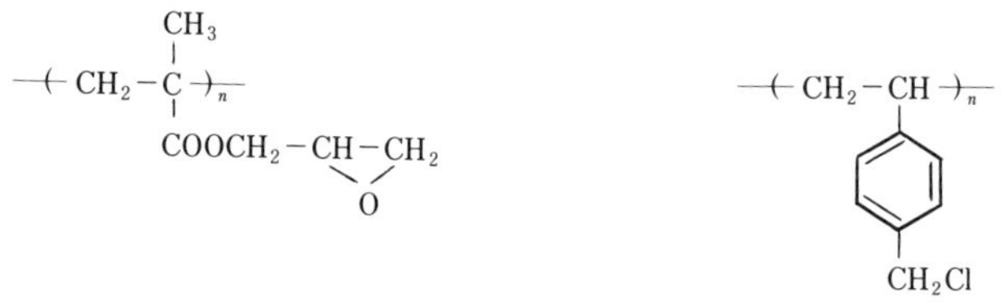

PGMA　　　　　　　　　PCMS

図4.25 ネガ型電子線レジスト用レジスト

このように電子線によるレジストはフォトレジストに比べて極微細構造をパターン化することができ，フォトレジストの次の世代のレジストとして有望である。しかしながらそのエッチング耐性のほか，現像液など，さまざまな問題を解決する必要が残っている。

(4) 化学増幅レジスト

露光によって酸を発生する酸発生剤と酸によって変性するポリマーを組み合わせた化学増幅型レジストはわずかの酸の発生が触媒的にポリマーの変性を促進するためきわめて高感度なレジストとして期待されている。図4.26にオニウム塩とポリ（t-ブトキシカルボニルオキシスチレン）からなる化学増幅系レジストを示す。光によりオニウム塩からH$^+$が発生し，このH$^+$によってブトキシカルボニル基が分解し，アルカリ現像性のポリビニルフェノールに変化する。この場合，量子収率はオニ

ウム塩への光量子の吸収効率によって決まるもの，生成した酸が次々とブトキシカルボニル基を分解していくため，見かけ上の量子収率がきわめてあがる結果，高い感度が得られる。

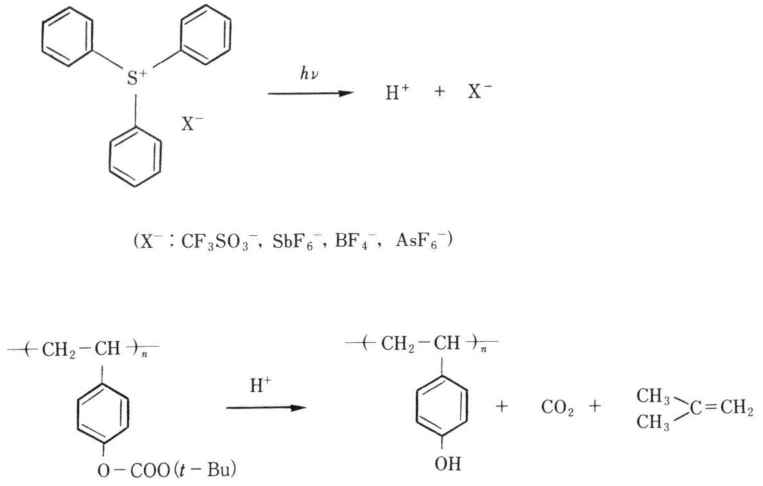

$$(C_6H_5)_3S^+ X^- \xrightarrow{h\nu} H^+ + X^-$$

(X^-：$CF_3SO_3^-$，SbF_6^-，BF_4^-，AsF_6^-)

ポリ(p-t-ブトキシカルボニルオキシスチレン) $\xrightarrow{H^+}$ ポリ(p-ヒドロキシスチレン) + CO_2 + $(CH_3)_2C=CH_2$

図4.26　ポリ(*p-t*-ブトキシカルボニルオキシスチレン)とオニウム塩からなる化学増幅ポジ型レジスト

この化学増幅型レジストは酸触媒による変性方法により，ネガ型もポジ型も可能である。上述のブトキシカルボニル保護基のほかにアセタールや*t*-ブチルエステル，シロキシなどが考案されている(図4.27)。一方，酸触媒により変性して不溶化する反応としてはメラミン系化合物による架橋反応のほかに酸によるさまざまな極性変化反応が考案されている(図4.28)。

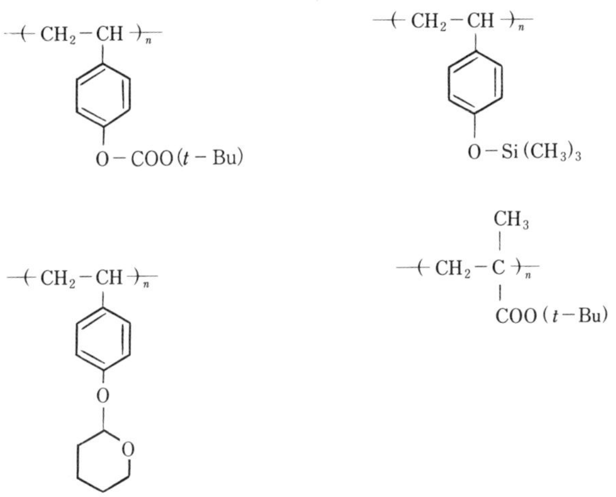

図4.27　酸反応によりアルカリ可溶性を示すポジ型レジスト

化学増幅レジストの重要なプロセスとしては光照射によって発生した酸を拡散させ，酸触媒反応を十分に進行させる必要がある。このため光照射後に熱処理をする工程が必要となる(Post Exposure Bake；PEB工程)。

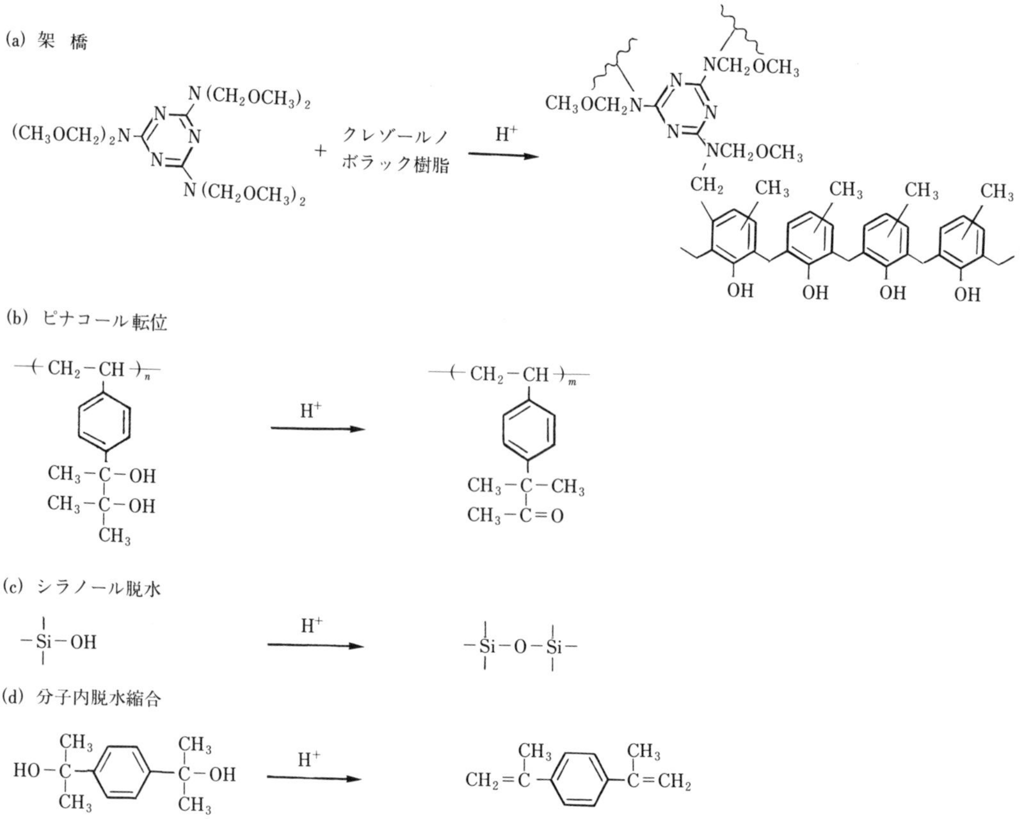

(a) 架橋

(b) ピナコール転位

(c) シラノール脱水

(d) 分子内脱水縮合

図 4.28 ネガ型化学増幅系レジストの反応様式

(5) その他のレジスト

波長 1 nm 程度の軟 X 線を露光源とする X 線レジストは，シンクロトロン放射光の実用化とともに，現実味を帯びてきている。X 線露光では，電子線露光のように電子線の散乱の影響を無視できるため，期待されている手法の 1 つである。また，H や Ga などのイオンビームによるパターン形成も将来期待できる技術の 1 つであろう。

参考文献

1) 井上祥平，宮田清蔵，『高分子材料の化学（第 2 版）』，丸善（1993）．
2) 片岡俊郎ほか，『エンジニアリングプラスチック（高分子新素材 One Point）』，共立出版（1987）．
3) 佐藤文彦ほか，『耐熱・絶縁材料（高分子新素材 One Point）』，共立出版（1988）．
4) 吉村進，『導電性ポリマー（高分子新素材 One Point）』，共立出版（1987）．
5) 山本隆一，松永孜，『ポリマーバッテリー（高分子新素材 One Point）』，共立出版（1990）．

5 環境に優しい高分子材料

5.1 省エネルギー・省資源を実現する分離機能材料

　現代社会の重要な課題の1つは資源・エネルギー問題である。地球上でもっとも大切な資源である石油，石炭などの化石燃料は有限で，このままの消費（浪費）が続けば近い将来それは枯渇する。また，資源・エネルギー問題はごみ問題，大気，海洋の汚染，地球温暖化などを考えれば明らかな様に，もう1つの重要課題である環境問題とも密接に関連している。

　蒸留などの分離プロセスは化学工業において，エネルギー（化石燃料）を多量に必要とする。この分離プロセスを，エネルギー消費量の小さい手段によって行えば，資源・エネルギーおよび環境に関わる諸問題の解決に大きく寄与することとなる。

　ここでは，有機材料が省エネルギー・省資源を実現する分離機能材料として，どのような形で利用されているか，また利用が可能となるかについて述べることとする。

5.1.1 樹脂による分離

(1) イオン交換樹脂

　イオン交換樹脂の歴史は古く，機能性ポリマーの最初の実用例であるといわれる。イオン交換膜はイオン交換樹脂に比べれば実用化の歴史は浅いが，現在ではイオン交換樹脂と同様，各方面で用いられている。それらの応用例は，実験室規模の物質の分離（イオン交換クロマトグラフィー）や，純水製造からソーダ工業や海水淡水化装置（国によっては

工業的というよりむしろ政策的ともいったほうがよい規模で行なわれている）にも及ぶ。海水の淡水化を例にとれば，本来イオン交換によらなければ，非常に多大なエネルギー（蒸発，凝縮が必要）を要するものであることは容易に想像がつくことであろう。ここではイオン交換樹脂について，それらの合成法，構造と原理，および応用について述べる。

(a) 構造と原理

現在用いられている汎用のイオン交換樹脂は，ビーズ状の高分子ゲルを修飾し，酸性のスルホン基や塩基性の 4 級アンモニウム基を導入したものである。酸性基を導入したものを陽イオン交換樹脂，塩基性基を導入したものを陰イオン交換樹脂という。各イオン交換樹脂の構造およびイオン交換の様子を模式化した図を示す（図 5.1）。これらの樹脂は架橋ゲル化すると高分子が溶媒に不溶となることを利用し，樹脂の表面に酸性または塩基性の基を導入，溶液中から交換すべき対イオンをそれぞれの酸性基，塩基性基の共役塩基または酸の塩の形で樹脂表面に束縛し，イオン交換を行なう。

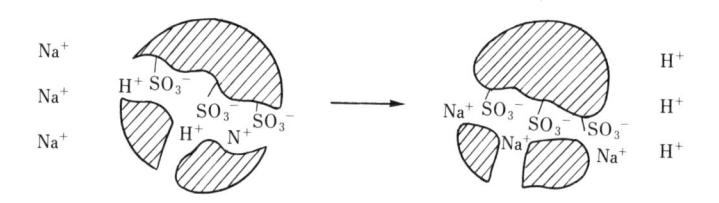

陽イオン交換樹脂

陰イオン交換樹脂

図 5.1 イオン交換樹脂

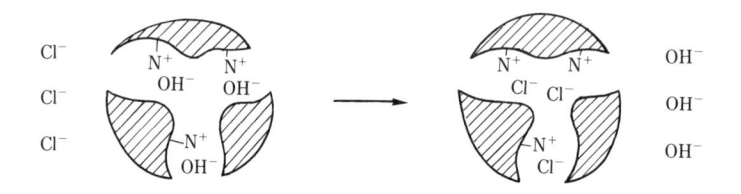

(b) 合　成

架橋ゲル化高分子へのイオン交換基（官能基）の導入は大別して

i) ビーズ状の高分子ゲルをまず作った後に高分子反応により，目的の官能基を導入する。

ii) 官能基を有するモノマーを合成し，架橋剤との共重合または単独重合の後に架橋させることにより網目構造中に導入する。

の2つの方法がある。汎用のイオン交換樹脂として用いられるポリスチレンゲルの網目構造に、高分子反応でスルホン基、4級アンモニウム基を導入する方法を図5.2に示す。

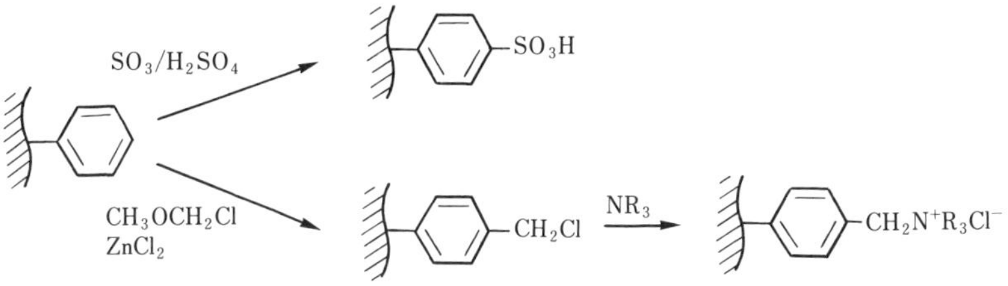

図5.2 高分子反応による官能基導入例

イオン交換樹脂の官能基を結合する網目状高分子ゲル担体として、最も広く使用されているのは、スチレンとジビニルベンゼン（架橋剤）を共重合させて合成したビーズ状ポリスチレンゲルである。ビーズ状のゲルは、開始剤に油溶性ラジカル重合開始剤を用い、モノマー溶液を安定剤を添加した水中で適当な速度で撹拌し、モノマーを分散させた状態で重合させる懸濁重合法で合成する。

(2) クロマトグラフィー用充填剤

クロマトグラフィーは分離法として現代化学の研究、開発に欠くことのできない手法である。しかし、工業的には他の分離法と比べ大量処理やコストの観点から実用例が少ない。有機材料の範疇から少し離れるが、クロマトグラフィーの重要性および、高い分離能という特性からこれからの発展が期待されるので、広い意味での有機材料として代表的なクロマトグラフィー用充填剤をここに紹介する。

(a) GPC（Gel Permeation Chromatography）用充填剤

GPCは分子ふるいクロマトグラフィー、サイズ排除クロマトグラフィー(Size Exclusion Chromatography)ともよばれ、充填剤粒子中の細孔またはネットワークを利用して分離するもので、分子をその大きさ（流体力学的体積）でふるいわけ、分離する。そのため充填剤は分離対象の分子と相互作用がない材料が用いられる。一般に、高い分離能、強度（耐溶媒性、耐圧性など）、多孔性などが要求される。実際には、有機溶媒用としては、スチレンに架橋剤としてジビニルベンゼンなどを少量加えて共重合（懸濁重合）したビーズが主力である。モノマーの溶媒であってポリマーの非溶媒である溶媒を添加して重合し、重合後、溶媒を除去することでビーズに細孔を形成し、多孔質化する。一方、水系溶媒用のものは、ポリマーと溶媒および非溶媒の混合液を適当な媒体中に液滴として分散し、液滴から溶媒だけを除去することでポリマーを沈殿さ

せた後，非溶媒を除去して細孔を形成させる方法が一般的である。

スチレン ＋ ジビニルベンゼン → (BPO 1 wt%, 60℃, 水中) 架橋ゲル

(b) イオン交換クロマトグラフィー用充填剤

クロマトグラフィー用に均質にビーズ化されたイオン交換樹脂（図5.1）が用いられる。

(c) 光学分割用充填剤

鏡像体の分離は，医薬など生体関連分野ではきわめて重要な課題である。鎮静催眠薬として発売されたサリドマイド*による医療事故は，対掌体の一方（S-体のみ）に催奇形性があったのにもかかわらず，S-体を含むサリドマイドを医薬品として用いたことによる。サリドマイドの生理活性作用の鏡像体による差異は，液体クロマトグラフィーによるサリドマイドの光学分割の成功によって明らかにされた。

医薬品に限らず，強誘電性液晶や非線形光学材料の分野にも光学活性物質が使用される。これらの研究，開発にはクロマトグラフィーによる光学分割はこれからますます不可欠な手段となることであろう。

* サリドマイド

(S) 催奇形性あり
(R) 催奇形性なし

最近，サリドマイドは米国の FDA（食品医薬品局）から，ハンセン病の治療薬として認可され，さらにエイズやベーチェット病，ガンの増殖作用の抑制に効果があることがわかってきているが，その使用においては充分な注意が必要であり，過去の悲劇を繰り返してはならない。

強誘電性液晶

キラルな非線形光学材料

光学分割用充填剤は大別すると2つに分けられる。

i) 不斉識別能を有するキラルな低分子化合物をシリカゲルのような担持体に結合させた充填剤（低分子系）。

ii) キラルな高分子を利用した充填剤（高分子系）。

ここでは，有機材料の1つと考えられる高分子系の充填剤について述べる。

キラルな高分子は，架橋ゲルとしてそのまま充填剤として用いることはできなくもないが，適当な粒径や粒径分布のものを調製することが難しいこと，HPLCに用いる場合機械的強度が十分でないことから，シリカゲルやポリスチレンゲルを支持体とする場合が多い。高分子系の固定相の例を図 5.3 に示す。高分子系固定相の場合ほとんどのキラルポリマーは規則的な高次構造をとる。

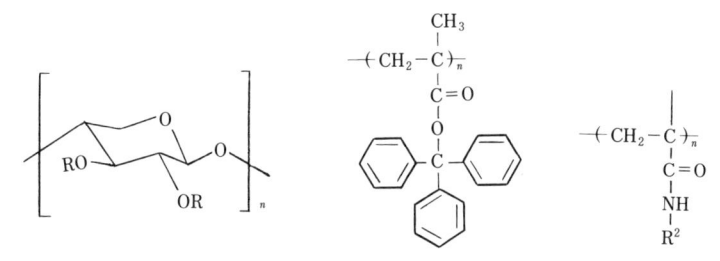

図5.3　高分子系キラル固定相

(d)　アフィニティークロマトグラフィー用充填剤

抗原と抗体，酵素と基質などのきわめて特異性の高い相互作用を利用して，生体物質などの分離，精製，さらには定量を行うのがアフィニティークロマトグラフィーである。生体物質と特異的な相互作用（親和力）を有する化合物（リガンド）を適当な担体に結合させこれをカラムに詰めて使用する。原理を図5.4 に，リガンドとして用いられるものの例を表5.1 に示す。アフィニティークロマトグラフィーは，緩衝液を溶

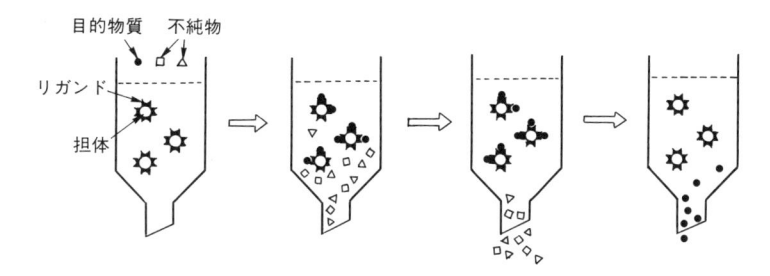

図5.4　アフィニティークロマトグラフィーの原理

離液として用いるので，坦体は親水性に富んでいる必要がある。また，リガンドを固定化できるような反応性官能基を有し，物理的，化学的に安定で，多孔性であることが要求され，アガロース，デキストラン，セルロースなどの多糖の架橋ゲルが用いられている。

表5.1　アフィニティークロマトグラフィー用リガンド

リガンド	目的物質
L-トリプトファン	L-トリプトファン結合タンパク質
コンカナバリン	糖・糖タンパク質
DNA	DNA ポリメラーゼ
ポリリボイノシン酸	リボヌクレアーゼ
ヘパリン	アンチトロビンⅢ
p-アミノフェニル-α-D-マンノイド	レクチン

(3) キレート樹脂

キレート樹脂とは，学術的には選択性イオン交換樹脂とよばれるキレート配位子を有する高分子のことで，金属イオンを含む溶液から特定な金属イオンを選択的に捕集する高分子（樹脂）として，レアメタルの回収などの資源の分野や，有害金属の除去など環境の分野でその発展が期待されている。キレート高分子（樹脂）とは狭義には配位能を有する官能基（配位子）をもち，金属とその配位子によって錯体を形成する能力を有する高分子を指すが，広義には，金属キレートがすでに形成されているものもキレート高分子とよんでいる。

(a) キレート樹脂の構造と合成

種々の配位子を有する高分子が提案され，合成されているが，金属と錯体を形成する供与原子として実際に用いられるものは，O（-OH，-COOH，-NO など），N（-NR$_2$，-N＝N-，＝C＝N-など），S（-SH，-NCSなど）である。キレート高分子を合成する方法としては，

1）ポルフィリンなどの配位子や低分子の錯体そのものを有するモノマーを重合または共重合する方法（配位子は低分子）

2）配位子となる官能基を有するモノマーを重合させる方法（分子内の適当な空間配置にある官能基が配位子として働く場合と，分子間でキ

レートを作る場合が考えられる（高分子配位子））

$-CH_2CH_2OOC-\bigcirc-COO(CH_2)_2OOC-\bigcirc-COOCH_2-\cdots \xrightarrow{分解}$

$-CH_2CH_2OOC-\bigcirc-COO\cdot + \cdot H_2CCH_2OOC-\bigcirc-COOCH_2- \xrightarrow{再結合}$

$-(CH_2)_2OOC-\bigcirc-COOH + \cdot H_2CCH_2OOC-\bigcirc-COOCH_2- \xrightarrow[NH_2CH_2CH_2NH_2]{縮合}$

$\cdots-CH_2CH_2OOC-\bigcirc-CONHCH_2CH_2NHOC-\bigcirc-COOCH_2CH_2-\cdots$

[構造図：サレン型配位子が金属Mに配位したポリマー錯体]

3) 低分子錯体と高分子の反応または配位子交換による方法

$DH_2 + CoCl_2\cdot 6H_2O + [\text{ポリ(4-ビニルピリジン)}] + O_2 \longrightarrow$ [コバルト(ジメチルグリオキシム)₂(4-ビニルピリジン)(Cl)錯体]

（DH＝ジメチルグリオキシム）

などがある．

1)の場合は形成されるキレートの構造は明確であるが，2)では高分子鎖の各部位で形成されるキレートの構造（配位数など）が異なることが多い．

(b) 金属イオンの選択捕捉と分離

キレート樹脂は，いくつかの金属イオンを含む混合溶液から特定な金属イオン（UO_2^{2+}など）を選択捕集したり，性質が類似した金属イオン（Ca^{2+}とSr^{2+}など）を分離する機能性高分子として発展してきた．分離の物理化学的理論は錯体の安定度の観点から説明される．他の成書を参考にしていただきたい．ここでは，実際の分離の例を紹介する．

Ca^{2+}とSr^{2+}の分離は，天然水や工業用水の中からSr^{2+}を分離することで実用的な意味を持つ．エピクロルヒドリンと架橋したポリアジリジンと4-クロロ-2,6-ピリジンカルボン酸を反応させて得た樹脂により，Ca^{2+}とSr^{2+}の分離が行われ，適当な条件で微量のSr^{2+}を完全に分離できたとの報告がある（図5.5）．

サリチル酸残基ペンダント樹脂は pH 2～2.7 で Fe^{3+}，4.5～5.5 で

Cr^{3+}, UO_2^{2+}, Cu^{2+}を水溶液中からほぼ100％抽出することができる。

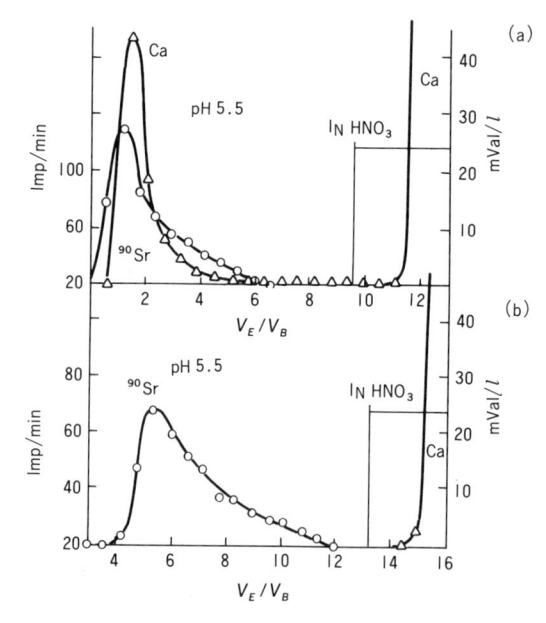

図5.5 $^{90}Sr^{2+}$とCa^{2+}の分離

また，トリアミノフェノールの縮合により合成した樹脂は，グリオキサール-ビス（2-ヒドロキシエチル）の官能基を有し，海水からUO_2^{2+}とCu^{2+}イオンを100％回収できる。

5.1.2 膜による分離

(1) イオン交換膜

イオン交換膜は，膜内にイオン交換基を持つ膜である。陽イオン交換膜ではスルホン基などが，陰イオン交換膜ならば4級アンモニウム塩な

どの電荷を持つ基が，イオン交換樹脂の場合と同様イオン交換膜では膜内に固定されている。イオン交換膜がイオン交換樹脂と異なるのは，イオン交換樹脂が吸着を利用するのに対し，イオン交換膜では，膜内に固定された電荷が反対電荷のイオンに対して選択透過性を示すことを利用していることである。イオン交換膜の実用例を表5.2に示す。

表5.2 イオン交換膜の実用例

電気透析	脱塩（淡水化），製塩，ホエー，しょう油などの脱塩
拡散透析	各種鉱酸廃液からの酸の回収
電解透析	食塩電解，有価金属の電析回収
圧透析	食品などからの圧力を駆動とした脱塩
電池	レドックスフロー電池，濃淡電池，燃料電池，リチウム電池

（大矢晴彦，丹羽雅裕，『高機能分離膜（高分子新素材 One Point）』，共立出版）

このうち，わが国では水銀電解法に代わって行われているイオン交換膜による食塩電解（a）と最近クリーンエネルギーの観点から注目されている濃淡電池（b）の概念図を図5.6に示す。

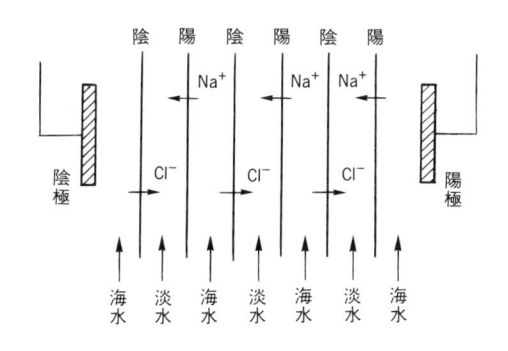

図5.6 濃淡電池の概念図
（大矢晴彦，丹羽雅裕，『高機能分離膜』，共立出版）

食塩電解には，酸化性が強い塩素や濃厚溶液への耐性から，通常の炭化水素系の膜では対処できずパーフルオロカーボン系イオン交換膜が使用されている。米国 Du Pont 社のナフィオン膜はこの例である。ナフィオン膜は，テトラフルオロエチレンとパーフルオロスルホニルエトキシビニルエーテルの共重合体をベースとしている。この共重合体を膜状に成形後，加水分解して構造のイオン交換膜が得られる。

(2) 選択透過（分離）膜

ここでは気体分離膜，透析膜，限外ろ過・逆浸透膜につき実用化されているものを中心に概観する。

$-(CF_2-CF)_n-(CF_2-CF_2)_m-$
$\quad\quad |$
$\quad\quad O$
$\quad\quad |$
$\quad\quad CF_2$
$\quad\quad |$
$\quad\quad CF-CF_3$
$\quad\quad |$
$\quad\quad O-CF_2CF_2SO_3H$

$m = \sim 1000$
$n = 5\sim 14$
$z = 1\sim 3$

ナフィオン膜

(a) 気体分離膜

気体分離膜とは，気体分子の大きさ（多孔質膜：50Å以上の小孔が膜内に存在）や膜への溶解度，膜中での拡散速度の違い（非多孔質膜）で，混合気体（水などに溶解している場合もある）から特定の気体を分離する膜である。現在，例えば空気中の窒素と酸素の分離には圧縮，冷凍など多くのエネルギーが使われており，気体分離膜の省エネルギー材料としての期待は大きい。

1）水素の分離　水素分離に実際に用いられている膜を表 5.3 に示す。燃料電池の実用化，クリーンエネルギーの観点からはもちろん，現在の石油化学においても水素の分離は工業上重要である。

表5.3　代表的な水素分離膜

膜素材	膜モジュール	膜構造	分離係数 (H_2/CH_4)
ポリスルホン多孔質膜/シリコーン	中空糸	複合膜	30〜60
酢酸セルロース	スパイラル	非対称膜	45〜55
ポリイミド	中空糸	非対称膜	200〜250

（大矢晴彦，丹羽雅裕，『高機能分離膜（高分子新素材 One Point)』，共立出版）

2）酸素富化膜　医療用，および燃焼用または発酵用に酸素富化膜が利用されており，現在ポリ4-メチルペンテン-1，またはポリフェニレンオキシドといったポリマーが用いられている。4-メチルペンテン-1は水面上での薄膜化，またポリフェニレンオキシドは多孔質ポリフッ化ビニリデン中空糸に塗布することによって透過速度を増大させ，実用化されている。

これらのポリマーは実際，工業的に生産されている高分子の中で，ポリジメチルシロキサンに次ぐ大きな透過係数を持つ。

工業的に生産されている高分子中最も大きな透過係数を持つ*ポリジメチルシロキサンは，その透過速度の大きさゆえ工業用酸素富化膜に用いられるが，ポリジメチルシロキサン単独では機械的強度が十分でないため薄膜化に問題がある。この欠点を改良するため，ポリエチレンなどのポリマーの間にポリジメチルシロキサンを化学結合でサンドイッチしたような構造の膜が提案されている。

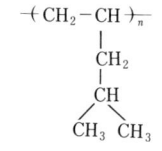

ポリ 4-メチルペンテン-1

ポリフェニレンオキシド

＊ポリ［1-(トリメチルシリル)-1-プロピン］の方が大きな透過係数を持つが工業的には生産されていない。

基本構造

(a)
(b)

—— PE
〜〜 $-[Si(CH_3)_2O]_n-$

ここに示した以外に，燃焼の効率化，地球温暖化防止の観点からポリエーテルスルホンなどのポリマーによる CO_2 分離膜の実用化の検討がされている。

ポリエーテルスルホン

(b) 透析膜

透析というと人工腎臓を連想する人が多いであろう。まさに人工腎臓に用いられているのがこの透析膜である。この他に，食塩とアミノ酸の分離（しょう油の減塩）や酵素と低分子量の塩の分離に用いられている。

透析膜は，i) セルロース系膜，ii) 合成高分子膜，に大別される。

国内においては，i) が主力である。血液透析のような水溶液における分離において，セルロース系膜は低分子量老廃物に対し十分な透過性を有し，その上親水性で，湿潤しても機械的強度に優れるからである。

セルロース

ii) の合成高分子膜としては，

ポリアクリロニトリル膜　ポリアクリロニトリル単独では疎水性のため親水基のスルホン基を持ったメタリルスルホン酸ナトリウムとの共

重合体膜が開発されている。

ポリアクリロニトリル
$-[CH_2-CH_2]_n-$
$\qquad |$
$\qquad CN$

$\qquad CH_3$
$-[CH_2-C]_m-$
$\qquad |$
$\qquad CH_2SO_3Na$

メタリルスルホン酸ナトリウム

$\rightarrow (CH_2-CH)_n-(CH_2-C)_m-$
$\qquad\quad |\qquad\qquad |$
$\qquad\quad CN\qquad\quad CH_3$
$\qquad\qquad\qquad\quad CH_2SO_3^-Na^+$

アクリロニトリル-メタリルスルホン酸ナトリウム共重合体膜

ポリエーテルカーボネート膜　ポリエチレングリコールとポリカーボネートのブロック共重合体膜である。

ポリカーボネート

ポリエチレングリコール

ポリエチレングリコール-ポリカーボネートブロック共重合体膜

エチレン/ビニルアルコール共重合体膜　エチレンと酢酸ビニルをラジカル共重合させ，ケン化して得られる膜である。親水性部（ポリビニルアルコール）と疎水性部（ポリエチレン）は7：3程度である。

ポリエチレン
$-(CH_2-CH_2)_n-$
$-(CH_2-CH)_m-$
$\qquad |$
$\qquad OH$

ポリビニルアルコール

$-(CH_2-CH_2)_n-(CH_2-CH)_m-$
$\qquad\qquad\qquad\qquad |$
$\qquad\qquad\qquad\qquad OH$

エチレン／ビニルアルコール共重合体膜

(c) 限外ろ過膜・逆浸透膜

限外ろ過膜と逆浸透膜の厳密な区別（境界）はない。一般に限外ろ過法とはコロイド溶液など比較的巨大な分子を分離するろ過法に対して，逆浸透法は NaCl など比較的小さなイオンや分子を分離するろ過法に対して用いられるが，実際は広くオーバーラップして用いられている。限外ろ過膜，逆浸透膜は塗装などから出る排水処理（有価成分の回収），タンパク・酵素の分離，除菌，海水淡水化，半導体工業に利用される超純水の製造などに用いられている。

膜の特性には，食品工業向けには耐熱性（加熱滅菌が必要なため），工業用途には耐溶剤性などが求められる。また高い分画性能と大きな透過流束も必要とされる。しかしながら，すべての性能を一種類の膜につ

め込むのには無理があり，使用する条件により最も適切な膜が選択されている。これらの膜はすべて緻密活性層と多孔支持層を持つ非対称膜（複合膜）（図 5.7）である。

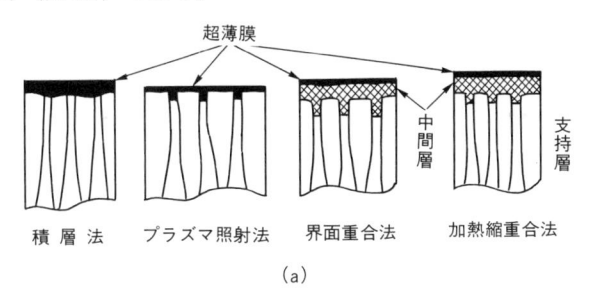

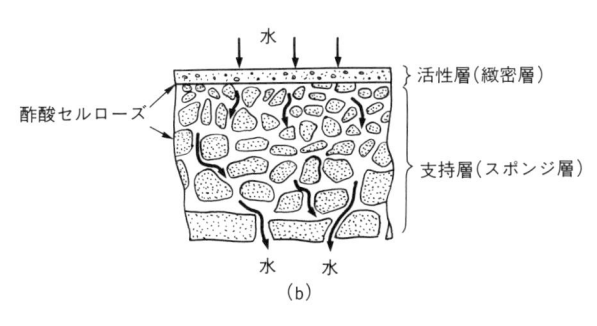

図 5.7 複合膜の種類（a）と複合膜の一例（逆浸透膜断面）（b）
（大矢晴彦，丹羽雅裕『高機能分離膜（高分子新素材 One Point）』，共立出版）

1）限外ろ過膜

ポリスルホン系膜　市販のポリスルホン系膜の構造をつぎに示す。一般にこれらの膜の透水性はポリビニルピロリドンの添加量によって制御される。ポリマー濃度の低下，ポリビニルピロリドン添加量の増大にともない透水性は増大する。その後，濃硫酸浴に通すことにより細孔径をコントロールし，所要の分画性をもたせることができる。

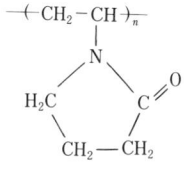

ポリビニルピロリドン

Udel 型（UCC P-1700, P-3500）　ポリスルホン　$n = 50〜80$

Radel 型（UCC P-5000）　ポリフェニルスルホン

Victrex 型（ダイセル DUS-40）　ポリエーテルスルホン

ポリイミド系膜 ブタンテトラカルボン酸と芳香族ジアミンから合成し，側鎖に親水基を導入したポリイミドを，N-メチルピロリドンなどに溶解させ，相転換法により製膜した非対称膜などがある。

2）逆浸透膜

a．高分離率逆浸透膜

ポリアミド系膜 米国 Du Pont 社が開発した非対称膜である DP-1, B-9, B-10 などがあげられる。DP-1 は 3-および 4-アミノベンズヒドラジドとイソフタロイルおよびテレフタロイル酸クロリドをジメチルアセトアミド中で反応させた膜である。

水溶性ポリマー系膜 NS-100（North Star 社），PA-300（UOP 社）などの複合膜が代表例である。

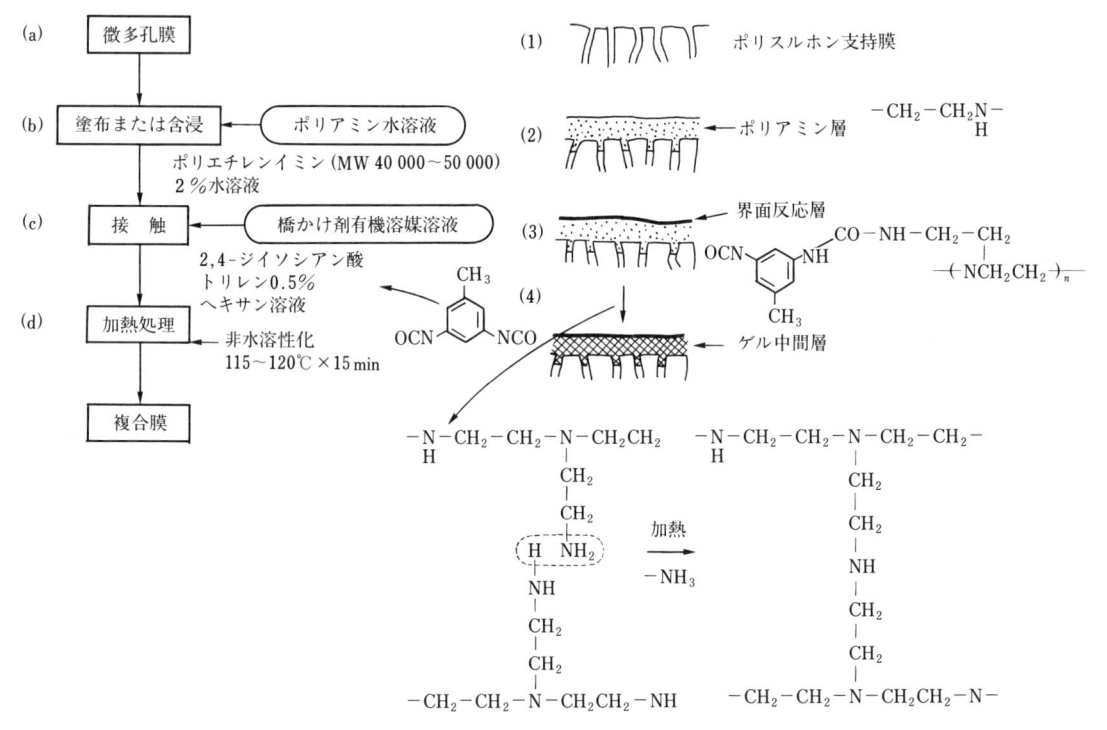

図 5.8 NS-100 の構造および製法　NS-100 界面重合法複合 RO 膜の製法
（大矢晴彦，丹羽雅裕，『高機能分離膜（高分子新素材 One Point）』，共立出版）

重合性モノマー膜　NS-200（North Star 社），FT-30（Film Tech 社），PEC-1000（東レ）などがある。NS-200 は，環状型のポリエーテル構造を持つ膜で，フルフリルアルコールを酸によって縮合し得られる，ポリ（2-メチレンフラン）によって緻密層が得られる。

NS-200膜

b. 低圧逆浸透膜

半導体製造工業や製薬工業などで使用される超純水は逆浸透膜によって製造される。ここで用いられる原料水はそれほど水質が悪くなく，その浸透圧は大変低く，その塩分も非常に少ない。したがって，このような用途には，1 Mpa 以下の操作圧で運転できる低圧逆浸透膜が開発されている。これらの膜には，NS-300（North Star 社），NTR-7250（日東電工）などがある。

NS-300膜

NTR-7250膜

ピペラジンとトリメシン酸クロリドおよびイソフタル酸クロリドの界面重合法により製膜された複合膜で，ピペラジンの含有が高流束を，トリメシン酸のような三官能性成分が高分離率を与えている。

(3) これからの選択透過膜

選択透過膜の最もインテリジェントなものはおそらく生体膜であろう。生体膜はそこに到達した種々の情報により，選択的にイオンや分子を膜内または膜外に（能動的に）輸送する。さらにその情報を他の細胞・器官へ伝達し，複雑な生命活動を支えている。

工業材料としての観点からはいくつかの問題はあるものの，機能としては，21世紀の我々の求める選択透過膜の究極の姿であろう。

5.2 古くて新しい天然高分子・生体高分子

5.2.1 天然高分子・生体高分子

化学という知識を得るはるか以前より，人類は，高分子化合物を使用していた。それは衣服としての毛，革，絹，綿であり，記録材料としての紙，塗料としての漆などである。これらはすべて天然に得られる原料から使用目的にあった成形・加工法で製品（高分子材料）になり，人工的に合成された高分子とは区別され，天然高分子・生体高分子とよばれる。

天然高分子・生体高分子には多くの種類が存在するが，化学的な分類ではタンパク質，糖質，核酸に分類され，そしてさらにこれらの複合物（糖タンパク，糖脂質など）やリグニン（ポリフェノール）を含む場合がある。天然高分子は通常の合成高分子とは異なり，繰り返し単位が必ずしも同じ構造の繰り返しではなく，異なる構造が特定の結合で結ばれている。しかし基本的な構造・結合が存在し，ポリアミド，ポリエーテル，ポリリン酸エステルに分けられる。

表5.4 天然高分子の種類

名称	組成	結合	機能
タンパク質	α-アミノ酸	ペプチド	触媒作用：酵素 生体防御：免疫タンパク質 情報伝達：ホルモン 物質輸送：ヘモグロビン エネルギー源：カゼイン 構造材料：コラーゲン，ケラチン エネルギー変換：アクチン，ミオシン
糖質	単糖	グリコシド	構造材料：セルロース，キチン エネルギー源：アミロース，アミロペクチン 分子認識：糖タンパク質
核酸	核酸塩基＋フラノース＋リン酸	リン酸エステル	情報の保存：DNA 情報の保存：RNA

また天然高分子は機能によってさらに細かく分類できるが（表 5.4），ここでは生体の構成成分，生命反応に深く係わっているタンパク質，エネルギー源・構造材料としての糖質，遺伝情報に関わる核酸に関して述べることにする。

5.2.2 タンパク質
(1) タンパク質の構造

化学原料としてのタンパク質には，主に繊維としての絹・羊毛，生体触媒としての酵素があげられるが，これらのタンパク質を構成しているアミノ酸は 20 種類見いだされており，このうちグリシンを除いてすべてキラルなアミノ酸で，L-アミノ酸である。不斉炭素に結合する側鎖にはさまざまな性質があるが，大まかに分類すると酸性，中性，塩基性に分類できる。

人間はこの 20 種のアミノ酸が生命維持に必要であるが，そのうちイソロイシン（Ile），ロイシン（Leu），メチオニン（Met），フェニルアラニン（Phe），トレオニン（Thr），トリプトファン（Trp），バリン（Val），リシン（Lys）の 8 種類は生合成できない。このため外部（食物として）から得なければならず，必須アミノ酸といわれている（表5.5）。

2 分子のアミノ酸が脱水・縮合してペプチド結合（peptide bond）を有するジペプチド（dipeptide）が生成し，さらにもう 1 分子のアミノ酸と脱水・縮合してトリペプチド（tripeptide）が生成する。この脱水・縮合反応を繰り返すことによってオリゴペプチド→ポリペプチド（polypeptide），すなわちタンパク質が合成される（図 5.9）。狭義の分類ではタンパク質の分子量が数百のものをオリゴペプチド，数千のものがポリペプチド，それ以上がタンパク質とよばれるが，明確な定義（分子量の区分）はない。

タンパク質を機能別に分類すると，触媒としての酵素，情報伝達物質としてのホルモン，構造材料としてのタンパク質，エネルギー源としての貯蔵タンパク質，物質移動に係わる輸送タンパク質などに分類できる（表 5.4）。これらの機能はタンパク質のアミノ酸配列（一次構造）と，それによって生ずる高次構造（二～四次構造）によって決定される。

タンパク質の立体構造は，アミノ酸配列によって決定される一次構造が，水素結合によって局所的な構造：二次構造，そして二次構造が会合した超二次構造，ドメインとよばれる部分的な集合体，ドメインの集合体である球状タンパク，さらに会合体と六種類の構造に分類できるが，

表 5.5

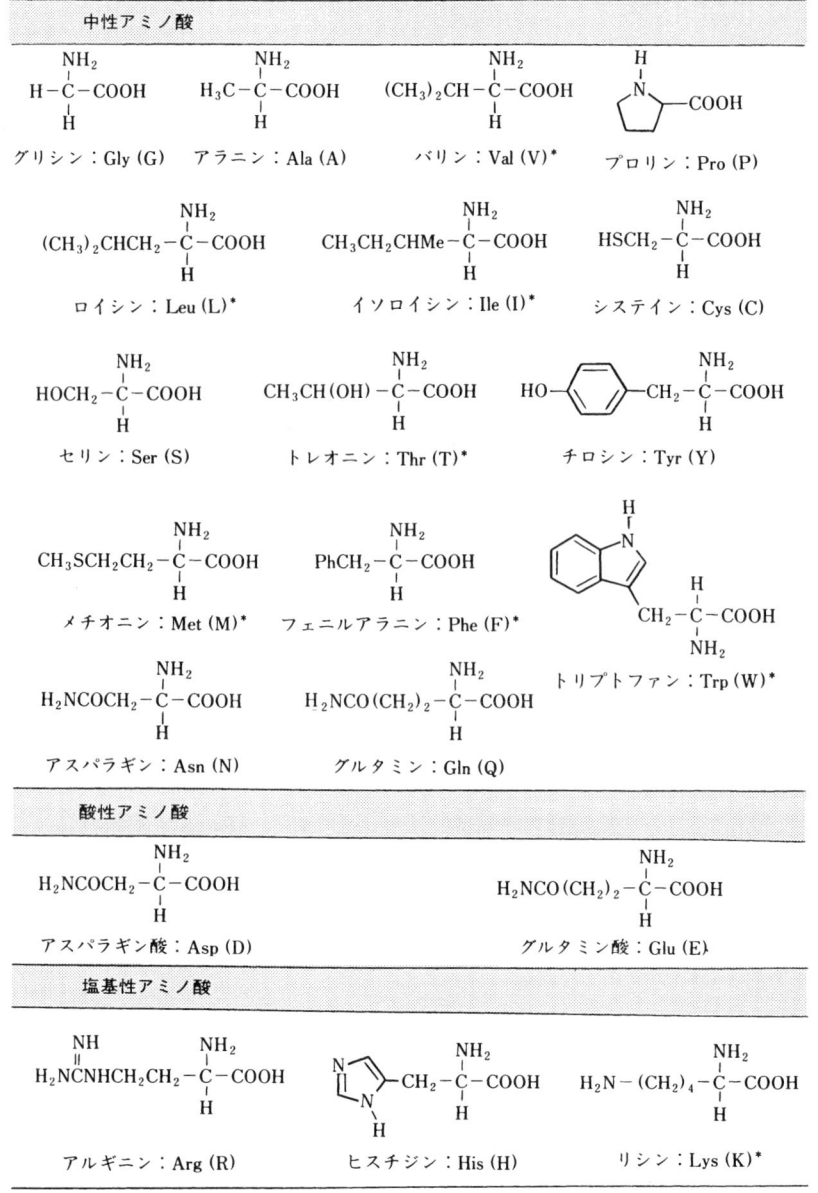

中性アミノ酸

グリシン：Gly (G)　　アラニン：Ala (A)　　バリン：Val (V)*　　プロリン：Pro (P)

ロイシン：Leu (L)*　　イソロイシン：Ile (I)*　　システイン：Cys (C)

セリン：Ser (S)　　トレオニン：Thr (T)*　　チロシン：Tyr (Y)

メチオニン：Met (M)*　　フェニルアラニン：Phe (F)*　　トリプトファン：Trp (W)*

アスパラギン：Asn (N)　　グルタミン：Gln (Q)

酸性アミノ酸

アスパラギン酸：Asp (D)　　グルタミン酸：Glu (E)

塩基性アミノ酸

アルギニン：Arg (R)　　ヒスチジン：His (H)　　リシン：Lys (K)*

＊必須アミノ酸

　ドメイン，球状タンパクはサブユニットとよばれる場合もある。
　一次元のアミノ酸配列は末端にアミノ基とカルボキシル基を有し，末端アミノ基をN末端とよびアミノ酸配列の一番目になる。カルボキシル基はC末端とよび，アミノ酸配列最後のアミノ酸由来のカルボキシル基に対応する。通常アミノ酸配列を表示する場合，1つのアミノ酸をアルファベット一文字か三文字で表記する（図 5.10）。

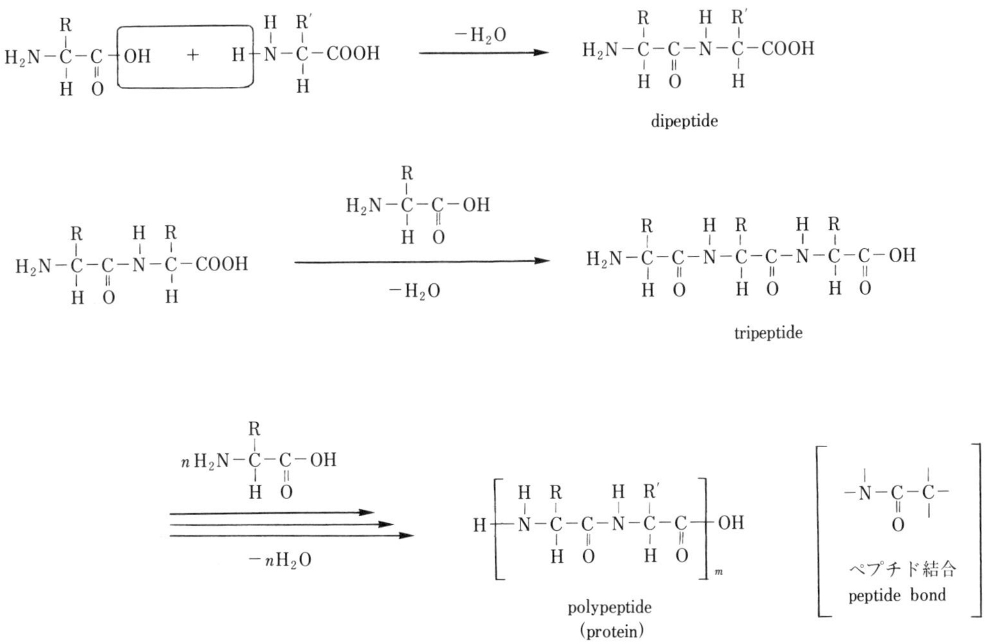

図5.9 タンパク質の生成

　タンパク質の二次構造は周期性を持った局所構造であり，主にペプチド結合のイミノ基（NH）とカルボニル基（CO）間の水素結合による分子鎖のらせん構造であるα-ヘリックス構造と，分子鎖間の方向によるβ構造，分子鎖の折り曲がり構造であるターン構造などがある（図5.11）。

　α-ヘリックス構造は，一次構造のn番目のアミノ酸のNHが$n-4$番目のCOと水素結合を形成し，結合の方向はほぼらせん軸と平行になる。α-ヘリックス構造の1アミノ酸あたりのらせんの進み具合は0.15 nmで，3.6個のアミノ酸残基でらせんは1回転する（らせんピッチは0.54 nm）。一般的にα-ヘリックスがタンパク質表面に存在する場合，片面に親水性基が集まり，反対側には疎水性基が集合し，タンパク質分子内部の疎水性領域を形成する。

　β構造はペプチド鎖間での水素結合によって形成される構造である。このとき互いの分子鎖の向きが同じときと，互いに逆向きの場合が考えられ，同じ向きのときを平行β構造，逆向きのときを逆平行β構造とよぶ。

　ターン構造はn番目のアミノ酸残基のCOと$n+3$番目のアミノ酸残基のNH基が水素結合を形成し，ペプチド鎖の方向は180度反転する。

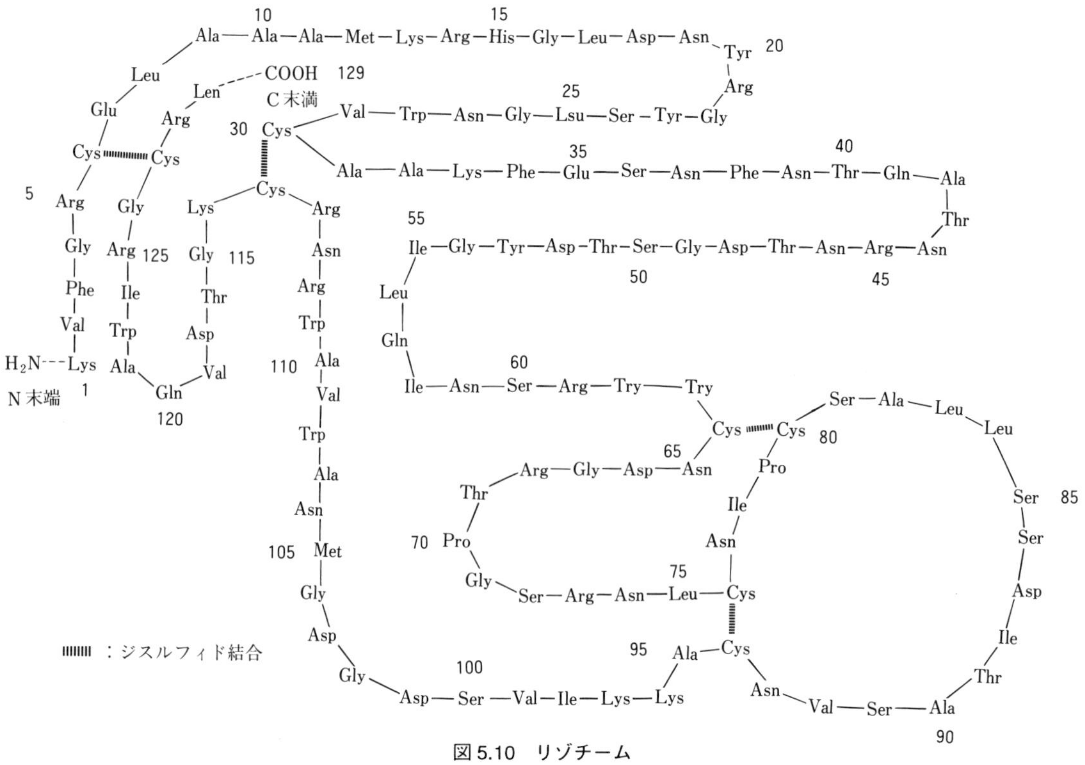

図5.10　リゾチーム

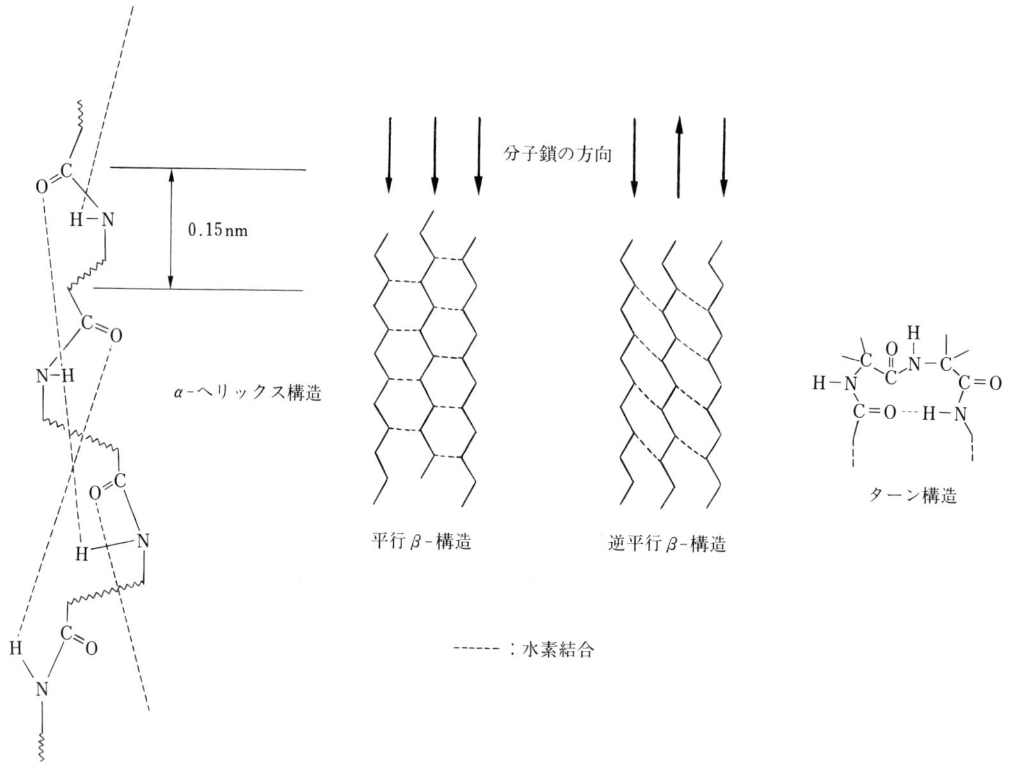

||||||| ：ジスルフィド結合

図5.11　タンパク質の二次構造

α-ヘリックス構造

平行β-構造

逆平行β-構造

ターン構造

分子鎖の方向

------ ：水素結合

α-ヘリックス構造，β構造，ターン構造がさらに会合して特定の構造（超二次構造）を形成し，α-ヘアピン，β-ヘアピン，$\beta\alpha\beta$構造などがある。

タンパク質は二次構造が立体的に会合して三次構造（立体構造）を形成するが，この立体構造は，複数の立体構造を有するドメインとよばれる集合体から形成される。さらにタンパク質は複数の分子鎖からできているものもあり，三次構造を有するタンパク質の会合体としての構造（四次構造）があり，このときの個々の分子鎖をサブユニットとよぶ。

(2) タンパク質繊維（絹，羊毛）

絹はカイコの幼虫が蛹になるときに，口から糸をはいてマユを作る。このマユから糸をほぐし，製糸することによって作られる。カイコが作る糸は主にフィブロインというタンパク質で，表面はセリシン（タンパク質）で覆われている。そしてこのセリシンが接着剤として働いてマユの形を保つ。マユから絹糸を作るには熱湯にマユをつけて，表面のセリシンを適当に溶かし，除去後，製糸する。しかしこの段階ではまだ表面にかなりのセリシンが残っており，光沢も触感も良くないが，希アルカリ水溶液で加熱しさらにセリシンを除去することが可能であり，セリシンを除去することにより初めて絹の光沢，触感を発揮し練絹とよばれる。

マユのセリシン，フィブロイン含有量はカイコの種類によって異なるが，家蚕マユの一般的な含有量は表 5.6 のようになり，タンパク質（フィブロイン＋セリシン）が大部分を占める。フィブロイン，セリシンのアミノ酸組成は表 5.6 に示す。セリシンはフィブロインと異なり，セリン（Ser）含有量が多く，セリンの名前はこのタンパク質に由来する。またアスパラギン酸（Asp）やグルタミン酸（Glu）のように側鎖に酸性基を持つアミノ酸が多いため，希アルカリ水溶液に溶解する。

表 5.6 マユの組成

成　分	含有量(%)	成　分	含有量(%)	成　分	含有量(%)
フィブロイン	70～80	油　脂	0.4～0.8	色　素	約 0.2
セリシン	20～30	糖　質	1.2～1.6	無機物	約 0.7

フィブロインは通常の有機溶媒や希アルカリ水溶液には溶解しないが，アルカリ金属・土類の中性塩の濃厚水溶液に溶解する。そのため濃厚塩水溶液を溶剤とした紡糸が可能であり，再生絹糸も作られる。フィブロインのアミノ酸配列は未だ正確にはわかっていないが，結晶性の部分はAla-Gly-Ala-Gly の繰り返し単位が主体となっており，部分的に Ser や

Tyr が Ala の代わりに入り，非晶質部分は側鎖の大きなアミノ酸を多く含んでいると考えられる。

表5.7 フィブロインの組成

アミノ酸	フィブロインのアミノ酸組成（mol%）	セリシンのアミノ酸組成（mol%）
Gly	46.2	12.70
Ala	29.5	5.51
Ser	11.3	31.97
Tyr	5.3	3.40
Val	2.1	2.68
Asp	1.0	13.84
Glu	0.8	5.80
Thr	0.8	8.25
Ile	0.5	0.55
Leu	0.4	0.72
Phe	0.6	0.43
Pro	0.4	0.57
Met	0.05	0.5
Cys	0.02	0.14
Lys	0.25	3.26
His	0.17	1.30
Arg	0.42	2.86

　羊毛は羊の体毛であり，複数の皮質細胞の集合体でできている。皮質細胞はマクロフィブリルとよばれる繊維の集束よりできており，マクロフィブリルはさらに細かいマイクロフィブリルで形成されている。これをさらに分解すると，1本のマイクロフィブリルは直径約 0.2 nm のプロトフィブリル 11 本からなり，1本のプロトフィブリルは 3 本のポリペプチドからできている。化学的には 18 種類のアミノ酸で構成されており，アミノ酸組成は羊の種類，産地のよって多少変わるが，表 5.8 に示される組成が一般的である。羊毛のアミノ酸組成は絹のアミノ酸組成と異なり特定のアミノ酸が多いということはなく，まんべんなく含まれている。そのため絹より結晶性が低い。ただしシステインの含有量が多く，酸性アミノ酸と塩基性アミノ酸の量がほぼ等しいため，立体構造を形成するうえで，ジスルフィド結合，イオン結合の果たしている役割は大きく，ウールの弾性，伸縮性に寄与している。

表5.8 羊毛のアミノ酸組成（mol%）

アミノ酸	Gly	Ala	Val	Leu	Ile	Phe	Pro	Met	Cys
%	8.9	5.6	2.9	7.9	3.4	3.0	6.1	0.5	11.0
アミノ酸	Ser	Thr	Tyr	Asp	Glu	Arg	Lys	His	Try
%	9.1	5.8	3.9	6.5	11.4	6.8	3.0	0.8	0.4

(3) 酵素

生体内で起きている化学反応の大部分は酵素とよばれる生体触媒のよって引き起こされている。酵素は三次元構造を有するタンパク質であり，その一部に触媒能を有する活性部位と反応する物質（基質）を認識する基質結合部位が存在する。酵素反応の特徴は反応物の選択制（基質特異性），生成物の選択制（反応特異性）が高いことである。例として

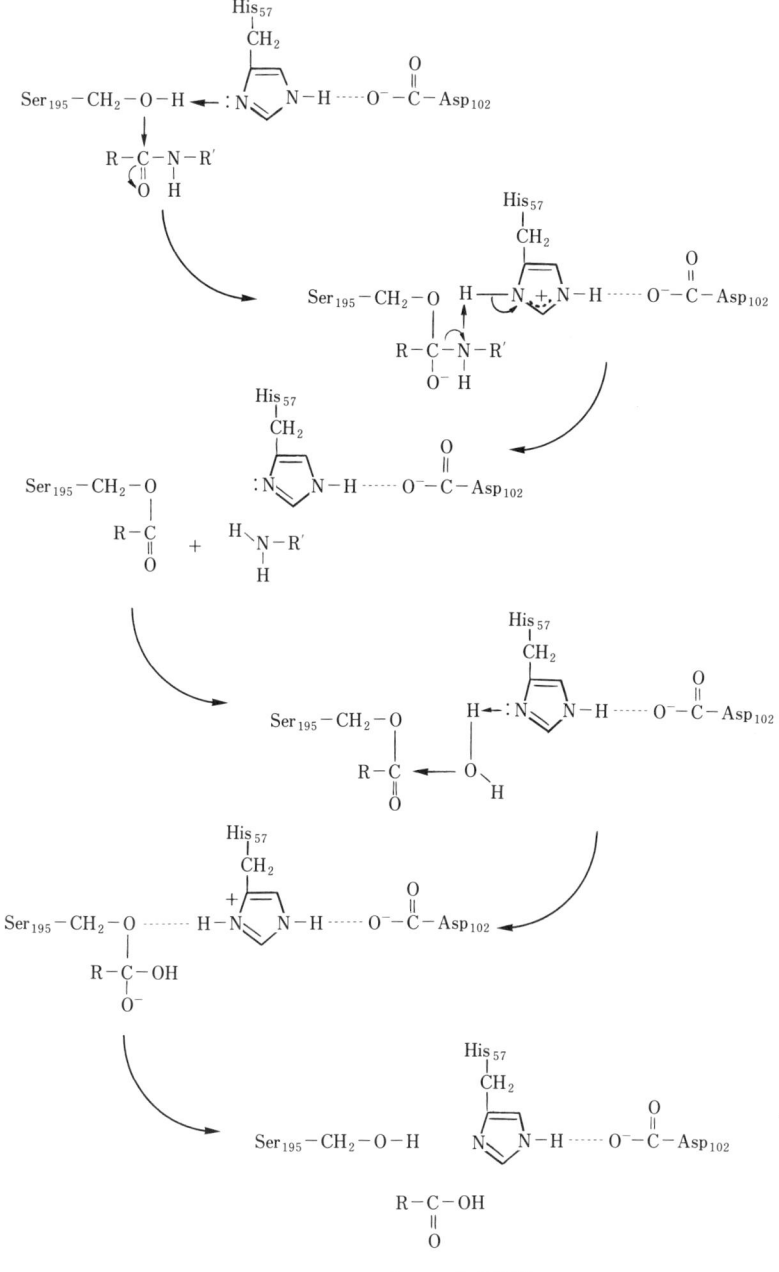

図5.12 キモトリプシンの作用機構

タンパク質加水分解酵素であるトリプシンはアルギニン，リジン残基の隣のペプチド結合しか分解せず，基質選択性が高い。

実際の酵素反応がどのように進行しているのか，キモトリプシンによるペプチドの加水分解反応を例にして見てみよう（図 5.12）。キモトリプシンの活性部位は 57 番目の His，102 番目の Asp，195 番目の Ser からできている。Ser_{195} の水酸基は His_{57} により活性化されており，ペプチドのカルボニル基を攻撃する。そして Ser_{195} がアシル化された中間体とアミノ基が遊離する。この中間体は His_{57} で活性化された水分子で加水分解されカルボキシル基を遊離し，元の活性部位に戻る。

酵素の種類は主に反応の種類によって分けられ，表 5.9 のような種類に分類される。

表5.9 酵素の分類

酸化還元酵素 (oxidoreductase)	物質の酸化還元反応に関与する脱水素酵素(dehydrogenase)，還元酵素(reductase)，酸化酵素(oxidase)，酸素添加酵素(oxygenase)など
転移酵素 (transferase)	アルキル基(alkylltransferase)，アシル基(acyltransferase)やアミノ基(aminotransferase)，リン酸基(phosphotransferase)などの転移反応に関与する酵素
加水分解酵素 (hydrolase)	化合物の加水分解反応に関与する酵素で，分解される結合や化合物群によって，エステル結合を分解する酵素 (esterase)，配糖体加水分解酵素(glycosidase)，ペプチド結合を分解する酵素(peptide hydrolase)など
リアーゼ (lyase)	官能基の脱離によって二重結合を形成したり，二重結合に官能基の不可反応に関与する酵素群。アルドールを合成するアルドラーゼ(aldolase)，脱炭酸酵素であるカルボキシリアーゼ(carboxylyase)など
異性化酵素 (isomerase)	異性体間の転換を触媒する酵素。光学異性化を触媒するラセマーゼ(racemase)，シス-トランス異性体間の変換を触媒するシス-トランスイソメラーゼ(*cis-trans* isomerase)など
リガーゼ，合成酵素 (ligase, synthetase)	ATP などのリン酸結合の開裂を伴い，2 個の分子の結合を触媒する合成酵素。アセチル CoA 合成酵素(acetyl-CoA synthetase)，DNA リガーゼ(DNA ligase)など

5.2.3 糖　質

(1) 糖質の組成・構造

糖質とは単糖が脱水・縮合した高分子（ポリエーテル）であり，構成単位である単糖の一般的な組成は $C_nH_{2n}O_n$ で表される。単糖はポリヒドロキシ化合物であるため，アミノ酸と比較して多数の重合可能な置換基を有する。そのため構造は鎖状構造以外に枝分かれした構造もあり，非常に複雑である。またタンパク質を構成するアミノ酸の種類は 20 種類しかないが，単糖は炭素数が主に 3~6 の化合物であり，キラル炭素を 1 つ以上有するので光学異性体が多数できる。また分子中のカルボニル

基がアルデヒドかケトンかでアルドース，ケトースの2種が存在するため，組成も複雑になる。代表的なアルドースの鎖状構造を図5.13に示す。カルボニル化合物はアルコールと反応し，ヘミアセタールを生成する。同様に単糖中のカルボニル基と水酸基も分子内で反応し2種の環状ヘミアセタールを生成する。そのため単糖の水溶液では鎖状構造と二種の環状構造の平衡状態にある。

単糖の水酸基はアルコールと同様に脱水縮合しエーテル結合を生じる。2分子の単糖が脱水縮合し，グリコシド結合（エーテル結合）によって単糖が2個つながった化合物を二糖類（disaccharide）とよび，さらに単糖が脱水縮合して三糖類（trisaccharide），多糖類（polysaccharide）＝糖質が生成する。単糖の結合位置は6員環の糖（ピラノース）の場合，C1～C4とC6の5個の水酸基が可能である。一般的な糖質はC1とC4で結合しているが，これ以外にC2，C3やC6で枝分かれした構造の糖質もある。そして一部の水酸基が酸性のカルボキシル基や硫酸基，塩基性のアミノ基，アセトアミド基で置換された多糖，多糖とタンパク質，脂質との複合体などさまざまである。

糖質の生体内における役割は，セルロース，キチンのような構造材料，デンプン，グリコーゲンなどのエネルギー源としての貯蔵多糖，生理活性を有するヒアルロン酸，コンドロイチン硫酸など，情報伝達物質としての複合糖質がある（表5.10）。

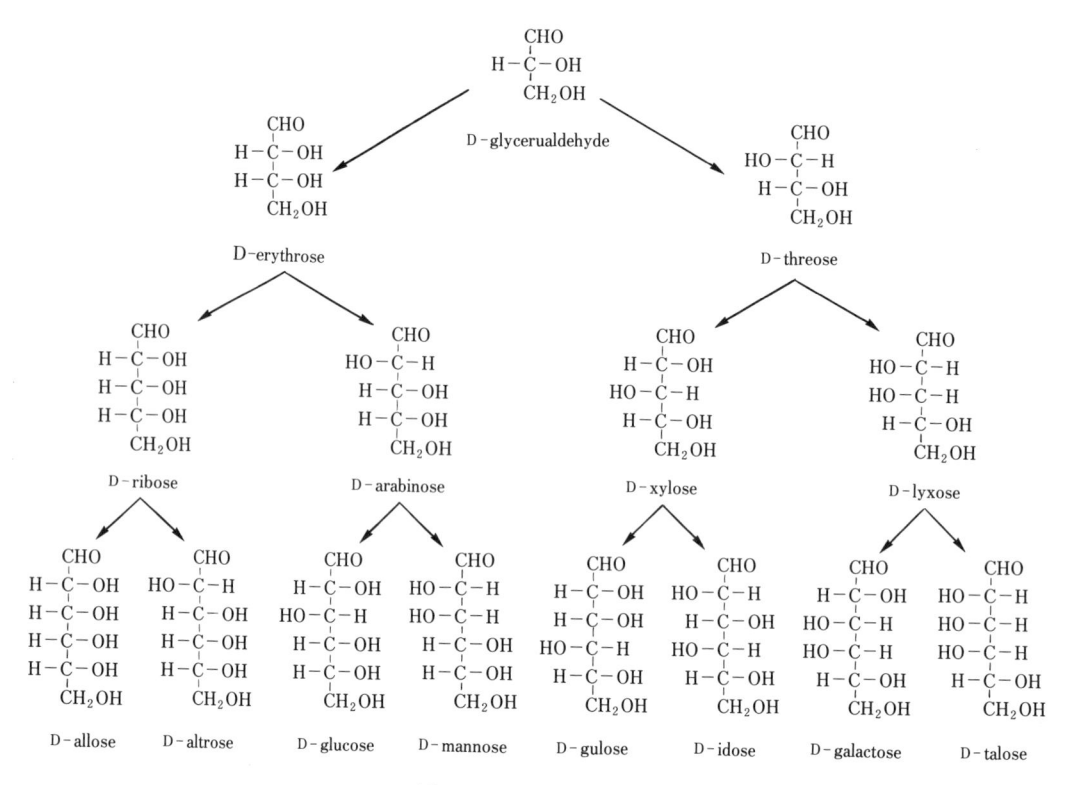

図5.13 アルドースの構造

表5.10 多糖の分類

中性多糖	ホモ中性多糖	
	ヘテロ中性多糖	ヘキソースのみ
		ペントースのみ
		ヘキソース＋ペントース
酸性多糖	ウロン酸のみ	
	ウロン酸と中性多糖	
	中性多糖の硫酸化された物	
	ウロン酸とN-アセチルアミノ多糖	
ムコ多糖	N-アセチルアミノ多糖のみ	
複合糖質	糖タンパク	
	糖脂質	

(2) 高分子材料としての糖質

代表的な高分子材料としての糖質はセルロースである。セルロースは植物の構造材料として生産量も多く，紙，繊維以外に化学原料として利用されている。構成単位は D-グルコースで，$\beta(1\to 4)$ 結合をした直鎖状高分子であり，綿花から取れる綿はほぼ純粋なセルロースである。セルロースはエチレンジアミン・銅アンモニウム溶液，酸化銅・アンモニア水溶液などには可溶である。そのため木材パルプを原料にして再生繊維（レーヨン）の調製が可能である。化学原料としてのセルロースは，

水酸基の化学修飾によりさまざまな誘導体へ変換でき，利用されている（図 5.14）。無水酢酸との反応による酢酸エステル（アセチルセルロース）や，硝酸との反応による硝酸エステル（ニトロセルロース）があり，前者は繊維，分離膜として，後者は塗料，セルロイドとして利用されている。また側鎖にカルボキシメチル基やメチル基を導入した誘導体は水溶性を示し，食品の増粘剤，乳液の安定剤などに使用されている。ヒドロキシプロピルセルロースはアルカリセルロースとプロピレンオキシドとの反応により調製され，構造中に非イオン性の親水性基，疎水性基を有し界面活性を示す。酢酸フタル酸セルロースは酸性水溶液には不溶で，アルカリ性水溶液に可溶であり，腸液中（中性）で溶解するので腸溶性の医薬品のコーティング剤として用いられる。

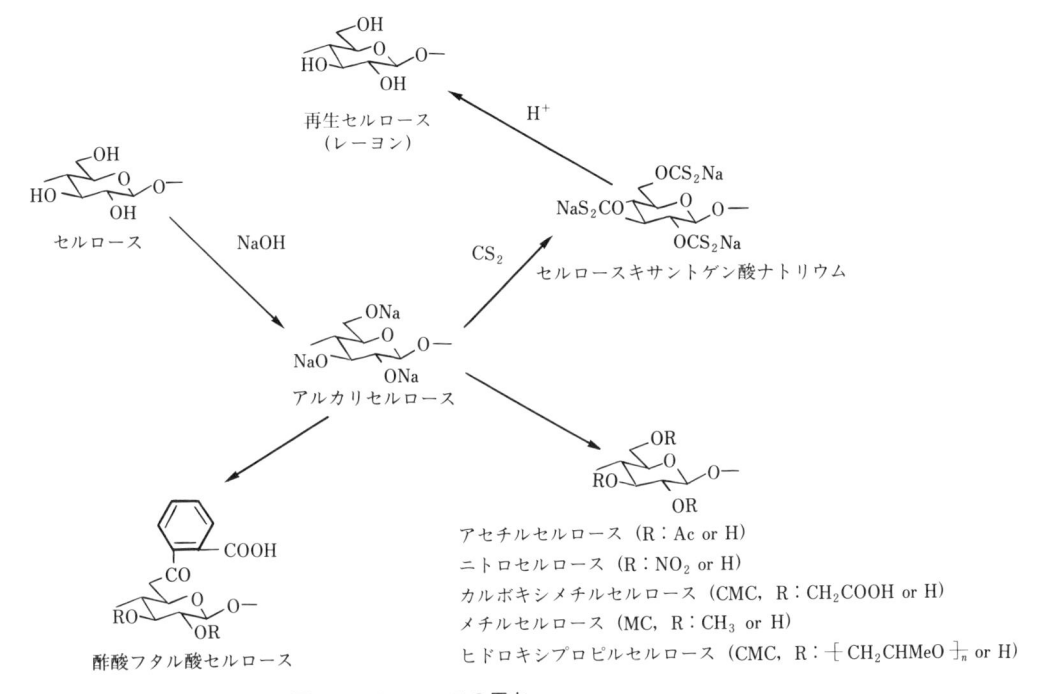

図 5.14 セルロースの反応

エネルギー源としての貯蔵多糖は植物ではデンプン，動物ではグリコーゲンが代表的である。デンプンには，アミロースとアミロペクチンの 2 種類の多糖が含まれ，含有量は植物によって異なる。アミロースは D-グルコースが $\alpha(1\to4)$ 結合した直鎖状高分子であり，アミロペクチンはアミロースの $\alpha(1\to4)$ 結合 12 個に対して，1 個の $\alpha(1\to6)$ で枝分かれした分岐構造をとっている。グリコーゲンはアミロペクチンと同様の構造であるが，さらに高度に分岐し，分子量は $10^6 \sim 10^8$ に達する巨大分子である。高度に枝分かれした分岐構造は分子中に数多くの末端を有するため，末端から分解するホスホリラーゼによる直接的なエネルギー源

であるグルコース-1-リン酸の生成に都合がよい。デンプンは酵素で容易に分解されるが，エポキシ化合物で架橋したり，ポリビニルアルコールとブレンドすることによって，この分解速度をコントロールすることが可能である。そのため生分解性プラスチックとして利用されている。

糖ユニットの反応性置換基として水酸基以外に，カルボキシル基や硫酸基，アミノ基，アセトアミド基で置換されたムコ多糖は特異的な生理活性を示す（図 5.15）。ムコ多糖の中で一番生産量の多いのがキチン，キトサンである。キチンは N-アセチルグルコサミンが $\beta(1\to4)$ 結合で形成される多糖である。天然には主にエビ，カニなどの甲殻類，昆虫の外骨格に存在し，年間の生産量はセルロースにも匹敵するとも言われている。キチンのアルカリ処理による脱アセチル化によってキトサンに変換できる。キチン，キトサンは，ユニット中の置換基の反応性がすべて異なるため位置選択的な化学修飾を行うことができるため，機能性・医療材料として注目を集めている。

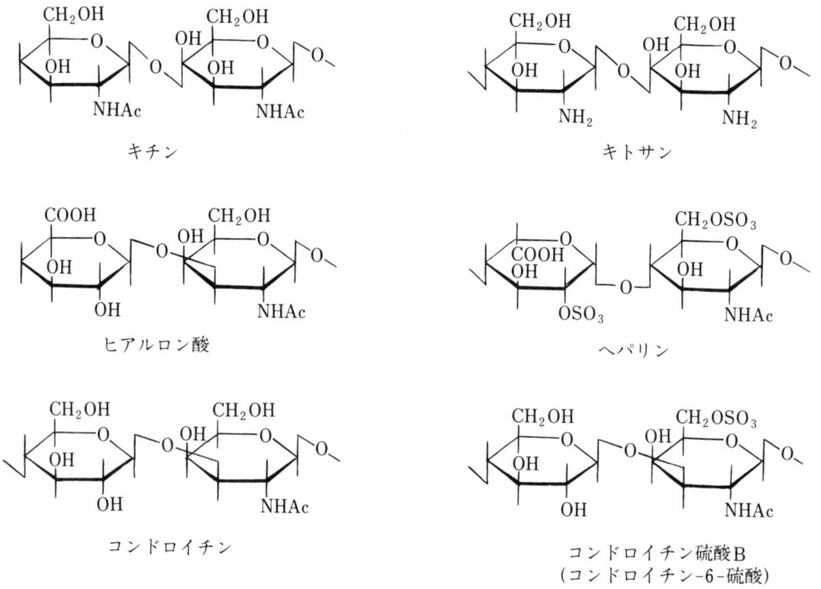

図5.15 多糖の構造

ヒアルロン酸は N-アセチル-D-グルコサミンと D-グルクロン酸からなるムコ多糖で，皮膚，動脈，関節液中にタンパク質と複合体を形成して存在する。この複合体は 1 g 当たり約 700 ml の水を吸着する。この機能は生体の水分調節に関与すると考えられている。ヒアルロン酸の分子量は 10^6 から 10^7 程度とされているが，加齢とともに分子量は低下し，保水率も低下する。加齢とともに皮膚にしわが多くなることの一因と考えられる。

へパリンは肝臓から血液凝固防止作用を有し，5000～20000 位の幅広い分子量を持つムコ多糖として単離され，その名は肝（hepar）に由来する。化学的な組成は複雑で完全には同定されていないが，ウロン酸と D-グルコサミンが交互に β（1→4）結合で共重合し，一部のウロン酸がイズロン酸，グルクロン酸で置換されている。そしてグルコサミンのほとんどのアミノ基と C6 位は硫酸化されていると考えられる。ヘパリンの血液凝固防止作用は，血液凝固性タンパク分解酵素トロンビンや複数の凝固因子を阻害するためで，抗血栓剤として利用される。

コンドロイチン硫酸は D-グルクロン酸と N-アセチル-D-ガラクトサミンが β（1→3）結合した二糖が繰り返し単位で，このユニットが β（1→4）結合した多糖の D-ガラクトサミン C4 位が硫酸化された多糖がコンドロイチン硫酸 A，C6 位が硫酸化された多糖がコンドロイチン硫酸 B である。生理機能は特にコンドロイチン硫酸 B が重要であり，軟骨や結合組織に多く存在する。そしてタンパク質と複合体を形成しており，Ca^{2+} を効率よくトラップし，骨の形成に関与している。

5.2.4 核　酸

核酸の機能はタンパクや糖質に比べてかなり限定され，デオキシリボ核酸（deoxyribonucleic acid：DNA）は遺伝情報の保存，リボ核酸（ribonucleic acid：RNA）は遺伝情報の伝達・発現に関わっている。また一部の RNA は酵素と同様に生体触媒として働き，リン酸エステルの

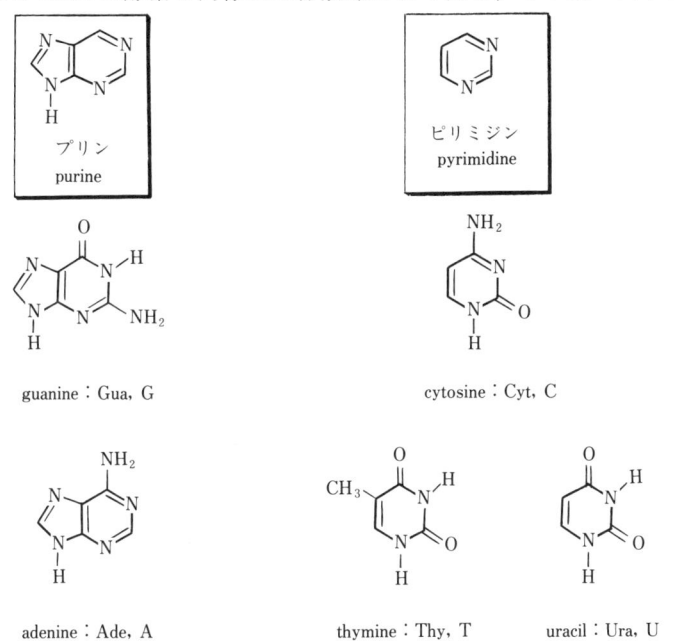

図 5.16　核酸塩基

核酸塩基 nucleobase + フラノース (furanose)
X：OH，D-リボース (D-ribose)
X：H，D-2-デオキシリボース (D-2-deoxyribose)
→ ヌクレオシド (nucleoside)

デオキシリボヌクレオシド

adenosine：Ado

リボヌクレオシド

2′-deoxyadenosine：dAdo
2′-deoxycytidine：dCyd
2′-deoxyguanosine：dGua
2′-deoxythymidine：dThd

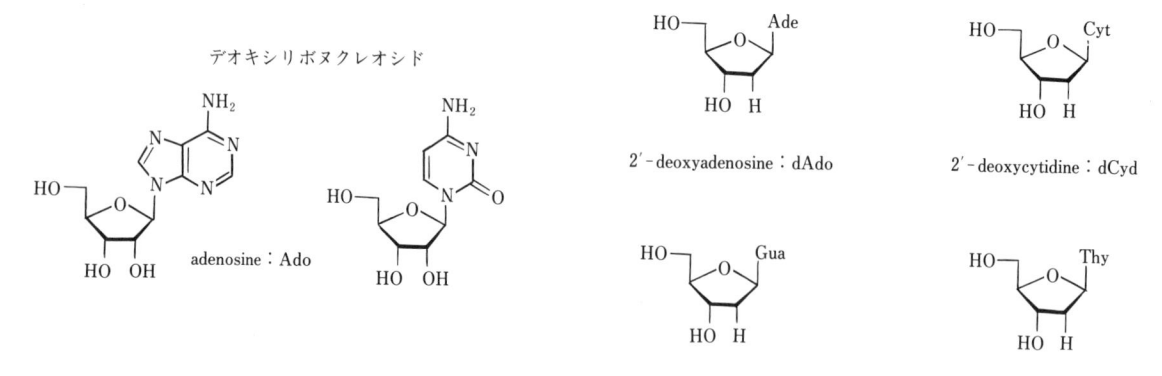

図5.17 ヌクレオシドの構造

転移反応における触媒になるのでリボザイムとよばれている。核酸の構成成分は5種類の核酸塩基（図5.16），リン酸，デオキシリボース（DNA），またはリボース（RNA）から構成されている。核酸塩基にはDNAにおいては2種のピリミジン誘導体，チミン，シトシンと2種のプリン誘導体，アデニン，グアニンの計4種，RNAではチミンの代わりにウラシルが存在する。核酸塩基がフラノース（DNAはデオキシリボース，RNAはリボース）のC1とN-グリコシド結合してヌクレオシド（デオキシリボヌクレオシド，リボヌクレオシド）（図5.17）になる。ヌクレオシドのリン酸エステルをヌクレオチドとよび，アデノシンを例にすると図5.18のような誘導体が存在し，グアニン，シトシン，ウラシル，チミンはそれぞれGMP，CMP，UMP，TMPで表される。

ヌクレオチドのフラノースの5-OH基ともう1つのヌクレオチドのフラノースの3-OH基間がリン酸ジエステル結合で結ばれるとジヌクレオチド，そしてもう1つのヌクレオチドが同様に結合してトリヌクレオチド，さらにヌクレオチドが結合することによってポリヌクレオチドになる。つまりポリヌクレオチドの主鎖構造は糖とリン酸の繰り返し単位になるポリエステルで，糖の側鎖に核酸塩基が存在する。ポリヌクレオチドの性質は主鎖が同じ繰り返し単位を持つので，側鎖の核酸塩基の塩基

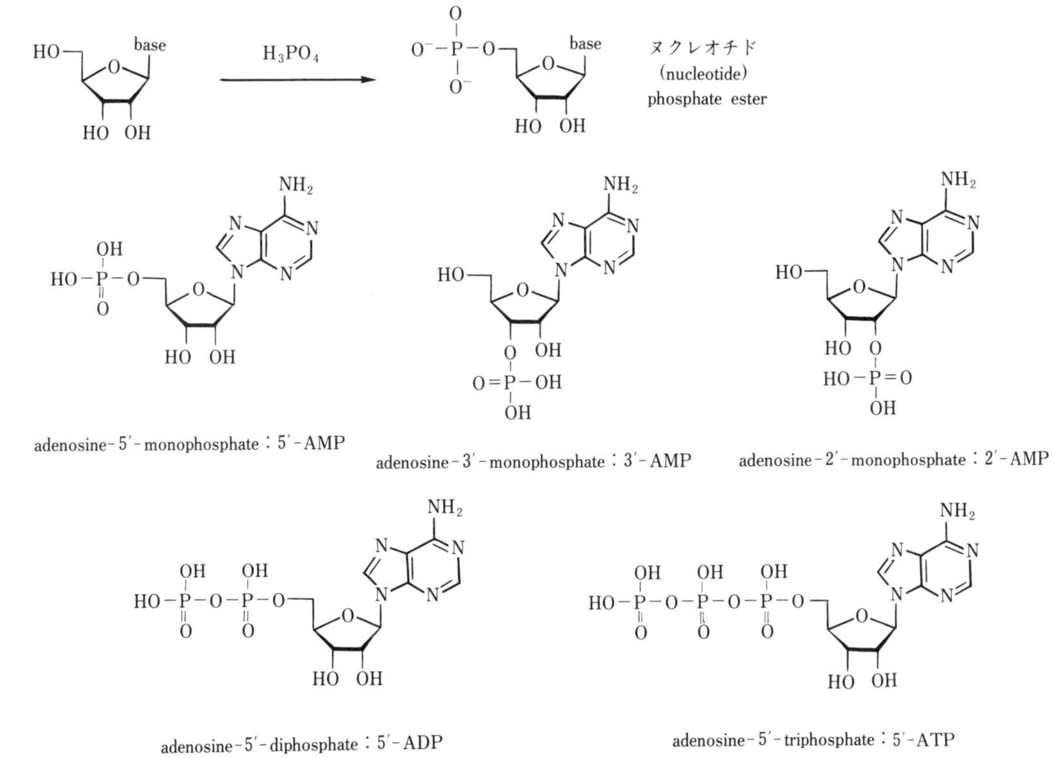

図 5.18 ヌクレオチドの構造

配列によって決まる。そのため重合度の大きなポリヌクレオチドを書く場合，核酸塩基の略号のみを用いて，左側が 5′ 末端，右側が 3′ 末端となるように書き，重合度は 10^3 から 10^6 程度である。

通常ポリヌクレオチドは単体で存在するわけではなく，生体内ではタンパク質と結合し，また水溶液中でも 2 分子の会合体として存在する。この会合体の構造が通常，二重らせん構造といわれ，1 本のポリヌクレオチドの塩基配列に対応した塩基配列を持つポリヌクレオチドとの 2 本で対を形成する。このときの塩基対はアデニン（A）とチミン（T），またはウラシル（U），グアニン（G）とシトシン（C）とが対応して水素

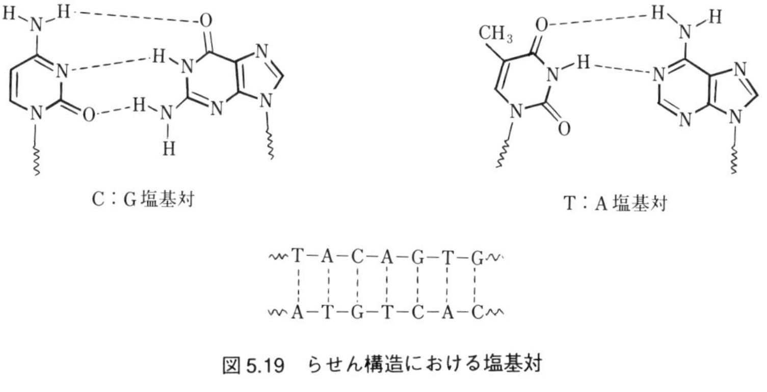

C：G 塩基対　　　　　　　T：A 塩基対

図 5.19 らせん構造における塩基対

表 5.11 アミノ酸とコドンの反応

1番目の塩基	2番目の塩基	3番目の塩基	塩基配列	対応するアミノ酸
U	U	U	UUU	Phe
		C	UUC	
		A	UUA	Leu
		G	UUG	
	C	U	UCU	Ser
		C	UCC	
		A	UCA	
		G	UCG	
	A	U	UAU	Tyr
		C	UAC	
		A	UAA	終止コドン
		G	UAG	終止コドン
	G	U	UGU	Cys
		C	UGC	
		A	UGA	終止コドン
		G	UGG	Trp
C	U	U	CUU	Leu
		C	CUC	
		A	CUA	
		G	CUG	
	C	U	CCU	Pro
		C	CCC	
		A	CCA	
		G	CCG	
	A	U	CAU	His
		C	CAC	
		A	CAA	Gln
		G	CAG	
	G	U	CGU	Arg
		C	CGC	
		A	CGA	
		G	CGG	
A	U	U	AUU	Ile
		C	AUC	
		A	AUA	
		G	AUG	Met
	C	U	ACU	Thr
		C	ACC	
		A	ACA	
		G	ACG	
	A	U	AAU	Asn
		C	AAC	
		A	AAA	Lys
		G	AAG	
	G	U	AGU	Ser
		C	AGC	
		A	AGA	Arg
		G	AGG	
G	U	U	GUU	Val
		C	GUC	
		A	GUA	
		G	GUG	
	C	U	GCU	Ala
		C	GCC	
		A	GCA	
		G	GCG	
	A	U	GAU	Asp
		C	GAC	
		A	GAA	Glu
		G	GAG	
	G	U	GGU	Gly
		C	GGC	
		A	GGA	
		G	GGG	

結合による塩基対を形成する（図 5.19）。

　生物の親子間である性質が次の世代へ伝わることを遺伝といい，DNA 上の一定領域の塩基配列がその遺伝情報を保存しており，遺伝子とよばれる。この時の遺伝情報はタンパク質のアミノ酸配列であり，生物の性質はタンパク質を経て発現される。遺伝情報はポリヌクレオチド上のヌクレオチド 3 個で 1 つのアミノ酸に対応し，3 個のヌクレオチド配列をコドンとよばれ，アミノ酸に対応するコドンの塩基配列を表 5.11 に示す。

　DNA 上の遺伝情報を実際に発現するには，2 本のポリヌクレオチドからなる DNA ラセン構造がほどけ，一方のポリヌクレオチドの必要な領域の塩基配列をいったんメッセンジャー RNA（mRNA）に対応する塩基配列で転写する（transcription）。mRNA の遺伝情報は塩基配列で記憶されているので，この塩基配列をアミノ酸配列に翻訳（translation）するため，細胞内のリボソーム中で転移 RNA（tRNA）の助けを借りてアミノ酸配列に翻訳され，タンパク質が合成される。

5.3 21 世紀の環境を考える生分解性高分子とリサイクル

5.3.1 はじめに

　高分子材料は，軽くて丈夫で，水に強く，腐らず透明で加工しやすく，大量に安く生産されている。また，いままでに学んできたように高分子材料はその多種多様な化学構造から多様な需要に応じた機能性の発現を可能にしており，現代社会の広い分野で利用され，なくてはならないものとなっている。このように大量に生産・消費されていることから，その使用後の廃棄物が膨大なものとなっている。高分子材料の生産・廃棄・再資源化の状況を図 5.20 に示す。高分子材料は全世界で 1 年間に約 1 億トンも生産されており，日本ではその十数％が生産されている。高分子生産量の約半分が廃棄物となり，全ゴミ重量の約一割を占めている。この廃棄された高分子材料は，各自治体により都市廃棄物として回収，焼却・埋立・リサイクルで処理されているが，環境内にも拡散・散乱もしている。

　このため，高分子材料廃棄物は次のような問題点を社会に提示している。

　i）自然環境内に拡散して，いつまでも腐らず，野生生物や環境に悪影響を与える。

　ii）その重量に比べて容積が大きく，腐らないことと相まって埋立処理用地の寿命を縮める。

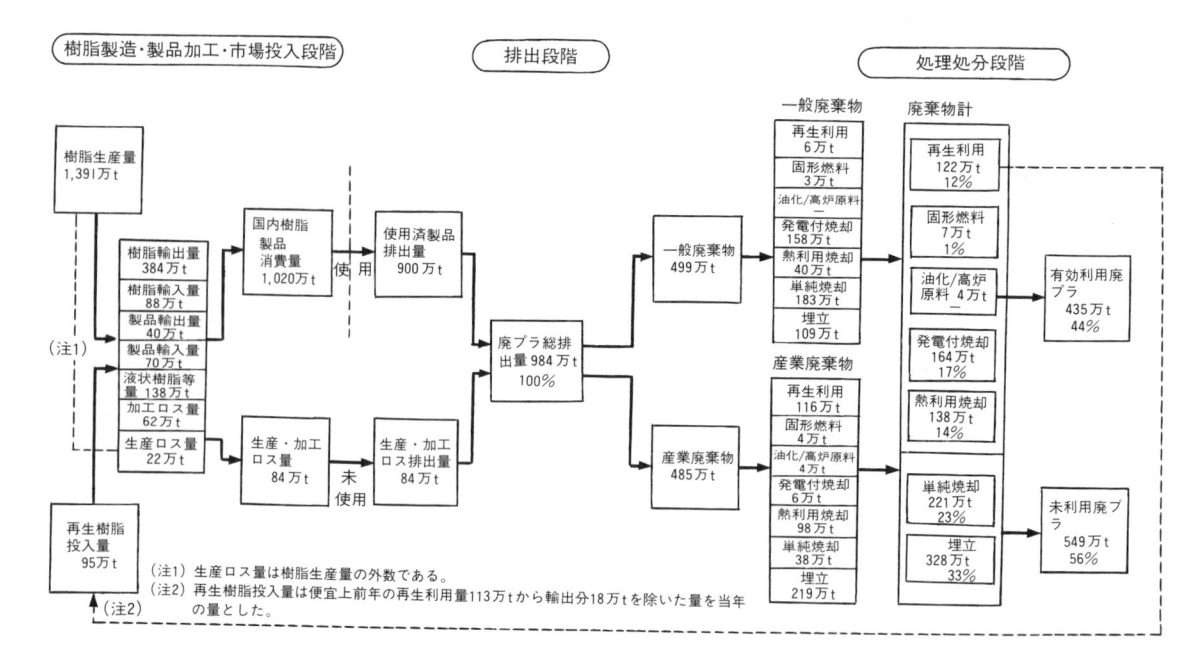

図5.20 プラスチック製品の生産・廃棄・再資源化・処理処分の状況（1998年）
(出典：(社)プラスチック処理促進協会)

ⅲ) プラスチックによっては，その燃焼方法により有毒ガスや有害物質を発生する場合もある。

ⅳ) 高分子製品のほとんどは複数種類のプラスチックを用いて加工・成形されており，リサイクル利用が困難である。
ことである。

このように高分子あるいはその廃棄物の問題は，環境問題・社会問題となっているが，これらに関連して様々な法的規制がなされている。対象は高分子材料だけではないが，関連しているものとしては，1970年「廃棄物の処理及び清掃に関する法律」（廃棄物処理法），1991年「再生資源の利用の促進に関する法律」（リサイクル法），1991年「廃棄物処理法」大改正，1993年「環境基本法」，1995年「製造物責任法」（ＰＬ法），1995年「容器包装に係わる分別収集及び再商品化の促進等に関する法律」（容器包装リサイクル法），1997年「廃棄物処理法」改正など，製品の安全，環境問題の解決，廃棄物の適正処理やリサイクルの促進に関して法的基盤が整備されている。例えば，容器包装リサイクル法の基本的な考え方は，消費者には「分別排出」，市町村等には「分別収集」，事業者には「再資源化」を求めるものである。

また，ISO（国際標準化機構）は工業製品の国際標準・規格を制定する国際機関であるが，ISOでは，品質管理／品質保証に関するISO 9000シリーズや，環境マネジメントシステム／環境監査／環境ラベル／環境

パフォーマンス評価／ライフサイクル・アセスメント（LCA）の 5 つを対象とする ISO 14000 シリーズを制定している。ISO 9000 シリーズ認証を取得すると，「品質システムの構築」や「顧客の信頼性の向上（要求）」のメリットがあると言われている。また，ISO 14000 シリーズの認証取得は，その企業の環境問題への取り組みを示すものと評価されたり，その取得が要求されるようになってきている。ここで大きな関心が持たれている LCA の概要を図 5.21 に示す。LCA は，いろいろな製品について製品の原料の供給から廃棄後までの製品の「ライフサイクル」を，その輸送を含み原材料・エネルギー消費と排ガス・廃水・固形廃棄物等の環境への影響を総合的に定量化・評価するものである。

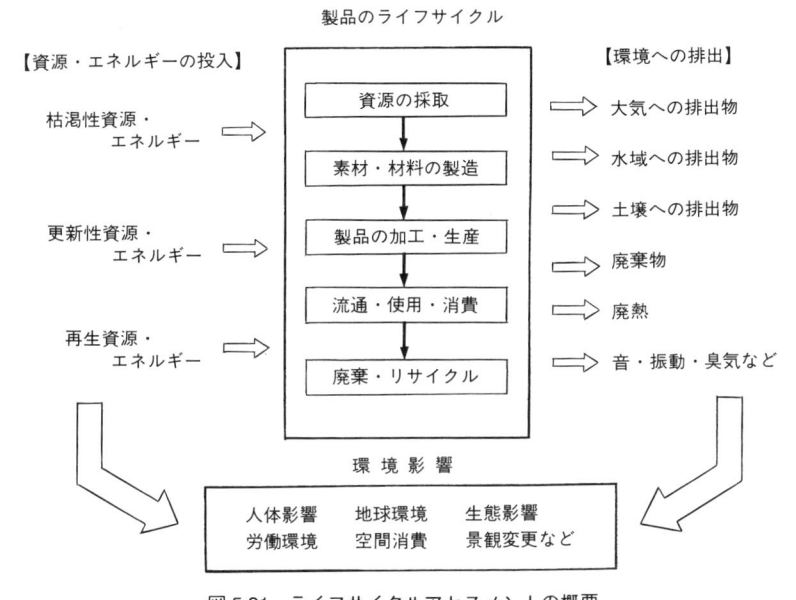

図 5.21 ライフサイクルアセスメントの概要
（『廃棄物処理とリサイクル―最適環境とリサイクル社会の実現を目指して』，日刊工業新聞社）

このように，高分子材料は非常に使い勝手の良いものであるが，その使用後の廃棄物の問題が解決していない。その解決方法として，自然界のリサイクル・分解と調和の取れる生分解性プラスチックの利用と，高分子材料廃棄物のリサイクルが検討，実施されている。

5.3.2 生分解性プラスチック

生分解性プラスチックは，従来より利用されている天然高分子，石油から合成される化学合成高分子や最近注目をあびている微生物がつくる高分子に分類される。表 5.12 はそれらの一部である。

表 5.12　生分解性高分子の例

植物および動物由来の天然高分子	多糖類（セルロース，デンプン，アルギン酸） アミノ多糖類（キチン，キトサン） タンパク質類（グルテン，ゼラチン，コラーゲン，ケラチン） 天然ゴム
微生物由来の高分子	微生物多糖類（セルロース，プルラン，カードラン） 微生物ポリアミノ酸（ポリグルタミン酸，ポリリジン） 微生物ポリエステル（ポリヒドロキシアルカノエートおよびその共重合体）
化学合成高分子	ポリグルタミン酸 ポリビニルアルコール ポリエーテル（ポリエチレングリコール） 脂肪族ポリエステル（ポリ乳酸，ポリグリコール酸， 　ポリヒドロキシアルカノエート，ポリラクトン， 　ジカルボン酸とジオールのポリエステル）

(1)　植物および動物に由来する天然高分子

現代生活においても絹・羊毛・綿や皮革・天然ゴム，食物繊維からコラーゲン・ゼラチンまで多種多様な天然素材が利用されている。特に，最近では環境問題・ゴミ問題に配慮して，食品包装トレイや買い物袋に化学合成高分子材料に変わって天然高分子が利用されるようにもなってきた。

天然高分子材料としては，デンプンがアメリカでは1 kg 当たり15 セント（約15 円）の非常に安価なコストで大量に生産されている。しかし，デンプンをそのまま高分子材料とすることはその物性から困難であるが，デンプンとの各種の化学合成・生分解性プラスチックとのブレンド体が利用されている。デンプン（コーンスターチ）にポリカプロラクトンをブレンドしたトレイは，土壌中6 か月で分解し，重量が半減する生分解性を有している（図5.22）。また，デンプンと変性PVA（ポリビニルアルコール）のブレンド体であるマタービー（日本合成化学工業（株））は，土壌中において約60 日で約80％が分解するなど，コンポスト（堆肥）化が可能である。汎用プラスチックと同様の機械的性質・

図 5.22　デンプン粉（コーンスターチ）とポリカプロラクトン（PCL）のブレンド体からつくられたトレイの土壌中での分解
(左が土壌中で6 か月間分解したもの)
(生命工学工業技術研究所・常盤豊氏提供)

加工物性を有し，図 5.23 に示すようにフィルムからボトルまで加工・応用できる。

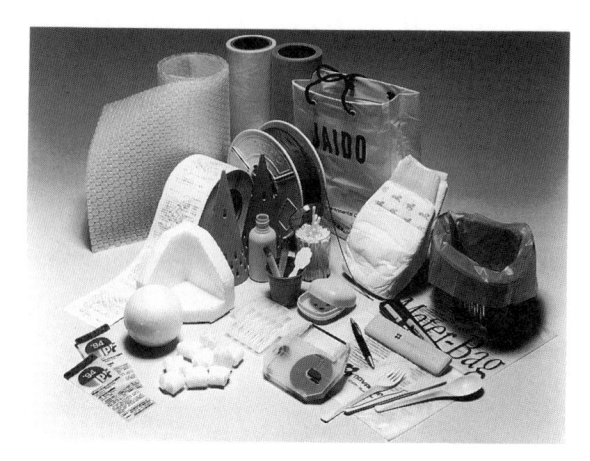

図 5.23　マタービーの応用
（日本合成化学工業(株)提供）

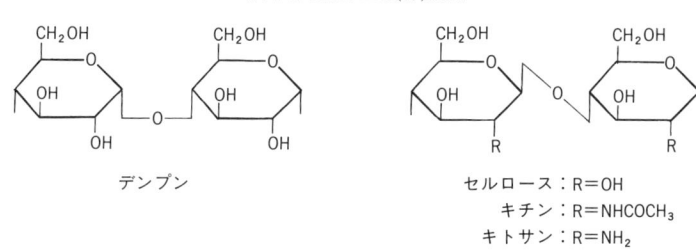

図 5.24　天然高分子

セルロース：R＝OH
キチン：R＝NHCOCH$_3$
キトサン：R＝NH$_2$

セルロースは毎年数千億トンも合成されている地球上で最も豊富に存在している天然高分子材料である。セルロースはグルコースの縮重合した構造の化合物であり，同じくグルコースが縮重合したデンプンとは結合の仕方が異なっている（図 5.24）。セルロースは木材として家具や建築物に，木綿として衣料品に，パルプとして紙に利用されているが，従来の利用法以外に環境問題の高まりとともセルロースを基にした生分解性プラスチックの開発が期待されている。セルロースは熱で溶融せず，ほとんどの溶媒にも溶けないことから，プラスチックのような加工法が困難である。このためセルロースの化学修飾処理を行い，プラスチック化することが検討されている。アセチル化したセルロースはアセテート繊維や写真フィルムとして利用されているが，さらにポリウレタン化セルロース，ポリスチレン・グラフト化セルロースやラウロイル化木材など，セルロースに様々な機能性・加工性を持たせる研究が盛んに行われている。

キチン・キトサンは，地球上においてセルロースに次いで多く生産されている天然高分子であり，カニの甲羅や昆虫の殻など数多くの動物中

に存在し，年間約千億トンが合成されている。キチンの化学構造はセルロースに似ているが，グルコースの第2位の炭素の水酸基（-OH）がアセトアミド基（-NHCOCH$_3$）になっている。キトサンは，キチンのアセチルアミド基がアミノ基になった構造をしている。現在，キチン・キトサンは年間600トン程が廃水処理のタンパク質凝集剤として利用されている。しかし，キチン・キトサンは高い生分解性や生体適合性のほかに，吸湿性・保湿性，抗ウイルス性・抗カビ性や抗腫瘍活性・創傷治癒促進効果など優れた機能性が報告されており，化粧品の保湿剤，食品保存剤や吸収性手術用縫合糸・人工皮膚としての応用が期待されている。

(2) 微生物がつくるプラスチック

微生物がつくる生分解性プラスチックが，シャンプー容器などに実用化されている。この生分解性プラスチックはバイオポール（ICI社）であり，3-ヒドロキシブチレート（3HB）と3-ヒドロキシバリレート（3HV）からなるポリエステル共重合体（P(3HB-co-3HV)）である。ある微生物はエネルギー貯蔵物質としてポリエステルを体内に蓄えており，その体重の60〜80％に達する場合もある（図5.25）。1925年に発見されたP(3HB)は，結晶性が高いことから機械的物性が悪く，融点と熱分解温度が近いため加工しにくいとの欠点があった。しかし，炭素源（微生物のえさ）としてプロピオン酸とグルコースを用いることにより機械的物性に優れ，加工しやすいP(3HB-co-3HV)が生産可能となった。おもしろいことに炭素源の組成を調節して，共重合体中の3HBと3HVの組成を制御することができる。さらに，いろいろな炭素源を用いて図5.26に示すような構造のポリエステルが生合成されており，新しい機能性ポリマーとしての応用が期待される。微生物が生産していることから，このポリエステルは微生物により分解・代謝される。現在，生産コストの低減化を目指し，安価な炭素源，高収率，生合成期間の短縮などの検討が行われている。

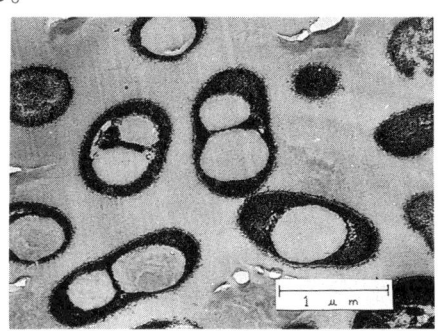

図5.25 ポリエステル（白い部分）を体内に蓄えた水素細菌（黒い部分）の電子顕微鏡写真
（理化学研究所・土肥義治氏提供）

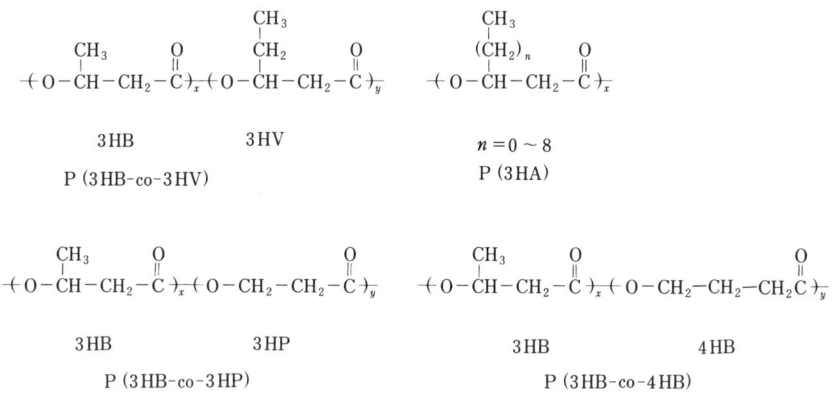

$$\mathrm{+O-CH(CH_3)-CH_2-C(=O)+}_x \mathrm{+O-CH(CH_2CH_3)-CH_2-C(=O)+}_y$$

3HB　　　　　　　3HV

P(3HB-co-3HV)

$$\mathrm{+O-CH((CH_2)_n)-CH_2-C(=O)+}_x$$

$n = 0 \sim 8$

P(3HA)

$$\mathrm{+O-CH(CH_3)-CH_2-C(=O)+}_x \mathrm{+O-CH_2-CH_2-C(=O)+}_y$$

3HB　　　　　　　3HP

P(3HB-co-3HP)

$$\mathrm{+O-CH(CH_3)-CH_2-C(=O)+}_x \mathrm{+O-CH_2-CH_2-CH_2C(=O)+}_y$$

3HB　　　　　　　　　4HB

P(3HB-co-4HB)

図 5.26　微生物のつくるポリエステル

また，ある微生物はセルロース（バクテリアセルロース）を生合成している。バクテリアセルロースは幅 10〜50 nm（1 nm＝10^{-6} mm），厚さ 1〜5 nm のリボン状の繊維であり，このバクテリアセルロースをシート状にして，音を忠実に再生できるスピーカーやヘッドホンの音響振動板に加工，実用化されている。

(3) 化学合成高分子材料

化学合成・生分解性高分子は，天然高分子や微生物ポリエステルに比べると，大量生産が容易で，安価に生産することができる。現在，身近で利用されているポリエステルは芳香族ポリエステル（ポリエチレンテレフタレート：PET）であり，生分解性はない（分解菌が発見されたとの報告もある）。しかし，化学合成脂肪族ポリエステルは種々の酵素（リパーゼやエステラーゼ）により加水分解される。ポリ乳酸やポリグリコール酸は現在，生体内吸収性の手術用縫合糸として利用されている。その加水分解生成物は乳酸やグリコール酸で体内に存在する無害な化合物であり，生体内で代謝され，水と炭酸ガスにまで分解する。ビオノーレ（昭和高分子（株））やポリカプロラクトン（PCL）などの脂肪族ポリエステルは，空気中で安定であるが土壌中では数か月で分解し，生分解性に優れたポリエステルであり，ポリエチレンとほぼ同じ条件で成形できるため汎用プラスチックとしての応用が期待されている。

以上のほかに，その重量の半分が炭酸ガスに由来する炭酸ガスとエチレンオキシドの共重合体（ポリエチレンカーボネート）は分解菌が発見された。また，リパーゼにより加水分解されることが報告されている。ポリエチレンカーボネートは炭酸ガスを原料にして合成され，完全に生分解することから自然界の炭素循環に組み込まれる環境に適合したプラスチックと考えられる。

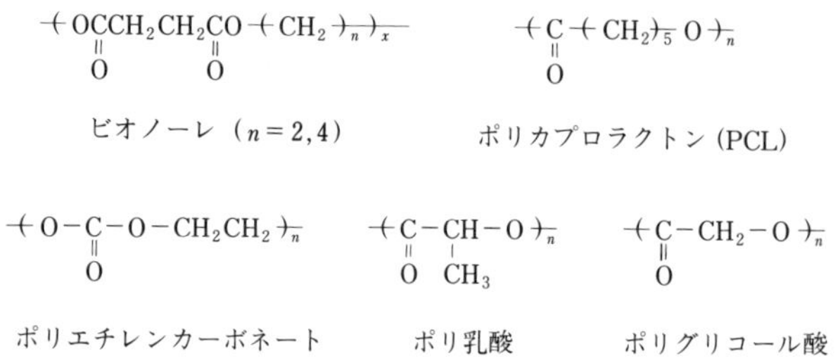

$\{OCCH_2CH_2CO\}\{CH_2\}_n\}_x$ $\{C\{CH_2\}_5O\}_n$
 ‖   ‖   ‖
 O   O   O

ビオノーレ（$n = 2, 4$）　　　　　ポリカプロラクトン (PCL)

$\{O-C-O-CH_2CH_2\}_n$　$\{C-CH-O\}_n$　$\{C-CH_2-O\}_n$
　　‖　　　　　　　　‖　|　　　　　‖
　　O　　　　　　　　O CH_3　　　　 O

ポリエチレンカーボネート　　ポリ乳酸　　　ポリグリコール酸

図 5.27　化学合成ポリエステル

5.3.3 高分子材料のリサイクル

　プラスチックのリサイクルは工場内で発生するプラスチッククズ，農業用塩化ビニルや古タイヤなどではかなり行われている。また，環境問題やゴミ処理問題への関心の高まりとともに PET ボトルや食品包装用トレイなどの回収が各地域で始まっている。

　このように高分子材料のリサイクルの気運は高まっているが，高分子材料のリサイクルは，その高分子材料の種類が非常に多いことと，単一の樹脂で製品化されているものは限られており，ほとんどの製品が複数の高分子の複合物から作られていることから，そのリサイクルへの利用はかなりの困難を伴い，そのリサイクル方法が限られてくることにもなる。

　高分子材料のリサイクルには，i）樹脂を溶融再生して利用するマテリアルリサイクル，ii）熱や触媒などの化学的方法により樹脂の原料のモノマーに戻すケミカルリサイクル，iii）油やガスに戻して燃料にする・そのままあるいは固形燃料にして焼却してエネルギーとして利用するサーマルリサイクル，などに分類される。

　(1)　マテリアルリサイクル

　マテリアルリサイクルを行うには，高分子廃棄物の回収と再生処理が必要である。例えば，回収については，容器包装リサイクル法の制定や環境への関心の高まりにより，PET ボトルや発泡スチロールの分別回収が行われており，回収した PET はシート製品，カーペットや衣服などの繊維製品，洗剤ボトルなどとしてリサイクル化されている。1995 年には，PET ボトルの生産量の約 2％弱が，1997 年には 10％弱，1998 年には 20％弱（推定）が回収された。

　いろいろな方法により回収された高分子廃棄物は再生処理施設で，金属や異なった樹脂の選別・分離・洗浄・乾燥して造粒（ペレット）してから，原料として用いられる。

　このようにマテリアルリサイクルのためには，単一樹脂としての分別

回収と回収・再生処理のコストの低減が必要不可欠であり、マテリアルリサイクル化されている事例はまだまだ限られている。

　企業内生産工程で発生する樹脂はリサイクル化が容易であり、実際にプラスチックが製造されるようになってきたときからリサイクルされている。その他に、農業用フィルム、魚箱用発泡スチロールなどがリサイクルされている。

(2) ケミカルリサイクル

　ケミカルリサイクルは原材料の循環利用として期待されるものである。高分子をモノマーに戻す方法は、熱分解が一般的であり、原理的には天井温度以上に加熱すればよい。ポリメチルメタクリレートではその回収率が95％以上であるが、ほかの樹脂では大幅に低下する。また、PETやナイロンのような重縮合体は、アルコール分解や加水分解により容易に収率良くモノマーにまで分解することができる。しかし、ケミカルリサイクルによる製品の製造コストは、バージンモノマーに比べて高く、今後の研究・開発が必要である。

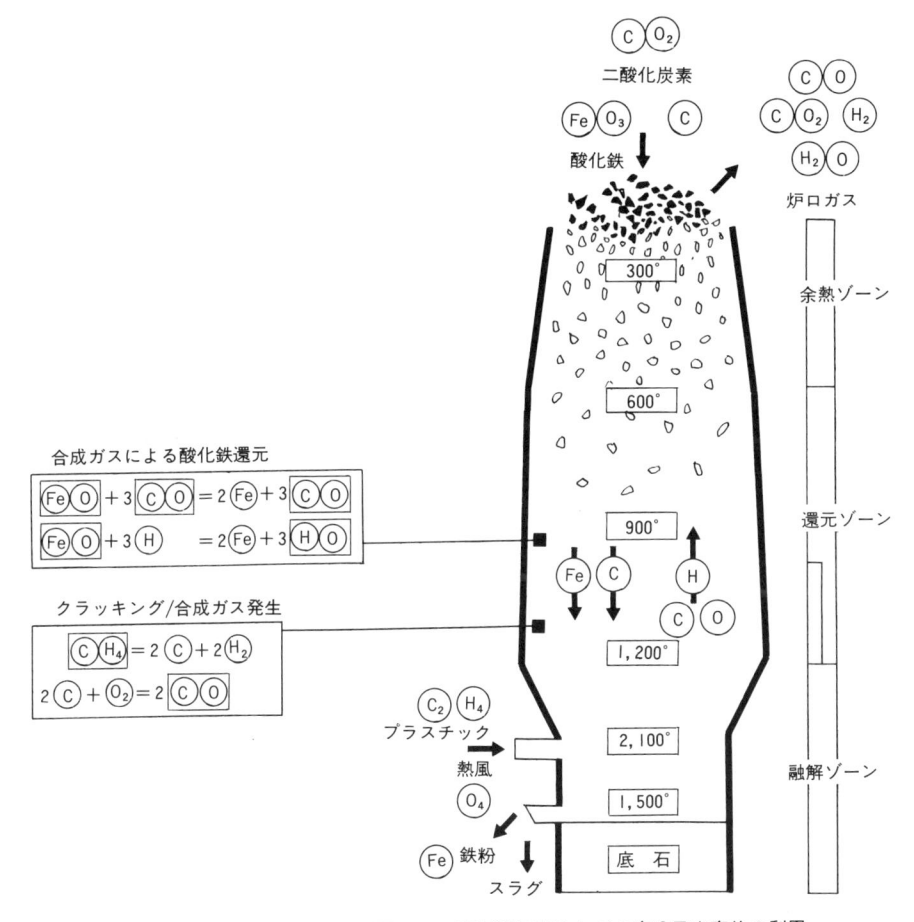

図5.28　高炉還元剤としての高分子廃棄物の利用

また，高分子廃棄物を鉄鉱石の還元剤として利用することが計画されている。高炉の下部において 2100℃の温度で高分子廃棄物は一酸化炭素と水素に分解され，鉄鉱石を還元する(図 5.28)。従来の重油使用量の軽減と，高分子廃棄物の大量処理が可能になることが期待されている。

(3) サーマルリサイクル

サーマルリサイクルは高分子廃棄物を燃焼し，熱エネルギーや電力として回収する方法であり，焼却処理された3割位がエネルギーとして回収されている(1993年)。

具体的な例として，廃タイヤは年間 98 万トン程度（1998 年）発生しているが，そのうち 3 割弱にあたる 27 万トンがセメント製造における補助燃料として有効再利用されている。

焼却処理において，生ゴミなどの廃棄物を適切ではない条件下で焼却処理するとダイオキシンが発生するといわれている。廃高分子材料の焼却処理による熱エネルギーや電力としての回収は魅力的ではあるが，やはり焼却時にダイオキシンが発生するのではないかとも懸念されており，サーマルリサイクルの行方については今後の検討にゆだねられる。

参考文献

1) 大矢晴彦，丹羽雅裕，『高機能分離膜』，高分子学会編，共立出版．
2) 高分子学会高分子実験学編集委員会編，『キレート樹脂』，「機能性高分子」第2章，共立出版．
3) 高分子学会編『高分子新素材写真集』，共立出版．
4) 瓜生敏之，堀江一之，白石振作，『ポリマー材料』，（堂山，山本編），東京大学出版会．
5) 北条　正編，『キレート樹脂・イオン交換樹脂』，講談社サイエンティフィク．
6) 土肥義治編，『生分解性高分子材料』，工業調査会（1990）．
7) 長井寿編著，『高分子材料のリサイクル』，化学工業日報社（1996）．
8) 廃棄物処理とリサイクル－最適環境とリサイクルか社会の実現を目指して－，eX'MOOK22，日刊工業新聞社（1994）．
9) 常盤豊，プラスチックエージ，7月臨時増刊号，159（1994）．
10) 山下忠孝編，『化学の夢』，三共出版（1997）．
11) 土肥義治編，『生分解性プラスチックハンドブック』，エヌ・ティー・エス（1994年）．

索 引

あ 行

アイソタクチックポリプロピレン　59
アクリル樹脂　61
アスペクト比　35
アセチルセルロース　161
アセチレン　103
アゾビスイソブチロニトリル　11
アタクチック　20
アタクチックポリプロピレン　60
圧縮成形　25
アデニン　165
アニオン重合　16
アフィニティクロマトグラフィー　139
アミノ酸　151
アミノ樹脂　86
アミロース　161
アミロペクチン　161
アルキド樹脂　86
アルドース　158
アルミ蒸着　69

イオン交換クロマトグラフィー　138
イオン交換樹脂　135
イオン交換膜　142
イオンビーム　134
イオン付加重合　15
イソイミド　99
イソタクチック　20
イソタクチックポリプロピレン　17
一液型接着剤　88
一軸延伸　28
一次構造　151

ウラシル　165

液晶紡糸　27
液晶ポリエステル　114
エキシマレーザレジスト　130
液体クロマトグラフィー　138
エチニル　103

エチレン-酢酸ビニル樹脂　61
エチレン-ビニルアルコール共重合体　5
エチレン-ビニルアルコール樹脂　61
エバール　5
エポキシ樹脂　88,112,113,118
エラストマー・ゴム　53
エンジニアリングプラスチック　75,113
エンジニアリングポリマー　76
延性　32
塩素含有ポリオレフィン　61
エントロピー弾性　53
エンプラ　75,113

応力　40
　——緩和曲線　44
　——歪み曲線　43
押し出し成形　24
オリゴペプチド　151

か 行

開環重合　10
塊状重合　11
化学増幅レジスト　132
化学的性質　35,40
架橋エステル　67
架橋高分子　37
架橋反応　105
架橋密度　95
核酸　163
核酸塩基　165
過酸化ベンゾイル　11
荷重たわみ温度　40
数平均重合度　19
数平均分子量　19
合衆国標準試料試験法　41
可溶性　97
　——前駆体　96
　——ポリイミド　102
ガラス繊維強化ポリプロピレン　89
ガラス転移温度　22,94

ガラス転移点　40
加硫　25
環化ゴム　129
環境ホルモン　57
乾式紡糸　27

機械的性質　40
規格化残存膜厚　126
キシレノール樹脂　85
気体分離膜　143
キチン　159,162
キトサン　162
絹　155
機能性高分子　93
キモトリプシン　158
逆浸透膜　146
逆平行β構造　153
球状タンパク　152
共重合体組成　13
極限強度　106
極性　15
キレート樹脂　140
金属材料　30

グアニン　165
グッタペルカ　62
グラファイト　105
グリコーゲン　159,161
グリコシド結合　99
クリープ挙動　44
クリープ性　44
グリーンプラ　63
クレゾール樹脂　85
グレーデット型　65
クロマトグラフィー　137

計算機支援工学　80
形状的性質　35
結合エネルギー　95
結晶性　31
　——高分子　97
結晶弾性率　106

結晶融点　40
ケトース　158
ケブラー　107
ゲルパーミエーションロクロマグラフィー　20
限外ろ過膜　146
原子分極　46
懸濁重合　11

高圧固体押し出し　25
光学分割　138
高機能プラスチック光ファイバー　67
高吸水樹脂　6
高強度繊維　108
合　金　33
交互共重合体　13
高次構造　151
合成高分子　9
合成樹脂　51
合成繊維　52
合成天然ゴム　62
酵　素　157
高弾性率繊維　108
高分子合成反応　9
高分子多成分系　81
高分子複合材料　82
高分離率逆浸透膜　148
高密度ポリエチレン　59
高　炉　176
黒　鉛　98,105
五大汎用プラスチック　55
ゴム製造　25
ゴム弾性　53
コンドロイチン硫酸　163
コンポスト　170
混練り　25

さ　行

再結合　13
最高理論強度　105
サイズ排除クロマトグラフィー　137
再生繊維　160
ザイロック樹脂　91
酢酸セルロース　9
サーマルリサイクル　176
サリドマイド　138
酸素富化膜　144

シアニン系色素　70
ジアリルフタレート樹脂　87

自己補強型プラスチック　79
自己補強ポリマー　79
湿式紡糸　26
実用的指標　41
シトシン　165
ジペプチド　151
射出成形　23
重合の反応速度　12
重縮合　9,18
摺動性　78
重付加　9
重量減　40
重量平均分子量　19
樹　脂　51
焼却処理　176
情報記憶デバイス　67
シラノール脱水　134
シリコーン　85
　　——ウエファ　122
　　——ゴム　118
　　——樹脂　6,7,85
シリコンチップ　63
シーリング材　54
真空成形　25
シンジオタクチック　20
　　——ポリスチレン　92
　　——ポリプロピレン　60
振動モード　66

ステップ型　65
素練り　25
滑りやすさ　79
スメクチック液晶　71

成形性　96
生分解性プラスチック　63,169
絶縁性　40
絶縁破壊強度　40
絶縁物質　47
接触角　49
接着剤　54
　　——，ホットメルト型の　54
セリシン　155
セルロイド　9,161
セルロース　159,171
繊維強化プラスチック　31,82
線状低密度ポリエチレン　59

双極子配向分極　46
相互貫入高分子網目構造形成　81
相互侵入ポリマー網状体　39

相溶化　58
相溶化剤添加ブレンド　81
損失正接　48
損失弾性率　48

た　行

耐アーク性　40
耐クリープ性　44
耐光酸化性　49
耐光性　49
体積固有抵抗　40
耐熱性　40
　　——高分子　93,96
　　——フェノール樹脂　91
　　——，化学的　78,93
　　——，短期的　78
　　——，長期的　78
　　——，物理的　93
耐ハンダ性　80
耐溶媒性　97
タクチシチー　20
多軸延伸　28
多層フィルム　4
多糖類　159
単一モデル型　65
ターン構造　153
弾性変形　44
炭素繊維　92
単　糖　158
タンパク質　151

チーグラー触媒　4
チミン　165
超延伸技術　107
超高分子量ポリエチレン　92
超耐熱性フェノール樹脂　91
超超高密度記憶技術　72
直鎖状低密度ポリエチレン　58
直鎖状フェノール樹脂　86
貯蔵弾性率　48

追記型光ディスク　68

低圧逆浸透膜　149
低圧法ポリエチレン　17
低密度ポリエチレン　4,59
テトラフルオロエチレン　89
テフロン繊維　117
添加剤　28
電気的性質　40
電気伝導度　33

電子求引性置換基　16
電子供与性置換基　16
電子線レジスト　131
電子分極　46
展　性　32
伝導性　40
天然高分子　9, 150
デンプン　159, 170

導光損失　64
糖　質　158
透析膜　145
動的損失率　48
動的弾性率　48
動的粘弾性　48
ドーピング　121
ドープ　119
ドライエッチング　127
トランスファー成形　25
トリアジン樹脂　116
トリプシン　157
トリペプチド　151
塗　料　54

な 行

ナイトレン　128
内分泌攪乱物質　28, 57
ナイロン　4, 5, 83, 118
ナジック　103
ナフィオン膜　143

二軸延伸　28
二次構造　153
二糖類　159
ニトロセルロース　161
乳化重合　11
尿素樹脂　86

ヌクレオシド　165
ヌクレオチド　165
濡れ性　49

ネガ型フォトレジスト　129
熱可塑性　96
　　──エラストマー　90
　　──樹脂　23
　　──ポリイミド　99, 102
熱硬化性　37
　　──樹脂　23
熱固定　28
熱重量減少測定　95

熱処理　28
熱相転移　40
熱的性質　40
熱変形温度　78, 94
熱膨張係数　102
燃焼特性　41
粘性流動　44
粘弾性　44
　　──挙動　48

ノボラック　75, 112

は 行

配位アニオン重合　17
バイオボール　172
廃タイヤ　176
ハイブリッド材料　31
半合成高分子　9
反応度　18
汎用エンジニアリングプラスチック
　　77

ヒアルロン酸　162
ビオノーレ　173
光架橋　124
光ディスク　63
　　──, 追記型　70
光ファイバー　63, 64
光レジスト　39
非晶性　31
　　──高分子　97
ビスフェノールA　112
ビスマレイミド・トリアジン　91
微生物ポリエステル　173
引っ張り強度　43
引っ張り弾性率　43
ビデオディスク　68
ヒドロキシプロピルセルロース　161
ピナコール転移　134
ビニロン　61
比誘電率　47
比容積　21

フィブロイン　155
フェノールアラキラル　91
フェノール樹脂　81, 118
フェノールノボラック樹脂　113
フォークトモデル　45
フォトクロミズム　71
フォトレジスト　128
　　──, ポジ型　87

付加重合　9
付加縮合　10
不均化　13
複合材料　31
複素環高分子　98
フッ素樹脂　89
物理的性質　35, 40
不飽和ポリエステル樹脂　87
プラスチック　50
　　──光ファイバー　64
プラズマ　127
　　──重合法　114
プレポリマー　37
ブロー成形　24
プロピレン交互共重合体　89
分解温度　40
分子間相互作用　94
分子鎖の剛直性　94
分子内脱水結合　134
分子複合材料　108
分子ふるいクロマトグラフィー　137
分子量分布　19

平行β構造　153
ベークライト　75
ペプチド結合　151
ヘパリン　163
ヘミアセタール　159
ペレット　23
変性ポリフェニレンオキシド　84

芳香族ポリアミド　108
紡　糸　25
ポジ型フォトレジスト　129
ポリアクリルアミド　62
ポリアクリル酸メチル　61
ポリアクリロニトリル　62
ポリアセチレン　118, 119
ポリアセタール　84
ポリアニリン　119, 121
ポリアミック酸　39
ポリアミド　83
ポリアミド酸　39, 97, 98, 115
　　──エステル　100
ポリアミノビスマレイド　91
ポリイソイミド　101
ポリ-1,4-イソプレン　62
ポリイミド　98, 114, 115, 118
　　──樹脂　72
ポリウレタン　88
ポリエステル　5, 83, 118, 172

ポリエステルフィルム 5
ポリエチレン 4,58,118
ポリエチレンオキシド 62
ポリエチレングリコール 62
ポリエチレンテレフタレート 4,83,173
ポリエチレンナフタレート 84
ポリエチレンフィルム 118
ポリエーテル 62,84
ポリエーテルスルホン 145
ポリ塩化ビニリデン 5,61
ポリ塩化ビニル 61,111
　──樹脂 118
ポリオキシメチレン 84
ポリオレフィン 58
ポリカプロラクトン 170,173
ポリカーボネート 68,84
　──光ファイバー 67
ポリグリコール酸 173
ポリクロロプレン 62
ポリケイ皮酸ビニル 128
ポリ酢酸ビニル 61
ポリジエン 62
ポリジメチルシロキサン 144
ポリシロキサン 114
ポリスチレン 60,66
　──ゲル 137
ポリスルホン膜 147
ポリチオフェン 119
ポリテトラフルオロエチレン 89
ポリ乳酸 173
ポリビニルアルコール 61
　──誘導体 61
ポリビニルピロリドン 147
ポリビニルホルマール 61
ポリ-p-フェニレン 119
ポリフェニレンオキシド 117,144
ポリフェニレンサルファイド 114
ポリフェニレンビニレン 119
ポリ-p-フェニレンベンゾビスチアゾール 109
ポリブタジエン 62
ポリブチレンテレフタレート 83
ポリフッ化ビニリデン 89
ポリ(ブテン-1) 60
ポリプロピレン 4,59
ポリプロピレンオキシド 62
ポリペプチド 151
ポリベンゾビスオキサゾール 108
ポリマー 75
　──アロイ 58,81

ポリマーコンポジット 58,82
ポリマーブレンド 58,81
ポリメタクリル酸メチル 62,66
ポリメチルメタクリレート 175
ポリ(4-メチルペンテン-1) 60,144
ポロピロール 119

ま 行

マクロスコピック 35
マクロフィブリル 156
マザーディスク 69
マターピー 170
マックスウエルモデル 45
マトリックス樹脂 83,126

ミクロスコピック 35

無機材料 30
ムコ多糖 163

メゾスコピック 35
メタクリル樹脂 89
メタロセン系線状低密度ポリエチレン 59
メタロセンポリスチレン 92
メッセンジャーRNA 167
メラミン樹脂 86
綿 160
面内配向 102

モノマーの共鳴安定性 15

や 行

有機材料 30
融　点 22,94
誘電現象 47
誘電性 40,45,47
誘電正接 48
誘電損率 48
誘電体 47
誘電分極 47
誘電率 47
　──,真空の 47
遊離基 11
ユリア樹脂 86

溶液グラフト 81
溶液重合 11
要素モデル 44
溶媒キャストブレンド 81

羊　毛 156
溶融ブレンド 81
溶融紡糸 26

ら 行

ラジカル 12
　──共重合反応 13
　──重合 11
ラダーポリマー 97
ラテックスブレンド 81
ラミネート 4,6
　──フィルム 5
ラングミュア・プロジェット法 115

リアクティングプロセッシング 81
リオトロピック液晶 107
力学的強度 40
リサイクル 174
　──,ケミカル 174
　──,サーマル 174
　──,マテリアル 174
リソグラフィーシステム 122
立体規則性 17
リニアノボロイド樹脂 86
リボ核酸 163

冷延伸 28
レイリー散乱 66
レジスト 122
レゾール 85
レーヨン 160
連鎖移動 16
連続使用温度 78

索引

A－Z

α-ヘリックス構造　153
β構造　153
γ線　40

AAS樹脂　90
ABS樹脂　89
ACS樹脂　90
addition condensation　10
addition polymerization　9
A-EPP-S（AES）樹脂　90
AIBN　11
alkyd resin　86
American Standard for Testing Materials　41
amino resin　86
anionic polymerization　16
AS樹脂　89
aspect ratio　35
ASTM　41
atactic, at　20
BPO　11
BTレジン　91
bulk polymerization　11
CAE　80
carbon fiber　92
cationic polymerization　16
CO_2分離膜　145
condensation polymerization　9
coordination anionic polymerization　17
CPP　4
CPVC　91
DAP　87
diallyl phthalate resin　87
dielectricity　47
dielectric constant　47
dielectric loss factor　48
dielectric loss tangent　48
dielectrics　47
DNA　163
DRAW　68
dynamic loss factor　48
e値　15
emulsion polymerization　11
EPDM　90
epoxy resin　88
EPR　90
EVA　61
EVOH　61
fiber reinforced plastics　31,82
fluororesin　89

FRP　30,82
GPC　20,137
HDPE　59
heat set　28
insulator　47
interpenerating polymer network　81
ionic polymerization　15
IPN　37,82
ISO　42,169
isotactic, it　20
JIS　39
Kapton　98,101
KPR　128
Lambert-Beerの法則　124
LB法　115
LB膜　115
LCA　2,168
LCP　92
LDPE　4,59
LLDPE　4,59
LSI　112
MBS樹脂　90
MC　108
modulus　43
multicomponent polymer　81
number-average molecular weiget　19
ONy　4
OPP　4
PA　83
PAAm　62
PAI　92
PAN　62
PAP　87
PAR　92
PBO　108
PBT　83,107,109
PC　84
PCL　173
PE　58
PEG　62
PEI　92
PEN　84
PET　1,4,83,173
phenol resin　85
PI　92
PMMA　62,66,89,131
PMR　103
——-15　103
polyacetal　84
polyaddition　9
polyamide　83

polycarbonate　84
polyester　83
polyether　84
polymer alloy　81
——based composite　82
——blend　81
polyoxymethylene　84
polyurethane　88
POM　84
PP　59
PPE　84
PPO　84
PPS　92
PTFE　89
PVA　61
PVAc　61
PVC　61
——系樹脂　90
PVDC　61
Q値　15
reactive processing　81
ring-opening polymerization　10
RNA　163
self reinforced plastics　79
silicone　85
——resin　85
solution polymerization　11
specific dielectric constant　47
spinning　25
SPS　92
S-S曲線　43
stress-strain curve　43
suspension polymerization　11
syndiotactic, st　20
tan δ　48
tensile strength　43
thermoplastic resin　23
thermo setting resin　23
TPE　90
TPS　90
UHMW-PE　92
Underwriters Laboratories Inc.　41
unsaturated polyester resin　28,87
UL　39
Upilex　101
VOS　2
weight-average molecular weight　19
WORM　68
Young率　43
Ziegler-Natta触媒　17

181

著者略歴

吉田　泰彦（よしだ　やすひこ）
　1980年　東京大学大学院博士課程修了
　現　在　東洋大学教授　工学博士
　専　攻　高分子合成

竹市　力（たけいち　つとむ）
　1979年　東京大学大学院博士課程修了
　現　在　豊橋技術科学大学物質工学系教授　工学博士
　専　攻　高分子材料化学

米澤　宣行（よねざわ　のりゆき）
　1983年　東京大学大学院博士課程修了
　現　在　東京農工大学工学部教授　工学博士
　専　攻　有機化学（合成化学・反応化学），
　　　　　高分子合成化学

石井　茂（いしい　しげる）
　1989年　東洋大学大学院博士課程修了
　現　在　東洋大学教授　工学博士
　専　攻　天然高分子

萩原　時男（はぎわら　ときお）
　1980年　東京大学大学院博士課程修了
　現　在　埼玉工業大学教授　工学博士
　専　攻　高分子化学

手塚　育志（てづか　やすゆき）
　1982年　東京大学大学院博士課程中退
　現　在　東京工業大学大学院理工学研究科教授
　　　　　工学博士
　専　攻　高分子合成化学

長崎　幸夫（ながさき　ゆきお）
　1987年　東京理科大学大学院博士課程修了
　現　在　筑波大学学際物質科学研究センター教授
　　　　　工学博士
　専　攻　高分子合成，高分子材料設計，生体機能材料

高分子材料化学（こうぶんしざいりょうかがく）

2001年 4 月10日　初版第 1 刷発行
2021年 3 月31日　初版第 8 刷発行

　　　　　　　　　　　　　　Ⓒ 著　者　吉　田　泰　彦　ほか
　　　　　　　　　　　　　　　 発行者　秀　島　　　　功
　　　　　　　　　　　　　　　 印刷者　萬　上　孝　平

発行所　三共出版株式会社　東京都千代田区神田神保町 3 の 2
　　　　　　　　　　　　　　　　　　　　　振替　00110-9-1065
　　　　　　　郵便番号 101-0051　電話 03-3264-5711（代）FAX 03-3265-5149
　　　　　　　　　　　　　ホームページアドレス　https://www.sankyoshuppan.co.jp/

一般社団法人 日本書籍出版協会・一般社団法人 自然科学書協会・工学書協会　会員

Printed in Japan　　　　　　　　　　　　印刷・恵友印刷　製本・杜光舎

JCOPY　＜(社)出版者著作権管理機構　委託出版物＞
本書の無断複写は著作権法上での例外を除き禁じられています．複写される場合は，そのつど事前に，㈳出版者著作権管理機構（電話03-3513-6969，FAX03-3513-6979，e-mail:info@jcopy.or.jp）の許諾を得てください．

ISBN 4-7827-0427-5